Dr. Claus-Günter Frank
unter Mitarbeit von Dr. Martin Roch

Mathematik

Eingangsklasse

Berufliche Gymnasien
Grundlagen, Daten und Funktionen

Bestellnummer 3

.Bildungsve
a Wolters Kluwer

Haben Sie Anregungen zu diesem Buch oder Fehler entdeckt?
Dann senden Sie eine E-Mail an 30108@bv-1.de
Autoren und Verlag freuen sich auf Ihre Rückmeldung.

www.bildungsverlag1.de

Kieser, Stam, Dähmlow,
führt.

anderen als den gesetzlich
ges.
solche Einwilligung einge-
Schulen und sonstigen Bil-

Vorwort

Die Schülerinnen und Schüler der Eingangsklasse der beruflichen Gymnasien bringen aufgrund ihres bisherigen schulischen Werdegangs unterschiedliche Vorkenntnisse mit. Der Fachlehrer muss deshalb längere Wiederholungsphasen für den Stoff der Sekundarstufe I vorsehen. Gleichzeitig sollte aber der Lehrstoff der Oberstufe angemessen sein und auf das Kernkompetenzfach Mathematik vorbereiten. In dem vorliegenden Buch, das den Band „Mathematik für Wirtschaftsgymnasien – Klasse 11" ersetzt, wird versucht, beiden Forderungen zu genügen.

Das Buch beginnt mit einem Kapitel über Grundlagen. Ob und wie intensiv es behandelt wird, hängt von der jeweiligen Situation ab. Deshalb wird hier auf grafische Lösungsmethoden oder Interpretationen verzichtet. Der Abschnitt 9.1 „Die trigonometrischen Funktionen am rechtwinkligen Dreieck" kann, falls erforderlich, ohne Probleme vorgezogen werden.

Das zweite Kapitel beschäftigt sich mit Daten. Da es unabhängig von dem übrigen Stoff ist, kann es auch an anderer Stelle behandelt werden und bietet sich für gleichwertige Feststellungen von Schülerleistungen (GFS) und Referate an.

Ein wesentlicher Unterschied des neuen Bildungsplans zum bisherigen Lehrplan ist die Reduzierung formaler Inhalte zugunsten problemlösenden Denkens und Modellierung realer Vorgänge. Es wurde versucht, diesen Forderungen auch durch entsprechende Aufgaben Rechnung zu tragen.

Der grafikfähige Taschrechner (GTR) ermöglicht oft das intuitive Verstehen der Inhalte. Daneben hat er in diesem Buch vier Aufgaben:

- Er ist **Kontrolleur** bei Aufgaben, die Schülerinnen und Schüler von Hand (händisch) lösen sollen. Sie können nun oft selbst die Richtigkeit ihrer Lösungen beurteilen.
- Als **Rechner** übernimmt er manche umfangreiche und schwierige Rechenarbeit und ermöglicht so die Bearbeitung weiterer interessanter Aufgaben.
- Als **Visualisierer** kann er Abbildungen, die bisher vorgegeben werden mussten, erstellen und verändern.
- Er ist auch **Ideengeber**, da die Schülerinnen und Schüler mit seiner Hilfe experimentieren können, bis ihnen die richtige Idee kommt.

Im vorliegenden Buch wird mit dem TI-83/84 plus gearbeitet, weil er an vielen beruflichen Gymnasien eingeführt ist. Allerdings wurde bewusst darauf verzichtet, die Bedienung des Rechners in den Vordergrund zu stellen. Deshalb können alle Aufgaben und Beispiele auch mit anderen Modellen bearbeitet werden. Ein wichtiges Lernziel ist, das Werkzeug GTR vernünftig einzusetzen und zu erkennen, wann etwas von Hand gerechnet und wann dem Rechner überlassen werden sollte.

Es wird empfohlen, sich mit der Programmierung des GTR zu beschäftigen. Sein Nutzen wird dadurch stark erhöht. Anregungen und Beispiele finden sich im Buch.

Mit * gekennzeichnete Aufgaben stellen erhöhte Anforderungen an den Bearbeiter. Unseren Kollegen Herrn Markus Krebs und Herrn Georg Raith danken wir für ihre wertvollen Hinweise.

Für Anregungen und Korrekturen sind wir dankbar und werden sie gerne in der nächsten Auflage berücksichtigen.

Sommer 2006   Die Verfasser

Mathematische Zeichen und Abkürzungen

Zeichen und Begriffe der Mengenlehre

$A = \{0; 1; 2; 3\}$	aufzählende Form einer endlichen Menge: Menge A wird gebildet aus den Elementen 0, 1, 2, 3.
$A = \{x \mid x \in \mathbb{N} \wedge x < 4\}$	beschreibende Form einer endlichen Menge: A ist die Menge aller x, für die gilt: x ist eine natürliche Zahl und x ist kleiner als 4.
$3 \in A$	3 ist Element von A.
$4 \notin A$	4 ist kein Element von A.
$\mathbb{N} \subseteq \mathbb{Z}$	$\mathbb{N}$ ist eine Teilmenge von $\mathbb{Z}$.
$\{\}$	leere Menge; sie enthält kein Element.
G	Grundbereich, Grundmenge
D	Definitionsbereich, Definitionsmenge
W	Wertebereich, Wertemenge
L	Lösungsmenge
$\mathbb{N} = \{0; 1; 2; \ldots\}$	Menge der natürlichen Zahlen ($\mathbb{N}$ enhält die Zahl 0)
$\mathbb{Z} = \{\ldots; -2; -1; 0; 1; 2; \ldots\}$	Menge der ganzen Zahlen
$\mathbb{Q}$	Menge der rationalen Zahlen
$\mathbb{R}$	Menge der reellen Zahlen
$\mathbb{N}^*, \mathbb{Z}^*, \mathbb{Q}^*, \mathbb{R}^*$	Mengen $\mathbb{N}, \mathbb{Z}, \mathbb{Q}, \mathbb{R}$ ohne die Null
$\mathbb{Z}_+, \mathbb{Q}_+, \mathbb{R}_+$	nichtnegative Zahlen der Mengen $\mathbb{Z}, \mathbb{Q}, \mathbb{R}$ (einschließlich der Null)
$\mathbb{Z}_+^*, \mathbb{Q}_+^*, \mathbb{R}_+^*$	positive Zahlen der Mengen $\mathbb{Z}, \mathbb{Q}, \mathbb{R}$ (ohne die Null)
$\mathbb{Z}_-^*, \mathbb{Q}_-^*, \mathbb{R}_-^*$	negative Zahlen der Mengen $\mathbb{Z}, \mathbb{Q}, \mathbb{R}$

Sonstige Zeichen

$\mid a \mid$	Betrag von a. $\mid a \mid$ ist diejenige der beiden reellen Zahlen a und $-a$, die nicht negativ ist.
$(x \mid y)$	geordnetes Paar
$f: x \mapsto f(x)$	Funktion: x abgebildet auf f von x (abgekürzte Sprechweise: x Pfeil f von x)
$f(x) = \ldots$ oder $y = \ldots$	Funktionsvorschrift
Δ	Delta: Differenz zweier Werte (z.B. $\Delta x = x_2 - x_1$)
$\lim$	Limes: Grenzwert einer Folge (z.B. $a = \lim\limits_{\Delta x \to 0} (a + \Delta x)$ oder $b = \lim\limits_{n \to \infty} b_n$)

Inhaltsverzeichnis

Da die Vorkenntnisse der Schüler der Eingangsklasse oft unterschiedlich sind, werden in diesem Kapitel Grundkenntnisse wiederholt, die für den Mathematikunterricht in dieser Klasse wichtig sind.

Durch die Beschränkung auf das Wesentliche kann dieses Kapitel auch selbstständig bearbeitet werden.

1.1   Zahlenmengen und Intervalle

Georg Cantor entwickelte Ende des 19. Jahrhunderts die **Mengenlehre**, eine für alle Bereiche der Mathematik fundamentale Theorie. Als sie in den siebziger Jahren des letzten Jahrhunderts Eingang in die Schulmathematik fand, bekam sie durch Übertreibung einen schlechten Ruf. Da sich aber manche Sachverhalte mithilfe einfacher Begriffe der Mengenlehre kurz und trotzdem präzise darstellen lassen, erklären wir einige Grundlagen am Beispiel von Zahlenmengen.

Georg Cantor wurde 1845 in St. Petersburg geboren. Als er elf Jahre alt war, zog die Familie nach Deutschland; dort schloss er seine Schulbildung ab und studierte dann von 1862 bis 1867 in Zürich, Göttingen und Berlin. 1872 wurde er als Professor nach Halle berufen, wo er über 40 Jahre tätig war. Neben mathematischen und philosophischen Studien widmete er sich auch der Literaturgeschichte. So vertiefte er sich in den alten Streit über die wahre Urheberschaft der Shakespear'schen Stücke. Als einer der ersten beschäftigte er sich mit der Ausbreitung von mathematischem Wissen von einer Kultur zur anderen.

In einer Arbeit aus dem Jahre 1874 bewies Cantor die Abzählbarkeit der Menge der rationalen Zahlen und die Nichtabzählbarkeit der Menge der reellen Zahlen und zeigte 1878, dass die Ebene und allgemein der n-dimensionale euklidische Raum dieselbe Mächtigkeit haben wie die Zahlengerade.

Er starb 1918 in Halle.

Cantor versteht unter einer Menge „jede Zusammenfassung M von bestimmten wohlunterschiedenen Objekten unserer Anschauung oder unseres Denkens (welche die **Elemente** von M genannt werden) zu einem Ganzen."

BEISPIEL

$M = \{1; 2; 3; 4; 5; 6\}$ ist eine Menge, die aus den sechs Elementen 1, 2, 3, 4, 5, 6 besteht. Die Elemente der Menge werden zwischen geschweifte Klammern (Mengenklammern) geschrieben und durch Strichpunkte getrennt. Die Reihenfolge, in der sie aufgeführt werden, ist ohne Belang.

Um auszudrücken, dass die Menge M die Zahl 5 enthält, schreibt man $5 \in M$ (gelesen: 5 ist Element von M) bzw. $5 \in \{1; 2; 3; 4; 5; 6\}$. 7 gehört nicht zu M, man schreibt $7 \notin M$ (gelesen: 7 ist nicht Element von M).

Da jedes Element von $T = \{2; 5; 6\}$ auch Element von $M = \{1; 2; 3; 4; 5; 6\}$ ist, nennt man T eine **Teilmenge** von M: $T \subseteq M$ (gelesen: T ist Teilmenge von M).

Impuls

Bestimmen Sie zwei Mengen A und B, für die gilt $A \subseteq B$ und $B \subseteq A$. Verallgemeinern Sie Ihr Ergebnis.

Eine Menge besteht aus allen negativen Quadratzahlen. Da es keine negativen Quadratzahlen gibt, enthält diese Menge offenbar kein Element. Man sagt, sie ist leer und nennt sie deshalb die **leere Menge** { } (gelegentlich auch $\varnothing$).

Satz 1.1

Die leere Menge ist Teilmenge jeder Menge A: { } $\subseteq A$ gilt für jede Menge A.

Beweis:

Es wird behauptet, dass jedes Element von { } auch in A enthalten ist. Eine Behauptung ist richtig, falls die gegenteilige Behauptung falsch ist. Die gegenteilige Behauptung heißt:

Mindestens ein Element von { } ist nicht in A enthalten. Das ist falsch, weil { } gar keine Elemente enthält. Folglich stimmt die ursprüngliche Behauptung.

Man nennt diese Beweismethode einen **indirekten Beweis**.

Einige wenige Mengen sind so wichtig, dass man ihnen einen eigenen Namen gegeben und eine besondere Bezeichnung für sie reserviert hat.
Dazu gehören häufig gebrauchte Zahlenmengen:

- Die Menge der **natürlichen Zahlen** $\mathbb{N} = \{0; 1; 2; 3; 4; 5; \ldots\}$
- Die Menge der **ganzen Zahlen** $\mathbb{Z} = \{0; 1; -1; 2; -2; 3; -3; 4; -4; \ldots\}$
- Die Menge der **rationalen**[1] **Zahlen** (Bruchzahlen) $\mathbb{Q} = \{\ldots; -3; \ldots; -\frac{5}{4}; \ldots; 0; \ldots; 2; \ldots; \frac{7}{3}; \ldots\}$
  Jede Bruchzahl lässt sich durch Ausführen der Division von zwei ganzen Zahlen in eine Dezimalzahl umwandeln, z.B.
  $\frac{1}{8} = 1 : 8 = 0{,}125$ oder $\frac{4}{11} = 4 : 11 = 0{,}363636 \ldots = 0{,}\overline{36}$.
  Wenn die Division aufgeht, bricht die Dezimalzahl ab. Andernfalls wiederholt sich eine bestimmte Ziffernserie immer von neuem, die Dezimalzahl ist periodisch. Alle rationalen Zahlen lassen sich also entweder als abbrechende Dezimalzahlen oder als nicht abbrechende, periodische Dezimalzahlen darstellen.
- Es gibt aber auch nicht periodische, nicht abbrechende Dezimalzahlen, z.B.
  $\pi = 3{,}1415926535\ldots$ oder $\sqrt{2} = 1{,}4142135623\ldots$ Da sie unendlich viele Dezimalstellen, aber keine Periode haben, kann man sie nicht als Zahl aufschreiben, sondern muss ein eigenes Zeichen für jede dieser Zahlen verwenden ($\sqrt{}$, e, π, $\ldots$). Solche Dezimalzahlen sind keine rationalen Zahlen, keine Elemente von $\mathbb{Q}$. Man nennt sie **irrationale Zahlen**. Sie gehören zu einer umfassenderen Zahlenmenge, nämlich zu der Menge $\mathbb{R}$ **aller** Dezimalzahlen, die man auch die Menge der **reellen Zahlen** nennt.
- $\mathbb{N}^*$, $\mathbb{Z}^*$, $\mathbb{Q}^*$ und $\mathbb{R}^*$ heißt die jeweilige Menge *ohne* die Null.
  Nicht ganz logisch ist die Bezeichnung $\mathbb{Z}_+$, $\mathbb{Q}_+$ und $\mathbb{R}_+$ für die **nichtnegativen** Zahlen (also die positiven Zahlen und Null) der Mengen $\mathbb{Z}$, $\mathbb{Q}$ und $\mathbb{R}$.

1 ratio (lat.), Verhältnis

$\mathbb{Z}_+^*$, $\mathbb{Q}_+^*$ und $\mathbb{R}_+^*$ sind dann die Symbole für die **positiven**, $\mathbb{Z}_-^*$, $\mathbb{Q}_-^*$ und $\mathbb{R}_-^*$ die für die **negativen** Zahlen der Mengen $\mathbb{Z}$, $\mathbb{Q}$ und $\mathbb{R}$.

Die Menge der reellen Zahlen zwischen der kleineren Zahl a und der größeren Zahl b wird als **Intervall** bezeichnet. Gehören die Randzahlen a und b zu diesem Intervall, nennt man es ein **(ab-)geschlossenes Intervall** und bezeichnet es mit $[a; b]$. a ist die kleinste Zahl der Menge und b ihre größte.

Gehören dagegen nur die Zahlen zwischen a und b zu der Menge, aber a und b selbst nicht, heißt das Intervall **offen**. Man schreibt dafür $]a ; b[$. Offene Intervalle haben weder eine kleinste noch eine größte Zahl.

Mischformen heißen **halboffene** Intervalle.

Hinweis

Ist die eckige Klammer „richtig herum" gehört die Zahl dazu, sonst nicht.

BEISPIELE

Intervall	Enthält alle Zahlen x mit
$[-2 ; 5]$	$-2 \le x \le 3$
$]9 ; 13[$	$9 < x < 13$
$[4 ; 55[$	$4 \le x < 55$
$]-11 ; -7[$	$-11 < x < -7$
$[-5 ; \infty[$	$5 \le x$
$]-\infty; -3[$	$x < -3$

Liegt die Zahl z im offenen Intervall $]a; b[$, nennt man dieses Intervall $]a; b[$ eine **Umgebung** von z. So ist beispielsweise $]-1; 2[$ eine Umgebung von 1, aber auch $]0{,}99; 1{,}01[$. In jeder Umgebung von 1 sind alle reellen Zahlen „unmittelbar" vor 1 und „unmittelbar" nach 1 enthalten.

Trägt man die beiden Intervalle $L_1 = [-1; 6]$ und $L_2 = [2; 8]$ auf einem Zahlenstrahl ab, sieht man, dass die Zahlen zwischen 2 und 6 jeweils einschließlich zu beiden Intervallen L_1 und L_2 gehören.

- Die Elemente, die sowohl zu der einen als auch zu der anderen Menge gehören, bilden die **Schnittmenge** dieser beiden Mengen.
  Man schreibt $L_1 \cap L_2 = [2; 6]$ und liest: L_1 geschnitten mit L_2.
- Die **Vereinigungsmenge** $L_1 \cup L_2$ (gelesen: L_1 vereinigt mit L_2) besteht aus allen Zahlen, die in dem einen **oder** in dem anderen Intervall **oder** in beiden Intervallen enthalten sind. Hier gilt $L_1 \cup L_2 = [-1; 8]$.
  Die Vereinigungsmenge von $A =]-\infty; 2[$ und $B = [3; 8]$ ist $A \cup B =]-\infty; 2[\cup [3; 8]$.
  So wie Alaska keine Landverbindung mit dem zentralen Teil der USA hat, besteht $A \cup B$ aus zwei nicht zusammenhängenden Teilintervallen.
- Die **Differenzmenge** zweier Mengen enthält alle Elemente der einen Menge, die nicht zur anderen gehören.
  So ist $L_1 \backslash L_2 = [-1; 2[$ (gelesen: L_1 ohne L_2) und $L_2 \backslash L_1 =]6; 8]$.
  Differenzmengen, mit denen wir es häufig zu tun haben werden, sind z. B. $\mathbb{R} \backslash \{2\}$. Diese Menge enthält alle reellen Zahlen mit Ausnahme der 2.

ZUSAMMENFASSUNG

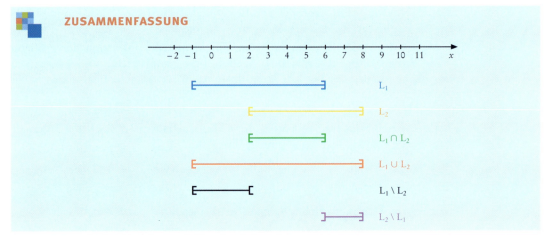

- Die **Produktmenge** $A \times B$ der beiden Mengen A und B ist die Menge aller geordneten Paare, deren erste Komponente aus A und deren zweite Komponente aus B stammt.
Sind beispielsweise $A = \{1; 5\}$ und $B = \{2; 4; 8\}$, dann ist $A \times B = \{(1/2); (1/4); (1/8); 5/2); (5/4); (5/8)\}$.
Die Produktmenge der beiden Intervalle $I_1 = [2; 5]$ und $I_2 = [1; 3]$ lässt sich im Koordinatensystem als Rechteck darstellen, entsprechend würde dann $\mathbb{R} \times \mathbb{R}$ die ganze Ebene darstellen.

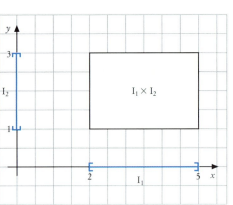

AUFGABEN

01   Schreiben Sie als Intervall!

a) $\mathbb{R}_+^* = \{x | x \in \mathbb{R} \text{ und } x > 0\}$

b) $\mathbb{R}_+ = \mathbb{R}_+^* \cup \{0\}$

c) $\mathbb{R}_- = \{x | x \in \mathbb{R} \text{ und } x \leq 0\}$

d) $\mathbb{R}^* = \mathbb{R}_- \setminus \{0\}$

e) $A = \{x | x \in \mathbb{R} \text{ und } x \geq -1 \text{ und } x \leq 4\}$

f) $B = \{x | x \in \mathbb{R} \text{ und } -2 < x \leq 3\}$

g) $C = \{x | x \in \mathbb{R} \text{ und } x < 1 \text{ und } x > 0{,}5\}$

h) $D = \{x | x \in \mathbb{R} \text{ und } x \geq 20 \text{ und } x < 30\}$

i) $E = \{x | x \in \mathbb{R} \text{ und } x > 2\}$

j) $F = \{x | x \in \mathbb{R} \text{ und } x < 2\}$

k) $G = \{x | x \in \mathbb{R} \text{ und } x \geq 3\}$

l) $H = \{x | x \in \mathbb{R} \text{ und } -4 \leq x \leq -2\}$

m) $I = \{x | x \in \mathbb{R} \text{ und } -1 < x < 3\}$

n) $J = \{x | x \in \mathbb{R} \text{ und } x > 2 \text{ und } x > 3\}$

02   Schreiben Sie folgende Menge als **ein** Intervall!

a) $[2; 5] \cap [3; 7]$

b) $[2; 5] \cap \,]3; 5[$

c) $]3; 4[\, \cap \,] -1; 3[$

d) $]-\infty; -2] \cap [-5; \infty[$

e) $[2; 6[\, \cup \, [6; \infty[$

f) $\mathbb{R}_-^* \setminus [-1; 1[$

g) $\mathbb{R} \setminus]7; \infty[$

h) $[4; 6[\, \cup \,]5; 6]$

i) $[-5; 2[\, \cup \, ([2; 4] \cap [1; 3])$

j) $[-2; 3] \cup \mathbb{R}_+$

k) $]1; \infty [\, \cup \, \mathbb{N}^*$

l) $]3; 4[\, \cup \, \{3; 4\}$

m) $[3; 4[\, \setminus \, \{3; 4\}$

n) $\mathbb{R}_-^* \cap \,] -2; 4]$

o) $[4; 6[\, \cup \, (]6; 8] \cup]4; 7])$

p) $(\mathbb{R} \setminus] -\infty; 2[) \cap (\mathbb{R} \setminus \{2\})$

q) $[-2; 3] \cup \mathbb{R}_+^*$

r) $]-\infty; \infty[\, \cup \, [1; 2]$

03   Geben Sie die Menge in aufzählender Schreibweise an und stellen Sie sie im Koordinatensystem dar!

a) $\{3; 4; 5\} \times \{1; 2\}$ b) $\{10; 20; 30\} \times \{a; b; c\}$

c) $\{-2; -1; 0\} \times \{0; 1\} \times \{1; 2\}$ d) $\{x \mid x \in \mathbb{N}^* \text{ und } x \leq 5\} \times \{x \mid x \in \mathbb{N}^* \text{ und } 8 \leq x < 10\}$

1.2   Rechnen

In diesem Abschnitt werden einige nützliche Rechenkenntnisse wiederholt.

Das **Distributivgesetz** ist die Verbindung zwischen Addition und Multiplikation:
$$a \cdot (c + d) = a \cdot c + a \cdot d.$$

Wird das Distributivgesetz von links nach rechts angewendet, spricht man vom **Ausmultiplizieren**, z. B.
$$3 \cdot (2x + 5) = 3 \cdot 2x + 3 \cdot 5 = 6x + 15,$$

wird es dagegen von rechts nach links angewendet, vom **Ausklammern**, z. B.
$$x^2 - 7x = x \cdot (x - 7).$$

Multipliziert man zwei Summen miteinander, müssen das Distributivgesetz und auch das **Kommutativgesetz** (Vertauschungsgesetz) $a \cdot b = b \cdot a$ jeweils zweimal angewendet werden, bis sich das folgende Endergebnis ergibt:

$$(a + b) \cdot (c + d) = (a + b) \cdot c + (a + b) \cdot d = c \cdot (a + b) + d \cdot (a + b)$$
$$= c \cdot a + c \cdot b + d \cdot a + d \cdot b$$
$$= a \cdot c + b \cdot c + a \cdot d + b \cdot d.$$

Kurz: Bei der Multiplikation von zwei Summen muss jeder Summand der einen Summe mit jedem Summanden der anderen Summe multipliziert werden.

BEISPIEL

$$(4 + 2x) \cdot (x - 5) = 4 \cdot x + 4 \cdot (-5) + 2x \cdot x + 2x \cdot (-5)$$
$$= 4x - 20 + 2x^2 - 10x$$
$$= 2x^2 - 6x - 20$$

$(a + b)^2$ ist eine abkürzende Schreibweise für $(a + b) \cdot (a + b)$. Deshalb gilt
$$(a + b)^2 = (a + b) \cdot (a + b) = a^2 + a \cdot b + b \cdot a + b^2 = a^2 + a \cdot b + a \cdot b + b^2$$
$$= a^2 + 2 \cdot a \cdot b + b^2.$$

Sie kennen diese Formel schon lange als erste der drei **binomischen Formeln**. Durch einfaches Ausmultiplizieren lassen sich auch die beiden anderen herleiten.

Binomische Formeln

$$(a + b)^2 = a^2 + 2 \cdot a \cdot b + b^2$$
$$(a - b)^2 = a^2 - 2 \cdot a \cdot b + b^2$$
$$(a - b) \cdot (a + b) = a^2 - b^2$$

BEISPIELE

$$(3x - 4)^2 = (3x)^2 - 2 \cdot 3x \cdot 4 + 4^2 = 9x^2 - 24x + 16$$
$$49y^2 + 25x^2 + 70xy = (7y)^2 + 2 \cdot 7y \cdot 5x + (5x)^2 = (7y + 5x)^2$$

Gelegentlich sind nur zwei der drei Summanden des ausmultiplizierten Binoms vorhanden und der dritte muss ergänzt werden (**quadratische Ergänzung**).

Bei $36x^2 + 9y^2 = (6x)^2 + (3y)^2$ fehlt der mittlere Summand, das sogenannte **gemischte Glied**. Dieses ist das doppelte Produkt der beiden Summanden des nicht ausmultiplizierten Binoms: $2 \cdot 6x \cdot 3y$. Das vollständige Binom lautet damit $36x^2 + 36x \cdot y + 9y^2 = (6x + 3y)^2$.

Ist das gemischte Glied vorhanden und fehlt einer beiden anderen Summanden des ausmultiplizierten Binoms, z.B. b^2, dann muss das gemischte Glied $2 \cdot a \cdot b$ durch 2 und durch a geteilt werden, um b zu erhalten.

BEISPIEL

$121x^2 + 66x = (11x)^2 + 66x$

Schema: $66x \xrightarrow{\ :\ 2\ } 33x \xrightarrow{\ :\ 11x\ } 3$

Das vollständige Binom lautet also
$121x^2 + 66x + 9 = (11x)^2 + 2 \cdot 11x \cdot 3 + 3^2 = (11x + 3)^2$.

Die Menge $\mathbb{Q}$ der rationalen Zahlen wird auch als die Menge der **Brüche** $\frac{a}{b}$ bezeichnet. a heißt **Zähler**, b **Nenner**. Beides sind ganze Zahlen.

Brüche können erweitert oder gekürzt werden. **Erweitern** heißt, Zähler **und** Nenner mit der gleichen Zahl ungleich null multiplizieren:

$$\frac{a}{b} = \frac{a \cdot c}{b \cdot c} \qquad\qquad \frac{3}{4} = \frac{3 \cdot 5}{4 \cdot 5} = \frac{15}{20}$$

Kürzen heißt, Zähler **und** Nenner durch dieselbe Zahl ungleich null dividieren:

$$\frac{a}{b} = \frac{a : c}{b : c} \qquad\qquad \frac{80}{90} = \frac{80 : 10}{90 : 10} = \frac{8}{9}$$

Ein Bruch ändert beim Erweitern und Kürzen zwar seine Form, aber nicht seinen Wert.

Brüche werden miteinander **multipliziert**, indem man Zähler mit Zähler und Nenner mit Nenner multipliziert.

$$\frac{a}{b} \cdot \frac{c}{d} = \frac{a \cdot c}{b \cdot d} \qquad\qquad \frac{3}{8} \cdot \frac{5}{7} = \frac{15}{56}$$

Zwei Brüche werden **dividiert**, indem man den ersten Bruch mit dem **Kehrwert** des zweiten Bruches multipliziert.

$$\frac{a}{b} : \frac{c}{d} = \frac{a}{b} \cdot \frac{d}{c} = \frac{a \cdot d}{b \cdot c} \qquad\qquad \frac{3}{8} : \frac{2}{7} = \frac{3}{8} \cdot \frac{7}{2} = \frac{21}{16}$$

Bei der **Addition** und **Subtraktion** von Brüchen müssen die Brüche zuerst auf **denselben Nenner** gebracht werden. Dann werden die Zähler addiert bzw. subtrahiert und der gemeinsame Nenner beibehalten.

$$\frac{a}{b} + \frac{c}{d} = \frac{a \cdot d}{b \cdot d} + \frac{b \cdot c}{b \cdot d} = \frac{a \cdot d + b \cdot c}{b \cdot d} \qquad\qquad \frac{4}{7} + \frac{3}{5} = \frac{4 \cdot 5}{7 \cdot 5} + \frac{7 \cdot 3}{7 \cdot 5} = \frac{20}{35} + \frac{21}{35} = \frac{20 + 21}{35} = \frac{41}{35}$$

Viele Taschenrechner bieten die Möglichkeit, mit Brüchen zu rechnen.

```
5/64+3/56
        .1316964286
Ans▶Frac
             59/448
1/21-1/33▶Frac
              4/231
```

Beim grafikfähigen Taschenrechner (GTR) werden die Brüche als Quotienten eingegeben und die Ergebnisse im Normalfall als Dezimalzahlen ausgegeben. Soll das Ergebnis als Bruch dargestellt werden, muss das mithilfe des Frac-Befehls im MATH-Menü veranlasst werden.

Zum Abschluss dieses Abschnitts noch ein kurzer Abstecher in die **Prozentrechnung**.

In Althausen gehen von 143 Schülern der vierten Klasse 47 auf die Realschule, in Neustadt sind es 64 von 197 Grundschülern dieser Klasse.

In welchem Ort wechseln mehr Grundschüler auf die Realschule?

Ganz offensichtlich in Neustadt. Nur ist diese Antwort wenig hilfreich, da es dort auch mehr Grundschüler gibt. Um die Daten vergleichen zu können, bildet man jeweils die Quotienten:

$$\frac{47}{143} \approx 0{,}3287 = \frac{32{,}87}{100} = 32{,}87\,\% \qquad \text{bzw.} \qquad \frac{64}{197} \approx 0{,}3249 = \frac{32{,}49}{100} = 32{,}49\,\%.$$

Die rote Zahl gibt an, wie viele Schüler bezogen auf **einen** Grundschüler auf die Realschule wechseln, die Zahl vor dem Prozentzeichen gibt an, wie viele Schüler **bezogen auf 100** Grundschüler auf die Realschule übergehen.

Der Übergang von der Grund- auf die Realschule im **Piktogramm**.

Althausen

Neustadt

Man nennt diesen Quotienten den **Prozentsatz** p, die Zahl im Nenner den **Grundwert** G und diejenige im Zähler den **Prozentwert** W. Allgemein gilt:

$$\text{Prozentsatz } p = \frac{\text{Prozentwert } W}{\text{Grundwert } G}.$$

Bei der Verzinsung von Geld u. ä. heißt diese Formel

$$\text{Zinssatz } p = \frac{\text{Zinsen } Z}{\text{Kapital } K}.$$

Natürlich kann diese Formel auch nach den beiden anderen Größen aufgelöst werden.

BEISPIEL

Eine Stromstärke von 2 Ampère (A) sinkt um 20 %. Um wie viel Prozent muss sie anschließend steigen, damit sie wieder den ursprünglichen Wert hat?
Wir berechnen zuerst, um wie viel Ampère sie gesunken ist. Wir kennen den Grundwert $G = 2\,\text{A}$ und den Prozentsatz $p = 0{,}2$. Gesucht ist der Prozentwert W. Wir lösen obige Formel nach dem Prozentwert W auf und erhalten:

$$W = G \cdot p = 2\,\text{A} \cdot 0{,}2 = 0{,}4\,\text{A}.$$

Die Stromstärke sinkt um 0,4 A auf 1,6 A.

Das ist der neue Grundwert G bei der Beantwortung des zweiten Teils der Frage. Der Prozentwert W beträgt $0{,}4\,A$. Der Prozentsatz p beträgt damit

$$p = \frac{W}{G} = \frac{0{,}4\,A}{1{,}6\,A} = 0{,}25.$$

Die Stromstärke muss also um $25\,\%$ steigen, damit sie wieder den ursprünglichen Wert erreicht.

AUFGABEN

01 Ergänzen Sie den fehlenden Summanden so, dass sich ein **vollständiges Binom** ergibt. Wie heißt das Binom?

a) $x^2 + \underline{\quad} + y^2$ 　　 b) $4x^2 + \underline{\quad} + 9b^2$ 　　 c) $a^2 + 4ab + \underline{\quad}$

d) $r^2 - 18rs + \underline{\quad}$ 　　 e) $a^2 + 20ab + 2b^2 + \underline{\quad}$ 　　 f) $4x^2 - 10x + \underline{\quad}$

02 Berechnen Sie ohne GTR.

a) $\dfrac{3}{2} \cdot \dfrac{4}{7}$ 　　 b) $\dfrac{34}{121} \cdot \dfrac{11}{23}$ 　　 c) $\dfrac{14}{9} \cdot \dfrac{12}{7}$

d) $\dfrac{18}{17} \cdot \dfrac{7}{9}$ 　　 e) $\dfrac{5}{6} : \dfrac{10}{9}$ 　　 f) $\dfrac{12}{21} : \dfrac{4}{7}$

g) $\dfrac{15}{8} : \dfrac{5}{7}$ 　　 h) $\dfrac{25}{18} : \dfrac{9}{11}$ 　　 i) $\dfrac{3}{4} + \dfrac{5}{4}$

j) $\dfrac{13}{5} - \dfrac{8}{5}$ 　　 k) $\dfrac{107}{8} - \dfrac{23}{4}$ 　　 l) $\dfrac{23}{7} + \dfrac{12}{14}$

m) $\dfrac{14}{9} - \dfrac{2}{7}$ 　　 n) $\dfrac{18}{11} + \dfrac{2}{9}$ 　　 o) $\dfrac{14}{35} + \dfrac{3}{21}$

p) $\dfrac{17}{210} - \dfrac{2}{165}$ 　　 q) $\dfrac{3x}{y} \cdot \dfrac{y^2}{9x}$ 　　 r) $\dfrac{17a}{22b} \cdot \dfrac{11ab}{51c}$

s) $\dfrac{x^2 - y^2}{2x} \cdot \dfrac{6x^2}{(x-y)^2}$ 　　 t) $\dfrac{x^2}{y^3} : \dfrac{x}{y}$ 　　 u) $\dfrac{4a}{6b} + \dfrac{8a}{b}$

v) $\dfrac{2m+n}{2a} - \dfrac{2n}{4a}$ 　　 w) $\dfrac{x+y}{x-y} - \dfrac{x}{x^2-y^2}$ 　　 x) $\dfrac{4b}{3a} - \dfrac{3a}{2a}$

y) $\dfrac{12}{x-y} + \dfrac{12}{x-y}$ 　　 z1) $\left(\dfrac{3a}{4b} - \dfrac{2a}{3ab}\right) : \dfrac{a}{2b}$ 　　 z2) $\dfrac{a}{a-b} + \dfrac{a}{a+b}$

03 a) Der Preis eines Autos stieg um $10\,\%$, sank dann wieder um $10\,\%$ und beträgt heute $8474{,}40$ €. Um wie viel Prozent hat sich der Preis insgesamt verändert?

　　 b) Der Preis eines Autos sank um $10\,\%$ und stieg dann wieder um $10\,\%$ und beträgt heute $9335{,}70$ €. Um wie viel Prozent hat sich der Preis insgesamt verändert?

04 Am 1. Januar 2007 wurde der Normalsatz der Mehrwertsteuer von $16\,\%$ auf $19\,\%$ angehoben. Ein Händler hatte vier Möglichkeiten, mit dieser Steuererhöhung umzugehen:
- er gab die Steuererhöhung exakt an den Kunden weiter,
- er gab die Steuererhöhung teilweise an den Kunden weiter,
- er nutzte die Steuererhöhung zu einer zusätzlichen Preiserhöhung oder
- er hielt den Preis konstant und verzichtete damit auf einen Teil seines Gewinns.

a) Ein Handy, das vor der Steuererhöhung 250,58 € gekostet hat, wurde danach für 257,06 € angeboten. Begründen Sie, für welche der vier Möglichkeiten sich der Anbieter entschieden hat.

b) Ein Fernsehgerät kostet unverändert 1 250,00 €. Um welchen Betrag verringert sich der Gewinn des Anbieters durch die Mehrwertsteuererhöhung?

05 Mit folgendem Text lud die Schmutzweg GmbH zur Teilnahme an einem Preisausschreiben ein. Dabei musste der Strichcode einer Packung Schmutzweg auf eine Postkarte geklebt und eingeschickt werden. Berechnen Sie die fehlenden Zahlen.

Lesen Sie dies, wenn Sie noch nie bei einem Wettbewerb gewonnen haben. Die Anzeige erscheint genau einmal. Und diese Zeitung hat insgesamt 2 664 000 Leser. Aber 80 % davon sehen sich Anzeigen ohne hübsche Bilder nicht an. Bleiben noch _____. Von diesen lesen ____ % nicht mehr als vier Zeilen. Also noch 133 200 übrig. Davon haben ____ % das Gefühl, dass sie eh nie bei einem Wettbewerb gewinnen. Schön für die anderen 53 280. 70 % finden es aber zu mühsam, eine Packung Schmutzweg zu kaufen. Bleiben _____. Davon haben ____ % diesen Wettbewerb vergessen, wenn sie im Supermarkt stehen. Noch 3197. 60 % wissen dann zu Hause nicht mehr, dass sie den Strichcode ausschneiden und auf eine Postkarte kleben müssen – und diese Anzeige ist natürlich schon mit dem Altpapier weg. Selber schuld und _____ bleiben. Bei ____ % liegt die Postkarte nach Einsendeschluss immer noch auf dem Küchentisch. Schade – noch 895. Doch 5 % davon schicken sie an die falsche Adresse. Und demnach an die richtige – aber einige ohne Absender. Etwa ____ %. Bleiben noch 765 Teilnehmer. Bei 556 Preisen haben Sie gute Chancen, endlich zu gewinnen.

06 In der Bundesrepublik Deutschland erhielten im Jahre 2004 von den Mehrwertsteuer-Einnahmen 49,48 % der Bund, 48,45 % die Bundesländer und den Rest die Kommunen. Das gesamte Mehrwertsteueraufkommen bestand zu 91 % aus Einnahmen aus dem Regelsatz von 16 % und zu 9,0 % aus dem ermäßigten Steuersatz von 7 %.
Geben Sie nach den beiden Steuersätzen getrennt an, welche Einnahmen bei Bund, Ländern und Kommunen sich jeweils aus 100 Mio. € mehrwertsteuerpflichtigem Umsatz ergeben.

07 Mit der BahnCard 25 bekommt man beim Kauf einer Fahrkarte 25 % Ermäßigung. Kauft man eine Fahrkarte spätestens drei Tage vor Fahrtantritt und legt sich auf eine bestimmte Verbindung fest, bekommt man ebenfalls 25 % Ermäßigung.
Wie viel Prozent Ermäßigung erhält der Besitzer einer BahnCard 25, der seine Fahrkarte drei Tage vor Fahrtantritt kauft?

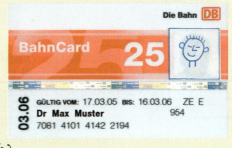

08 Berechnen Sie zuerst ohne, dann mit dem GTR:
$$\left(\frac{106}{7} - \frac{104}{7}\right) - \frac{2}{7}.$$

1.3   Gleichungen

Eine **Aussage** ist ein sprachliches Gebilde, das entweder wahr oder falsch ist.

BEISPIELE

Deutschland hat eine Fläche von 95 000 km².
Irland ist eine Insel.
Spanien liegt in Südamerika.
$23 + 40 = 63$.
$\frac{32}{8} = 5$

Gleichungen enthalten Variablen oder Platzhalter, ihr Wahrheitswert ist unbestimmt. Erst nachdem die Variablen durch Zahlen ersetzt werden, entstehen eventuell Aussagen, d. h. erst dann kann man eventuell entscheiden, ob die entstandene Aussage wahr oder falsch ist.

BEISPIEL

Ersetzt man in der Gleichung $\frac{1}{2-x} = 1$ die Variable x durch 2, ergibt sich

$\frac{1}{2-2} = 1$ bzw. $\frac{1}{0} = 1$.

Da $\frac{1}{0}$ nicht definiert ist, kann man nicht sagen, ob $\frac{1}{0} = 1$ wahr oder falsch ist.
$\frac{1}{0} = 1$ ist deshalb **keine** Aussage.
Nur für die Zahl 2 wird der Nenner des Bruches Null und ist der Bruch somit nicht definiert. Ersetzt man x durch irgendeine andere Zahl, ergibt sich einmal eine wahre und sonst eine falsche Aussage.

x	$\frac{1}{2-x} = 1$	**Wahrheitswert**
-4	$\frac{1}{2-(-4)} = 1$	falsch
0	$\frac{1}{2-0} = 1$	falsch
1	$\frac{1}{2-1} = 1$	wahr
6	$\frac{1}{2-6} = 1$	falsch

Zu einer Gleichung gehören immer drei Mengen.
Die **Grundmenge G** enthält alle Zahlen, die man für die Variable einsetzen kann. In dem Beispiel ist $G = \mathbb{R}$.
Diejenigen Elemente der Grundmenge, die aus der Gleichung eine wahre oder falsche Aussage machen, bilden die **Definitionsmenge D**. Nicht zur Definitionsmenge einer Gleichung gehören z. B. solche Zahlen der Grundmenge, für die der Nenner eines Bruches null wird oder der Ausdruck unter einer Wurzel (**Radikand**[1]) negativ ist. In unserem Beispiel gilt $D = \mathbb{R}\backslash\{2\}$.
Die **Lösungsmenge L** schließlich besteht aus allen Elementen der Definitionsmenge, die zu einer wahren Aussage führen, in unserem Beispiel ist $L = \{1\}$.

1 radix (lat.), Wurzel

Daraus ergibt sich, dass die Lösungsmenge eine Teilmenge der Definitionsmenge ist und diese wiederum eine Teilmenge der Grundmenge: $L \subseteq D \subseteq G$.

Mit der Festlegung der Grundmenge folgt automatisch, welche Elemente die Definitionsmenge und die Lösungsmenge enthalten. Wird zu einer Gleichung keine Grundmenge angegeben – und das ist meistens der Fall –, bedeutet das normalerweise, dass $G = \mathbb{R}$ ist.

Bei der Gleichung $x = 5$ kann man die Lösungsmenge sofort ablesen: $L = \{5\}$. Normalerweise ist das nicht der Fall. Man muss die Gleichung durch Umformungen, die ihre Lösungsmenge nicht ändern (**Äquivalenzumformungen**), auf eine Form bringen, aus der ihre Lösungsmenge leicht zu bestimmen ist. Vorzugsweise isoliert man dazu die Lösungsvariable auf der linken Seite. Um deutlich zu machen, dass eine Umformung die Lösungsmenge nicht geändert hat, schreibt man gelegentlich zwischen die ursprüngliche und die umgeformte Gleichung einen Doppelpfeil $\Leftrightarrow$, meistens verzichtet man darauf.

Äquivalenzumformungen bei Gleichungen sind:

- Umformen einer Seite der Gleichung nach geltenden Rechenregeln.

$$8x + 4 = 6 \cdot (1 + x) - 1$$
$$8x + 4 = 6 + 6x - 1$$
$$8x + 4 = 5 + 6x$$

Zu beachten ist, dass beim Ausführen der Rechenoperationen kein Term entsteht, der für Elemente des Definitionsbereiches nicht definiert ist, z.B. $8x + 4$ ist für alle $x \in \mathbb{R}$ definiert, $\frac{1}{x} \cdot (8x^2 + 4x)$ nur für $x \in \mathbb{R}^*$.

- Addition oder Subtraktion desselben Terms auf beiden Seiten der Gleichung. Dieser Term muss für alle Elemente der Definitionsmenge definiert sein, z.B. darf $\frac{1}{x}$ nicht addiert werden, wenn $0 \in D$.

$$8x + 4 = 5 + 6x \qquad |-6x$$
$$8x + 4 - 6x = 5 + 6x - 6x$$
$$2x + 4 = 5 \qquad |-4$$
$$2x + 4 - 4 = 5 - 4$$
$$2x = 1$$

- Multiplikation (Division) beider Seiten der Gleichung mit demselben Term (durch denselben Term). Dieser Term muss für alle Elemente des Definitionsbereichs definiert und **ungleich** null sein.

$$2x = 1 \qquad |:2$$
$$x = \frac{1}{2}$$

BEISPIELE

1.
$$(2x - 3)^2 + 5x = (x - 3) \cdot (4x + 11)$$

Für jede reelle Zahl, durch die man x ersetzt, entsteht eine (wahre oder falsche) Aussage, deshalb ist $D = \mathbb{R}$.

$$4x^2 - 12x + 9 + 5x = 4x^2 + 11x - 12x - 33 \qquad |-4x^2$$
$$-7x + 9 = -x - 33 \qquad |+x - 9$$
$$-6x = -42 \qquad |:(-6)$$
$$x = 7$$

Die einzige Zahl in der Lösungsmenge ist 7: $L = \{7\}$.

2.
$$\frac{4x - 1}{x - 2} = 1 - \frac{x + 5}{2 - x} \qquad \text{|erweitern mit } -1$$

$$\frac{4x - 1}{x - 2} = 1 - \frac{(x + 5) \cdot (-1)}{(2 - x) \cdot (-1)}$$

$$\frac{4x - 1}{x - 2} = \frac{x - 2}{x - 2} - \frac{-x - 5}{x - 2} \qquad \text{|} \cdot (x - 2)$$

$$4x - 1 = (x - 2) - (-x - 5)$$

$$4x - 1 = 2x + 3 \qquad \text{|} -2x$$

$$2x - 1 = 3 \qquad \text{|} +1$$

$$2x = 4 \qquad \text{|} :2$$

$$x = 2$$

Für $x = 2$ werden die Nenner null, also ist $D = \mathbb{R} \setminus \{2\}$ und deswegen $L = \{ \}$. Eine Gleichung, die keine Lösung hat, heißt **unlösbar**.

3.
$$\frac{x + 1}{x - 1} = \frac{2}{x - 1} + 1 \qquad \text{|} \cdot (x - 1)$$

$$x + 1 = 2 + x - 1 \qquad \text{|} -1$$

$$x = x$$

Für $x = 1$ werden die Nenner null, also ist $D = \mathbb{R} \setminus \{1\}$. Für jedes Element der Definitionsmenge ergibt sich eine wahre Aussage, also $L = D = \mathbb{R} \setminus \{1\}$. Man nennt eine Gleichung, bei der Definitionsmenge und Lösungsmenge übereinstimmen, **allgemeingültig**.

Die Gleichung $x = 2$ hat die Lösungsmenge $L = \{2\}$. Quadriert man beide Seiten, erhält man die Gleichung $x^2 = 4$ mit der Lösungsmenge $L = \{-2; 2\}$. Durch das Quadrieren beider Seiten der Gleichung hat sich die Lösungsmenge verändert, Quadrieren der beiden Seiten einer Gleichung ist **keine** Äquivalenzumformung.

Aber durch das Quadrieren der beiden Seiten einer Gleichung gehen keine Lösungen verloren. Die quadrierte Gleichung hat – nicht immer, aber manchmal – mehr Lösungen, als die ursprüngliche Gleichung. Um herauszufinden, welche Lösungen der quadrierten Gleichung auch Lösungen der ursprünglichen Gleichung sind, ist eine **Probe** erforderlich, d.h. man muss alle Lösungen der quadrierten Gleichung in die ursprüngliche Gleichung einsetzen und prüfen, welche eine wahre Aussage ergeben.

Um deutlich zu machen, dass durch eine Umformung die Lösungsmenge größer werden kann, sollte man zwischen die beiden Gleichungen einen einfachen Pfeil $\Rightarrow$ setzen.

Quadrieren beider Seiten einer Gleichung ist z.B. erforderlich, wenn die Variable der Gleichung unter der Wurzel steht (**Wurzelgleichung**).

BEISPIEL

$$\sqrt{x^2 + 5} + 1 = x$$

Da $x^2 + 5$ für alle Zahlen positiv ist, gilt $D = \mathbb{R}$. Ist die Definitionsmenge nicht ausdrücklich verlangt, kann bei Wurzelgleichungen wegen der Probe am Schluss darauf verzichtet werden.

Jetzt quadrieren wir beide Seiten der Gleichung, damit die Wurzel verschwindet und erhalten dann $(\sqrt{x^2 + 5} + 1)^2 = x^2$. Lösen wir das Binom auf der linken Seite auf, ergibt sich $(\sqrt{x^2 + 5})^2 + 2 \cdot \sqrt{x^2 + 5} \cdot 1 + 1 = x^2$ bzw.

$x^2 + 5 + 2 \cdot \sqrt{x^2 + 5} + 1 = x^2$. Die Wurzel ist durch das Quadrieren nicht verschwunden! Der Grund dafür ist, dass die Wurzel vor dem Quadrieren nicht alleine auf einer Seite stand. Bei einer Wurzelgleichung muss die Wurzel vor dem Quadrieren **isoliert** werden. Das erreichen wir, indem wir 1 von beiden Seiten der Gleichung subtrahieren:

$$\sqrt{x^2 + 5} = x - 1$$

Jetzt können wir quadrieren und die Wurzel verschwindet:

$$(\sqrt{x^2 + 5})^2 = (x - 1)^2$$
$$x^2 + 5 = x^2 - 2x + 1$$
$$2x = -4$$
$$x = -2$$

Ist −2 aber auch Lösung der ursprünglichen Gleichung? Wir machen die **Probe**, setzen dazu −2 in die Ausgangsgleichung ein und stellen fest, dass sich eine falsche Aussage ergibt:

$\sqrt{(-2)^2 + 5} + 1 = -2$ bzw. $3 + 1 = -2$ bzw. $4 = -2$.
Die ursprüngliche Gleichung ist **unlösbar**: $L = \{ \}$.

Die Gleichungen

$$3x + 2 = 5 + 7x$$
$$4x + 2 = 1 + 7x$$
$$-2x + 2 = 4 + 7x$$
$$\tfrac{1}{2}x + 2 = -7 + 7x$$

haben dieselbe Form. Zur Arbeitsersparnis löst man daher die Gleichung

$$ax + 2 = b + 7x.$$

Setzt man $a = 3$ und $b = 5$, ergibt sich die erste Gleichung. Für $a = 4$ und $b = 1$ erhält man die zweite Gleichung usw. Die Variablen a und b nennt man **Formvariable** im Unterschied zur Lösungsvariablen x. Mit Formvariablen rechnet man wie mit Zahlen.

MUSTERAUFGABE

Die Lösungsmenge der Gleichung $ax + 4 = -3x$ mit $a \in \mathbb{R}$ ist zu bestimmen.
Da sich für alle Elemente der Grundmenge eine Aussage ergibt, gilt $D = \mathbb{R}$.

$$ax + 4 = -3x$$
$$ax + 3x = -4$$
$$x \cdot (a + 3) = -4$$

Eine Gleichung mit Formvariablen kann **Fallunterscheidungen** notwendig machen. Um x zu isolieren, muss man hier durch $a + 3$ teilen. Das ist aber nur zulässig, wenn $a + 3 \neq 0$ gilt!

1. Fall: $a + 3 \neq 0$ bzw. $a \neq -3$	**2. Fall:** $a + 3 = 0$ bzw. $a = -3$
$$x = \frac{-4}{a + 3}$$ $$L = \left\{ \frac{-4}{a + 3} \right\}$$	Die Gleichung lautet: $x \cdot 0 = -4$ Es gibt kein Element der Definitionsmenge, d.h. keine reelle Zahl, das diese Gleichung erfüllt: $$L = \{ \}$$

Übersicht:

$$a \neq -3 \quad L = \left\{ \frac{-4}{a+3} \right\}$$

$$ax + 4 = -3x \text{ mit } a \in \mathbb{R}$$

$$a = -3 \quad L = \{\,\}$$

AUFGABEN

01   Bestimmen Sie die Definitions- und Lösungsmenge folgender Gleichung.

a) $-x - 3 = -4x + 15$

b) $-4 \cdot (x - 3) = 5 - (8 - x)$

c) $-\frac{3}{8}x - 1 + \frac{1}{4}x = \frac{1}{6}x + \frac{4}{7}$

d) $2x \cdot (x - 4) = (x - 2) \cdot (2x - 1)$

e) $(1{,}9 - x) \cdot (2 - 4) = 0{,}2$

f) $(x - 1) \cdot (x + 1) = (x + 1)^2$

g) $(x - 4)^2 = (x + 4)^2$

h) $(x - 5)^2 = (x + 5)^2 + 2$

i) $5 \cdot (x + 3) - (x - 4) \cdot (x + 3) = 0$

j) $\dfrac{x - 7}{15} - \dfrac{5x + 1}{18} = \dfrac{3x - 1}{6}$

k) $\dfrac{2x + 1}{2} = \dfrac{1}{3} + x$

l) $\dfrac{2x - 4}{x - 2} = 0$

m) $\dfrac{3x}{x} = \dfrac{2x}{x}$

n) $\dfrac{6x}{x - 2} - 3 = \dfrac{12}{x - 2}$

o) $\dfrac{8}{x - 3} + \dfrac{5}{x + 3} = \dfrac{35}{x^2 - 9}$

p) $\dfrac{3}{x - 4} - \dfrac{5}{x + 4} = \dfrac{12 - 2x}{x^2 - 16}$

q) $\dfrac{4 + 6x}{x - 1} - \dfrac{6x - 3}{x + 1} = \dfrac{2x}{x^2 - 1}$

r) $\dfrac{6}{x - 1} + \dfrac{10}{x + 1} = \dfrac{76}{x^2 - 1}$

s) $\dfrac{x - 1}{2(x - 2)} = \dfrac{2}{x^2 - 4} + \dfrac{1}{2}$

t) $\dfrac{y}{y - 3} - \dfrac{y - 2}{y - 4} = 0$

u) $\dfrac{5}{2x - 10} - \dfrac{1}{18} = \dfrac{11}{4x - 20}$

v) $\dfrac{8}{x - 3} + \dfrac{5}{x + 3} = \dfrac{13}{x}$

w) $\dfrac{3x}{(x + 1)(x - 3)} + \dfrac{1}{x + 1} = \dfrac{2}{x - 3}$

x) $\dfrac{x + 1}{x} - \dfrac{x}{x - 1} = \dfrac{3}{2x^2 - 2x}$

02   Bestimmen Sie die Definitions- und Lösungsmenge folgender Gleichungen mit a, $b \in \mathbb{R}$.

a) $3x + 3 = 6x + a$

b) $2ax + 5 = ax + 6$

c) $5ax + 2x + 4 = -2ax$

d) $ax = 7 + x$

e) $ax + 2 = 6 + 7x$

f) $ax + 8 = x + 2$

g) $\dfrac{2ax - 3}{x - 1} = -4$

h) $5b - 7b = \dfrac{2x - 1}{x}$

i) $4 \cdot (ax + 2) = x \cdot (4a - 3)$

03   Wo liegt der Fehler in folgender Rechnung $(x, y \in \mathbb{R}^*)$?

a)
$$x = 9 \qquad |\cdot 9$$
$$9x = 81 \qquad |-x^2$$
$$9x - x^2 = 81 - x^2$$
$$x \cdot (9 - x) = (9 + x) \cdot (9 - x) \qquad |:(9 - x)$$
$$x = 9 + x$$

Setzt man $x = 9$, dann ist damit bewiesen, dass $9 = 18$ ist.

b)
$$x = y \qquad |\cdot y$$
$$xy = y^2 \qquad |-x^2$$
$$xx - x^2 = y^2 - x^2$$
$$x \cdot (y - x) = (y - x) \cdot (y + x) \qquad |:(y - x)$$
$$x = y + x$$

Setzt man z.B. $x = 2$ und $y = 2$, hat man bewiesen, dass $2 = 4$ ist.

04   Fünf aufeinander folgende Fünferzahlen ergeben zusammen 200. Wie lauten die Zahlen?

05   Die Differenz der Quadrate von zwei natürlichen Zahlen mit dem Unterschied 3 beträgt 381. Wie heißt die kleinere der beiden Zahlen?

06   Paul und Ellen haben 600 Nüsse gesammelt. Ellen sagt: „Wenn du mir die Hälfte der Nüsse gibst, die du hast, und ich dir darauf ein Drittel meiner Nüsse gebe, so besitzen wir gleich viele Nüsse." Wie viele Nüsse besaßen beide am Anfang?

07   Ein Müßiggänger hatte nach seinem zwanzigsten Geburtstag drei Achtel seiner Zeit verschlafen, ein Drittel so viel mit Spielen vergeudet, ein Neuntel mit Essen und Trinken hingebracht, ebenso viel verträumt, ein Zwölftel verbummelt, halb so viel aus dem Fenster gegafft und im Ganzen nur acht Jahre und drei Monate vernünftig gelebt und ehrlich gearbeitet. Wie alt war er geworden?

08   Auf einer Parkbank sitzen mehrere Personen; jeder Person stehen 56 cm Platz zur Verfügung. Kommt noch eine Person hinzu, so sind es nur noch 49 cm. Wie viele Personen waren es am Anfang?

09   Achim, Beate und Curt spielen um Geld. Achim hat 4,00 € weniger als Beate, Curt hat 3,00 € mehr als Beate. Jeder setzt die Hälfte seines Geldes. Curt gewinnt und hat nun 11,00 €. Wie viel hatte jeder vor dem Spiel?

10   Ein Fahrzeug fährt mit 6 km/h bergauf und anschließend mit 18 km/h bergab. Für den gesamten Weg von 40 km benötigt es 3 h. Wann und wo erreicht es den höchsten Punkt?

11   Zwei Autos kommen mit den Geschwindigkeiten 40 km/h und 60 km/h von zwei Orten, die 50 km voneinander entfernt sind, einander entgegen. Dabei fährt das zweite 30 Minuten nach dem ersten ab. Bestimmen Sie, wann und wo sie sich treffen.

12   Im Bazar von Marrakesch wird um einen Teppich gefeilscht. Der Händler verlangt 590,00 €, während der Käufer nur 410,00 € bezahlen will. Die beiden einigen sich so, dass der Händler den Preis um den gleichen Prozentsatz senkt, um den der Käufer sein Angebot erhöht.
Welches ist der Verkaufspreis und um wie viel Prozente sind beide von ihren Forderungen abgewichen?

13   Zwei Pralinensorten kosten 14,40 € und 18,40 € pro 250 g. Wie viele Gramm jeder Sorte enthält ein 17,00 € teures und 250 g schweres Päckchen?

14   Wie viel Prozent Alkoholgehalt hat die Mischung von 200 *l* 86 %igen Alkohol und 500 *l* 37 %igem Alkohol?

15   Ein Leihwagen kostet 0,50 € pro Kilometer (einschließlich Diesel). Die Kosten für ein entsprechendes eigenes Fahrzeug betragen: 4 500,00 € jährliche Festkosten (Wertminderung, Steuer, Versicherung, Wartung usw.) und Dieselkosten (7 l Diesel zu je 1,25 € für 100 km). Ab welcher jährlichen Fahrleistung lohnt sich die Anschaffung eines eigenen Autos?

16   Ein Einkaufszettel weist einen Netto-Gesamtbetrag (d.h. ohne Mehrwertsteuer) von 107,00 € sowie einen Mehrwertsteuerbetrag von insgesamt 15,05 € aus. Auf die Einkäufe ist teilweise der Steuersatz von 19 %, teilweise aber auch der ermäßigte Satz von 7 % Mehrwertsteuer zu zahlen.
Welcher Nettobetrag ist mit 19 %, welcher mit 7 % versteuert worden? Geben Sie sowohl die Euro-Beträge als auch ihren prozentualen Anteil am Netto-Gesamtbetrag an.

17   Ein Betrag von 8450,00 € ist bei einer Bank um 0,5 % niedriger angelegt als ein Betrag von 6200,00 €. Der Jahreszins aus beiden Anlage zusammen beträgt 360,63 €. Zu wie viel Prozent sind sie angelegt?

18   Herr Silvestri zahlt am Anfang des Jahres 10 000,00 € auf ein bereits bestehendes Sparkonto ein. Am Ende des Jahres beträgt der Kontostand 62 000,00 €. Der Zinssatz war während des ganzen Jahres 3 %. Wie viel Geld war schon auf dem Sparkonto?

19   2007 entfielen vom Etat einer Schule 42 % auf Lernmittel, 12 % auf Geräte für die Naturwissenschaften, 6 % auf Bürobedarf und der Rest von 14 000,00 € auf den Kauf sechs neuer Computer. Wie hoch war der Etat?

20   Ein Kunde, der seit längerer Zeit eine Rechnung nicht bezahlt, wird für den Zeitraum von 30 Tagen mit Verzugszinsen belastet. Der Zinssatz beträgt 6 %. Hätte er die Rechnung mit 3 % Skonto bezahlt, hätte er den Rechnungsbetrag um das Fünffache dessen, was er jetzt an Verzugszinsen zu bezahlen hat, und weitere 30,00 € kürzen können.
Wie hoch ist der Rechnungsbetrag?

21   Mary Miller has grades of 73 and 77 on the first two tests in a class. What does she have to do on the third test to have an average of 81 on the three tests?

1.4   Ungleichungen

Werden zwei Terme durch ein Ungleichheitszeichen ($<$, $\leq$, $>$, $\geq$) verbunden, entsteht eine **Ungleichung**. Das bei Gleichungen über Grund-, Definitions- und Lösungsmenge Gesagte gilt ebenfalls für Ungleichungen. Auch bezüglich der Äquivalenzumformungen besteht weitgehend Übereinstimmung. Die einzige Ausnahme ist, dass sich **bei der Multiplikation mit einer negativen Zahl bzw. Division durch eine negative Zahl das Ungleichheitszeichen umdreht**, d.h. aus „$<$" bzw. „$\leq$" wird „$>$" bzw. „$\geq$" und umgekehrt.

BEISPIEL

$$-3 < 7 \,|\cdot (-2)$$
$$6 > -14$$

Durch die Umkehrung des Ungleichheitszeichens wird beim Multiplizieren bzw. Dividieren mit Termen, die eine Variable enthalten, wie z.B. $x - 2$, immer eine Fallunterscheidung nach Vorzeichen des Terms notwendig.

MUSTERAUFGABE

Die Lösungsmenge der Ungleichung $\dfrac{x-1}{x-2} > 2$ ist gesucht.

Für $x = 2$ wird der Nenner des Bruches null, also ist $D = \mathbb{R} \setminus \{2\}$.

$$\frac{x-1}{x-2} > 2 \quad \Big| \cdot (x-2)$$

Je nach dem Wert von x ist $x - 2$ größer oder kleiner null.

$\boxed{\text{1. Fall: } x - 2 > 0 \text{ bzw. } x > 2}$

Das Folgende gilt nur unter der Voraussetzung $x > 2$!

$$x - 1 > 2 \cdot (x - 2)$$
$$x - 1 > 2x - 4$$
$$4 - 1 > 2x - x$$
$$3 > x$$
$$x < 3$$

$$L_1 = \,]2;\,3[$$

$\boxed{\text{2. Fall: } x - 2 < 0 \text{ bzw. } x < 2}$

Das Folgende gilt nur unter der Voraussetzung $x < 2$!

$$x - 1 < 2 \cdot (x - 2)$$
$$x > 3$$

$$L_2 = \{\,\}$$

Da der 1. **oder** der 2. Fall eintritt, ist die Lösungsmenge L der Ungleichung
$$L = L_1 \cup L_2 = \,]2;\,3[\,\cup\,\{\,\} = \,]2;\,3[.$$

AUFGABEN

01 Bestimmen Sie die Definitions- und Lösungsmenge folgender Ungleichung.

a) $-2 \cdot (5 + 12x + x^2) > 3x + 2 - 2x^2$

b) $2x \leq \dfrac{12x + 15}{12} - \dfrac{2x + 8}{16}$

c) $\dfrac{x - 6}{14} \geq 0$

d) $-(3x + 1 - 13) < 3$

e) $\dfrac{x + 2}{x - 3} > 0$

f) $\dfrac{2x - 1}{x - 4} < 1$

g) $\dfrac{2 + x}{2x - 5} \leq 1 - \dfrac{3 - 5x}{6x - 15}$

h) $\dfrac{x^2 + x}{x - 1} > x - 2$

i) $\dfrac{5}{x - 3} < \dfrac{4}{x}$

j) $\dfrac{1}{x + 1} > \dfrac{2}{x}$

k) $\dfrac{2}{x+4} \ge \dfrac{3}{x-1}$

l) $\dfrac{3x-2}{x-1} > \dfrac{4}{x+1} + 3$

m) $\dfrac{2x}{x-2} + \dfrac{4-x}{2-x} + 3 \le 1$

n) $\dfrac{x}{x^2-9} \le \dfrac{-4}{x+3}$

o) $\dfrac{2}{x+3} < \dfrac{6}{2x-5}$

p) $\dfrac{-10}{5x-5} \ge \dfrac{0,5}{3x-4}$

q) $\dfrac{x+4}{x+2} > 5$

r) $\dfrac{x+3}{2x+4} > 0$

s) $\dfrac{1}{x+1} \ge \dfrac{2}{x^2-1}$

t) $\dfrac{(x+2)\cdot(x+1)}{(x+3)\cdot(x+1)} > 0$

u) $(x-4)^2 \ge x^2 - 4$

v) $\dfrac{3x-4}{2x+3} - 5 \ge \dfrac{10-14x}{4x-4}$

02 Bestimmen Sie die Lösungsmenge folgender Ungleichung mit $n > 0$.

a) $\dfrac{4n+8}{3n+2} \le 2,4$

b) $\dfrac{4n+8}{3n+2} \le \dfrac{3}{2}$

c) $\dfrac{2n-6}{3n+3} < \dfrac{20}{33}$

03 Othello Schwarz möchte sein Aktiendepot umschichten und 1200 Aktien des Chemiekonzerns Bille gegen Aktien des Chip-Herstellers Megachip austauschen. Der Wert der Bille-Aktie schwankt zwischen 19,62 € und 20,43 €. Für eine Megachip-Aktie sind zwischen 13,97 € und 13,81 € zu bezahlen. Beim Verkauf entstehen 1,8 %, beim Kauf 2,3 % Kosten.
Wie viele Megachip-Aktien kann er mindestens und höchstens erwerben?

1.5 Potenzen

1.5.1 Potenzen mit ganzen Exponenten

BEISPIEL

Multipliziert man mithilfe eines Taschenrechners 2500000 mit 150000, so wird das Ergebnis 375000000000 in der Form $3,75 \cdot 10^{11}$ ausgegeben (im Anzeigefeld des Taschenrechners erscheint 3.75^{11} oder $3.75\,\text{E}11$).
Sehr große und sehr kleine Zahlen werden häufig in der Potenzschreibweise dargestellt.

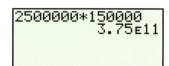

Definition 1.2

Ist a eine reelle und n eine natürliche Zahl mit $n > 1$, so bedeutet

$$a^n = \underbrace{a \cdot a \cdot a \cdot \ldots \cdot a}_{n\text{-mal}}$$

Man nennt a^n (gelesen: a hoch n) die **n-te Potenz**[1] von a. a heißt Grundzahl oder **Basis**[2], n Hochzahl oder **Exponent**[3] der Potenz.

1 potentia (lat.), Macht, Fähigkeit
2 basis (gr.), Grundlage
3 exponere (lat.), heraussetzen, herausstellen

BEISPIELE

$$(-7)^5 = (-7)\cdot(-7)\cdot(-7)\cdot(-7)\cdot(-7) = -16\,807$$
$$3^4 = 3\cdot3\cdot3\cdot3 = 81$$
$$(-3)^4 = (-3)\cdot(-3)\cdot(-3)\cdot(-3) = 81$$
aber
$$-3^4 = -3\cdot3\cdot3\cdot3 = -81$$

In der Definition wird verlangt, dass $n > 1$ gilt. Es erweist sich für das Rechnen als zweckmäßig, Potenzen auch für $n = 1$ und $n = 0$ zu definieren.

Definition 1.3

Für jede reelle Zahl a gilt

$$a^1 = a$$
$$a^0 = 1$$

BEISPIELE

$5^1 = 5;\quad (-7)^0 = 1;\quad (3{,}2)^0 = 1$

Potenzen mit negativen ganzen Exponenten werden durch folgende Definition auf Potenzen mit natürlichen Exponenten zurückgeführt:

Definition 1.4

Ist $a \neq 0$ und $n \in \mathbb{N}$, so ist

$$a^{-n} = \frac{1}{a^n}.$$

BEISPIELE

$$2^{-3} = \frac{1}{2^3} = \frac{1}{8} \qquad\qquad (-5)^{-2} = \frac{1}{(-5)^2} = \frac{1}{25}$$

$$1{,}8^{-4} = \frac{1}{1{,}8^4} = \frac{1}{10{,}4976} \qquad\qquad (-3)^{-3} = \frac{1}{(-3)^3} = \frac{1}{-27} = -\frac{1}{27}$$

$$\left(\frac{1}{4}\right)^{-3} = \frac{1}{\left(\frac{1}{4}\right)^3} = \frac{1}{\frac{1}{64}} = 64 \qquad\qquad (\sqrt{2})^{-2} = \frac{1}{(\sqrt{2})^2} = \frac{1}{2}$$

Das Potenzieren zählt nicht zu den „Grundrechenarten", es ist eine Kurzform der Multiplikation.
Potenzieren hat Vorrang vor den Grundrechenarten. Es bindet stärker als Multiplikation bzw. Division und diese stärker als Addition bzw. Subtraktion.
In unserem Zahlensystem, dem **Dezimalsystem**, sind die Potenzen von 10 von besonderer Bedeutung. Man beachte:

Vorsilben bei Maßeinheiten

$10^{-12} =$	0,000000000001	Piko (p)
$10^{-9} =$	0,000000001	Nano (n)
$10^{-6} =$	0,000001	Mikro (μ)
$10^{-3} = \frac{1}{1000} =$	0,001	Milli (m)
$10^{-2} = \frac{1}{100} =$	0,01	Zenti (c)
$10^{-1} = \frac{1}{10} =$	0,1	Dezi (d)
$10^0 =$	1	
$10^1 =$	10	Deka (da)

$$
\begin{aligned}
10^2 &= & 100 & & \text{Hekto (h)} \\
10^3 &= & 1\,000 & & \text{Kilo (k)} \\
10^6 &= & 1\,000\,000 = 1 \text{ Million} & & \text{Mega (M)} \\
10^9 &= & 1\,000 \cdot 10^6 = 1 \text{ Milliarde}^1 & & \text{Giga (G)} \\
10^{12} &= & 1\,000 \cdot 10^9 = 1 \text{ Billion}^2 & & \text{Tera (T)}
\end{aligned}
$$

Eine Potenz a^m, wie z.B. $2^7 = 128$, erhält man mit dem GTR durch

$$\boxed{2\,\verb|^|\,7\ \text{ENTER}}$$

Für das Rechnen mit Potenzen sind fünf Gesetze wichtig.

Satz 1.5 (Potenzregeln)

Sind $a, b \neq 0$ und m, n ganze Zahlen, dann gilt:

Gleiche Basen

a) $a^m \cdot a^n = a^{m+n}$ — Potenzen mit gleicher Basis werden mutipliziert, indem man die Exponenten addiert und die Basis beibehält.

b) $\dfrac{a^m}{a^n} = a^{m-n}$ — Potenzen mit gleicher Basis werden dividiert, indem man die Exponenten subtrahiert und die Basis beibehält.

Gleiche Exponenten

c) $a^m \cdot b^m = (a \cdot b)^m$ — Potenzen mit gleichen Exponenten werden multipliziert, indem man das Produkt der Basen mit dem gemeinsamen Exponenten potenziert.

d) $\dfrac{a^m}{b^m} = \left(\dfrac{a}{b}\right)^m$ — Potenzen mit gleichen Exponenten werden dividiert, indem man den Quotienten der Basen mit dem gemeinsamen Exponenten potenziert.

Potenzieren von Potenzen

e) $(a^m)^n = a^{m \cdot n}$ — Potenzen werden potenziert, indem man die Exponenten multipliziert und die Basis beibehält.

Beweisskizze:

Wir zeigen die Gültigkeit der Aussagen an einigen Beispielen. Zuerst sind $m, n > 0$.

a) $a^2 \cdot a^5 = a \cdot a \cdot a \cdot a \cdot a \cdot a \cdot a = a^7$

b) $m > n$

$$\frac{a^5}{a^3} = \frac{a \cdot a \cdot a \cdot a \cdot a}{a \cdot a \cdot a} = a \cdot a = a^2 = a^{5-3}$$

$m = n$ bzw. $m - n = 0$

$$\frac{a^4}{a^4} = \frac{a \cdot a \cdot a \cdot a}{a \cdot a \cdot a \cdot a} = 1 = a^0 = a^{4-4}$$

$m < n$

$$\frac{a^3}{a^5} = \frac{a \cdot a \cdot a}{a \cdot a \cdot a \cdot a \cdot a} = \frac{1}{a \cdot a} = \frac{1}{a^2} = a^{-2} = a^{3-5}$$

---

1 Amerikanisch: billion
2 Amerikanisch: trillion

c) $a^4 \cdot b^4 = a \cdot a \cdot a \cdot a \cdot b \cdot b \cdot b \cdot b = (a \cdot b) \cdot (a \cdot b) \cdot (a \cdot b) \cdot (a \cdot b) = (a \cdot b)^4$

d) $\dfrac{a^3}{b^3} = \dfrac{a \cdot a \cdot a}{b \cdot b \cdot b} = \dfrac{a}{b} \cdot \dfrac{a}{b} \cdot \dfrac{a}{b} = \left(\dfrac{a}{b}\right)^3$

e) $(a^3)^4 = (a^3) \cdot (a^3) \cdot (a^3) \cdot (a^3) = (a \cdot a \cdot a) \cdot (a \cdot a \cdot a) \cdot (a \cdot a \cdot a) \cdot (a \cdot a \cdot a)$

$\qquad = a \cdot a \cdot a \cdot a \cdot a \cdot a \cdot a \cdot a \cdot a \cdot a \cdot a \cdot a = a^{12} = a^{3 \cdot 4}$

Für $m = 0$ oder $n = 0$ ergibt sich der Beweis jeweils durch Einsetzen in die linke und rechte Seite, z.B. ist für $m = 0$ und $n \neq 0$ bei Regel e) ist die linke Seite: $(a^0)^n = (1)^n = 1$ und ist die rechte Seite: $a^{0 \cdot n} = a^0 = 1$.

Für $m < 0$ oder $n < 0$ ist lassen sich die Gesetze auf die bereits bewiesenen Gesetze für natürliche Hochzahlen zurückführen. Ist z.B. $m > 0$ und $n < 0$, dann gilt

$$a^m \cdot a^n = a^m \cdot a^{-(-n)} = \frac{a^m}{a^{-n}} = a^{m-(-n)} = a^{m+n}$$

BEISPIELE

1. $3^7 \cdot 3^4 = 3^{7+4} = 3^{11}$

2. $\left(-\dfrac{1}{3}\right)^4 \cdot \left(-\dfrac{1}{3}\right)^{-9} = \left(-\dfrac{1}{3}\right)^{4+(-9)}$

$= \left(-\dfrac{1}{3}\right)^{-5} = \dfrac{1^{-5}}{(-3)^{-5}}$

$= \dfrac{1}{(-3)^{-5}} = (-3)^5 = -3^5$

3. $6^4 \cdot 5^4 = (6 \cdot 5)^4 = 30^4$

4. $\dfrac{7^5}{7^4} = 7^{5-4} = 7^1 = 7$

5. $\dfrac{10^{-3}}{2^{-3}} = \left(\dfrac{10}{2}\right)^{-3} = 5^{-3}$

6. $(3^4)^3 = 3^{4 \cdot 3} = 3^{12}$

Für die Addition und Substraktion von Potenzen gibt es keine besonderen Regeln, es gelten die „üblichen" Rechengesetze. Danach können Potenzen beim Addieren bzw. Subtrahieren nur dann zusammengefasst werden, wenn Basis **und** Hochzahl übereinstimmen.

BEISPIELE

1. Zusammengefasst werden können:

$3^m + 5 \cdot 3^m - 2 \cdot 3^m = (1 + 5 - 2) \cdot 3^m = 4 \cdot 3^m$

$-5 \cdot 7^n + 7^{n+1} + 28 \cdot 7^{n-2} = -5 \cdot 7^n + 7 \cdot 7^n + 28 \cdot 7^{-2} \cdot 7^n$

$\qquad = -5 \cdot 7^n + 7 \cdot 7^n + \tfrac{4}{7} \cdot 7^n = (-5 + 7 + \tfrac{4}{7}) \cdot 7^n = \tfrac{18}{7} \cdot 7^n = 18 \cdot 7^{n-1}$

$4 \cdot a^m - (b \cdot a)^m - a^{m+1} = 4 \cdot a^m - b^m \cdot a^m - a \cdot a^m = (4 - b^m - a) \cdot a^m$

2. Nicht zusammengefasst werden können:

$a^7 + b^7; \quad 2^m + 2^n; \quad 5^{-2} - 3^x$

AUFGABEN

01 Jede reelle Zahl lässt sich als Produkt einer reellen Zahl a ($1 \leq a < 10$) und einer Zehnerpotenz schreiben (sog. Normdarstellung), z.B. $43\,702 = 4{,}3702 \cdot 10^4$.
Stellen Sie folgende Zahlen in dieser Form dar!

314159	27182	0,57722	0,00031	99 800 000	0,00006
80,43	0,005600	1 000 000	0,0581	51,675	4 321 000

02   Schreiben Sie als Potenz mit ganzen Hochzahlen:

a) $a^4 \cdot a^3$ b) $2 \cdot a^2 \cdot a^7$ c) $3 \cdot a \cdot (-2) \cdot a^5$ d) $a^{-3} \cdot 3 \cdot a^2$

e) $-a^4 \cdot a^{-2}$ f) $(-a)^4 \cdot a^{-9}$ g) $\dfrac{a^9}{a^4}$ h) $\dfrac{a^2}{a^3}$

i) $\dfrac{a^4}{a^9}$ j) $(a^3)^5$ k) $(a^{-2})^4$ l) $(a^7)^{-2}$

m) $(a^{-3})^{-8}$ n) $(a^{14})^0$ o) $(-a^n)^2$ p) $(-a^3)^{2n-1}$

q) $\dfrac{a^4 \cdot a^5}{a^3 - a^2}$ r) $\dfrac{(a^2)^3}{(a^4)^2 \cdot a}$ s) $\dfrac{(a^{-2} \cdot b^3)^4}{(a \cdot b^2)^4 \cdot (a^{-3} \cdot b)^4}$ t) $\dfrac{a^4 \cdot b^{12}}{(a \cdot b^3)^2}$

03   Berechnen Sie ohne GTR:

a) $(4^2)^{-1}$ b) $(\tfrac{2}{3})^3$ c) $(\tfrac{2}{3})^{-3}$ d) $(-\tfrac{2}{5})^{-3}$ e) $[\tfrac{2^3}{7}]^2$ f) $(-2)^{-1}$ g) $(\tfrac{1}{-4})^3$ h) $(0,1)^{-4}$

i) $(-0,2)^{-2}$ j) $(-3^2)^3$ k) $(1,5)^3$ l) $(\tfrac{5}{-3})^3$ m) $(\tfrac{1}{3} + \tfrac{1}{5})^{-3}$ n) $[(2^2)^2]^2$ o) $((2^3 - \tfrac{1}{2})^{-2})^2$

p) $[\tfrac{2^2}{3^{-2}}]^2$ q) $(\tfrac{2}{3})^2 \cdot (\tfrac{3}{2})^3$ r) $(0,3)^2 \cdot (0,2)^4$ s) $100^3 : 50^3$ t) $246^4 : 123^4$ u) $(\tfrac{1}{3})^4 \cdot (\tfrac{3}{2})^8$

v) $(0,02)^4 \cdot 100^2$ w) $(10^0)^{72}$ x) $\{[(1 + \tfrac{3}{4})^{-1} - 1]^{-2} - 3\}^{-1}$ y) $[-2^2 + (\tfrac{1}{5} + \tfrac{1}{6})^{-1}]^2$

z) $\{[(\tfrac{2}{3} + 1)^{-1} + 1]^{-2} - \tfrac{16}{64}\}^2$

04   Berechnen Sie ohne GTR:

a) $\dfrac{1,2 \cdot 10^{-2} \cdot (3 \cdot 10^2)^2 \cdot 10^0}{0,45 \cdot 10^8 \cdot 0,6 \cdot 4 \cdot 10^{-5}}$ b) $\dfrac{(3,6 \cdot 10^{-3})^2 \cdot 3,2 \cdot 10^2}{(1,2 \cdot 10^2 \cdot 0,8 \cdot 10^{-1})^2}$

c) $\dfrac{(0,5 \cdot 10^3 - 3 \cdot 10^2)^2}{2,0 \cdot 10^{-5} \cdot 0,4 \cdot 10^8} \cdot 4 \cdot 10^{-2}$ d) $\dfrac{(0,3 \cdot 10^3 - 5 \cdot 10 - 2 \cdot 10^2)^4 \cdot 3 \cdot 10^{-6}}{(-0,7 \cdot 10)^2 \cdot 5 \cdot 10^2 - 57,5 \cdot 10^2}$

e) $\left[\dfrac{9 \cdot 10^3 + 70 \cdot 10^2 - 0,01 \cdot 10^5}{3 \cdot 100^2 + (-10)^2 - 10^{-3} \cdot 10^5}\right]^{-1}$ f) $\dfrac{30 \cdot 10^{-5} + 6 \cdot 10^4 \cdot 10^{-11} \cdot 2 \cdot 100}{2 \cdot 10^2 \cdot 5 \cdot 10^{-1} - 8 \cdot 10^3 \cdot 5 \cdot 10^{-2}}$

05   Vereinfachen Sie soweit wie möglich!

a) $\dfrac{21\,a^{7m-3n}}{20\,b^{3m-2n}} : \dfrac{7\,a^{6m-4n}}{5\,b^{2m-3n}}$ b) $\dfrac{a^{m+n}\,b^{m-1}}{b^{-n}} : \left(\dfrac{a^{-2}}{b} \cdot \dfrac{b^{-3}}{a^2}\right)$

c) $\left(\dfrac{a^2\,b^{4n}}{(a^{2n}\,b^5)^3} : \dfrac{(a^{-4}\,a^2)^{-1}}{(b^2)^n\,a^{-n}}\right) : \dfrac{a^{-1}}{b^{-n-2}}$ d) $\left[\dfrac{4\,x^4\,y^2}{6\,a^5\,b}\right]^2 \cdot \left[\dfrac{9\,a^2\,x^{-2}}{8\,y\,b^2}\right]^3 \cdot \left[\dfrac{a^{-1}}{2\,b^3\,x^{-2}}\right]^2$

e) $\dfrac{(a-b)^2\,a^{n+5}\,b^{2n}}{(a^2 - b^2)\,b^n\,(-a)^4}$ f) $\left[\dfrac{x^2 - y^2}{1+a}\right]^2 : \left[\dfrac{x-y}{1-a^2}\right]^2$

g) $(\tfrac{12}{3}\,a\,b\,x) \cdot (\tfrac{15}{4}\,a^3\,b\,x^2) \cdot (-\tfrac{2}{3}\,a^2\,b^3\,x^{-4})^2$ h) $\dfrac{(x+y)^2}{4\,x^2} - \dfrac{(x-y)^2\,x^{3n+4}}{4\,x^{6+3n}}$

i) $\left[\dfrac{2\,a}{a-b} - \dfrac{a+b}{a}\right] \cdot \dfrac{a \cdot b}{b^2 + a^2}$ j) $[a^{m^2}]^2 - [a^{2m}]^m$

k) $[(a^m)^{n+1}]^m$ l) $\dfrac{a}{a^{2n-3}} - \dfrac{a+3}{a^{2n}} + \dfrac{a^2 - a^5 + 4\,a}{a^{2n+1}}$

m) $\dfrac{x^{2n+1} + x^{2n-1}}{x^{m+2} + x^m}$ n) $\dfrac{a^5\,b^2 - a^3\,b^6}{a^4\,b^2 + a^3\,b^4}$

o) $\dfrac{a^5\,x^3 - a^7\,x^3}{a^5\,b^2\,x^3 + a^5\,x^3}$ p) $\dfrac{x^4 - y^4}{(x^2 + y^2)^3}$

q) $3^{2m+1} - 15 \cdot 3^{2 \cdot (m-1)} - 3^{2m-1} + 3 \cdot 3^{2m+2}$

r) $3 \cdot 5^{n+2} - 5^{n+1} + 10 \cdot 5^{n-1} - 43 \cdot 5^{n}$

s) $2 \cdot 4^{m+1} + 3 \cdot 2^{2m-1} - 5 \cdot 2^{2m+2} + (2^{m-1})^2$

t) $25 \cdot 6^{2n+1} - (6^{n-1} + 2 \cdot 6^{n+1})^2 - (-3 \cdot 6^{n})^2$

06   Bestimmen Sie x.

a) $1\,\text{mm}^3 = 10^x\,\text{km}^3$ b) $1\,\text{dm}^3 = 10^x\,\text{mm}^3$ c) $1\,\text{m}^2 = 10^x\,\text{mm}^2$

07   a) Das Volumen der Erde entspricht dem einer Kugel mit dem Radius 6371,024 km. Ihre durchschnittliche Dichte beträgt 5,51 g/cm³. Geben Sie die Erdmasse in Kilogramm an.

b) Mondradius 1738 km, Mondmasse $7,349 \cdot 10^{22}$ kg
Wie groß ist seine durchschnittliche Dichte (in g/cm³)?

c) Sonnenmasse $1,993 \cdot 10^{30}$ kg, durchschnittliche Dichte 1,41 g/cm³
Wie groß ist der Sonnenradius?

08   Wie viele Planeten mit Erdmasse kann die Milchstraße höchstens enthalten? Masse der Milchstraße $2,5 \cdot 10^{11}$ Sonnenmassen; Sonnenmasse $1,993 \cdot 10^{30}$ kg; Erdmasse $5,973 \cdot 10^{24}$ kg.

09   Nach dem Newton'schen Gravitationsgesetz ziehen sich zwei kugelförmige Körper der Massen m und M, deren Mittelpunkte voneinander den Abstand r haben, mit der Gravitationskraft F an:

$$F = \gamma \cdot \frac{M \cdot m}{r^2}.$$

Die universelle Gravitationskonstante γ hat den Wert $\gamma = 6,672 \cdot 10^{-11}\,m^3 \cdot kg^{-1} \cdot s^{-2}$.

a) Mit welcher Kraft zieht die Erde ($5,974 \cdot 10^{24}$ kg Masse, mittlerer Äquatorradius 6378,140 km) den Mond ($7,349 \cdot 10^{22}$ kg, Radius 1738 km) an? Der Mittelwert der Entfernung des Mondes von der Erde beträgt 384400 km.

b) Mit welcher Kraft zieht die Erde den am 15. April 1999 ins All geschossenen Erderkundungssatelliten Landsat 7 (1973 kg Masse) an. Er umrundet die Erde in einer mittleren Höhe von 683 km.

Isaac Newton (1643–1727) entdeckte u. a. das Gravitationsgesetz.

10   Wie viele Minuten braucht das Licht von der Sonne bis zur Erde? Mittlerer Abstand der Erde von der Sonne $1,4960 \cdot 10^8$ km; Lichtgeschwindigkeit 300000 km/s.

11   a) Die Strecke, die das Licht in einem Jahr zurücklegt, nennt man Lichtjahr. Wie viele Kilometer sind das, wenn die Lichtgeschwindigkeit 300000 km/s beträgt?

b) Die Erde wird von fast einer Quintillion Bakterien bevölkert, das ist eine Eins mit 30 Nullen. Wie viele Lichtjahre wäre die Säule hoch, die entstehen würde, wenn man alle diese Bakterien (durchschnittlicher Durchmesser 0,001 mm) aufeinanderlegt?

12   a) Der Bohr'sche Radius des Wasserstoffatoms ist $r_1 = 0,53 \cdot 10^{-10}$ m. Der mittlere Abstand des Mondes von der Erde beträgt $r_2 = 384\,400$ km. Das Wievielfache des Bohr'schen Radius ist dieser mittlere Abstand?

b) Das Wievielfache des Bohr'schen Radius ist der mittlere Abstand r_3 der Erde von der Sonne ($r_3 = 1,4960 \cdot 10^8$ km)?

c) Der Durchmesser eines Atomkerns beträgt 10^{-14} m. Wie viele Atomkerne muss man nebeneinander legen, um den Atomdruchmesser von $\dfrac{1}{10^{10}}$ m zu erhalten?

Niels Bohr (1885–1962) entwickelte 1913 das später nach ihm benannte Atommodell. Danach besteht das Atom aus einem positiv geladenen Kern, den die Elektronen auf konzentrischen Bahnen umkreisen.

13   Bei einem Ölunfall fließen 2 Milliarden Liter Rohöl ins Meer. Es entsteht ein nahezu rechteckiger Ölteppich von 50 km Länge und 20 km Breite.
Berechnen Sie die mittlere Dicke der Ölschicht.

14   An seiner tiefsten Stelle zwischen Friedrichshafen-Fischbach und Uttwil ist der Bodensee 254 m tief. Seine Fläche beträgt 536 km² und sein durchschnittlicher Wasserinhalt 50 Milliarden Kubikmeter. Wie groß ist seine mittlere Tiefe?

15   Alle Weltmeere zusammen haben eine Oberfläche von 361 000 000 km². Ihre durchschnittliche Tiefe beträgt etwa 4000 m.
Wie viele Wassertropfen enthalten die Weltmeere, wenn rund 30 Wassertropfen 1 cm³ Wasser ergeben?

1.5.2 Die *n*-te Wurzel

Ein Quadrat mit dem Flächeninhalt
A hat die Seitenlänge $x = \sqrt{A}$:

Seitenlänge
$x = \sqrt{9\,\text{cm}^2} = 3\,\text{cm}$

$$(\sqrt{A})^2 = A.$$

$A = 9\,\text{cm}^2$

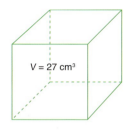

$V = 27\,\text{cm}^3$

Ein Würfel mit dem Rauminhalt V hat die Kantenlänge $x = \sqrt[3]{V}$:

$$(\sqrt[3]{V})^3 = V.$$

Kantenlänge $x = \sqrt[3]{27\,\text{cm}^3} = 3\,\text{cm}$

Definition 1.6

Ist n eine positive ganze Zahl, dann versteht man unter der n-ten Wurzel aus einer nichtnegativen Zahl a diejenige nichtnegative Zahl $\sqrt[n]{a}$, deren n-te Potenz a ergibt:
$$(\sqrt[n]{a})^n = a \text{ und } \sqrt[n]{a} \geq 0 \text{ für } a \geq 0 \text{ sowie } n \in \mathbb{N}^*.$$

BEISPIELE

$\sqrt[3]{8} = 2$, da $2 \geq 0$ und $2^3 = 8$; $\sqrt[3]{0} = 0$, da $0 \geq 0$ und $0^3 = 0$;

$\sqrt[4]{81} = 3$, da $3 \geq 0$ und $3^4 = 81$; $\sqrt[5]{32} = 2$, da $2 \geq 0$ und $2^5 = 32$;

$\sqrt[6]{1\,000\,000} = 10$; $\sqrt[7]{1} = 1$; $\sqrt[8]{256} = 2$; $\sqrt[9]{1\ \text{Milliarde}} = 10$; $\sqrt[11]{2\,048} = 2$.

$\sqrt[2]{-4}$, $\sqrt[4]{-1}$, $\sqrt[3]{-9}$ sind keine reellen Zahlen. Man nennt sie **imaginäre Zahlen**, sie werden in der Schule nicht behandelt.

Hinweise

1. Für die zweite oder Quadratwurzel $\sqrt[2]{a}$ wird, da sie häufig vorkommt, meist nur $\sqrt{a}$ geschrieben, z.B. $\sqrt{9} = \sqrt[2]{9} = 3$ oder $\sqrt{\frac{1}{4}} = \sqrt[2]{\frac{1}{4}} = \frac{1}{2}$.

2. Den Vorgang des Wurzelziehens bezeichnet man als **Radizieren**[1]. Die Zahl a unter dem Wurzelzeichen heißt der **Radikand** (d.h. Zahl, aus der die Wurzel gezogen werden soll). Wir haben nur Wurzeln aus nichtnegativen Radikanden definiert und alle Wurzelwerte, die wir erhalten, sind selbst nichtnegativ.

3. Es gibt immer nur **eine** n-te Wurzel $x = \sqrt[n]{a}$, d.h. nur eine reelle, nichtnegative Zahl x, für die $x^n = a$ ist: $\sqrt[3]{8} = 2$; $\sqrt[4]{81} = 3$ usw.

   Aus einem im Jahr 2000 erschienenen amerikanischen Mathematikbuch für Colleges:

   For real numbers a and b and positive integer n, b is an **nth root** of a if $b^n = a$.

   A given real number may have a single real root, two real roots, or no real roots. Diese unterschiedliche Definition der n-ten Wurzel erklärt, warum für Taschenrechner, die üblicherweise die amerikanische Norm verwenden, z.B. $\sqrt[3]{-8} = -2$ ist.

---

1 radix (lat.), Wurzel

4. Etwas anderes ist es, wenn nach den Lösungen einer Gleichung gefragt wird. Die reinquadratische Gleichung $x^2 = 9$ besitzt zwei Lösungen $x_1 = +\sqrt{9} = +3$ oder $x_2 = -\sqrt{9} = -3$ (vgl. Seiten 43 f.).
Die Gleichung dritten Grades $x^3 = -8$ besitzt nicht $\sqrt[3]{-8}$ als Lösung, da $\sqrt[3]{-8}$ als Wurzel aus einer negativen Zahl nicht definiert ist. Die einzige reelle Zahl, die diese Gleichung löst, $x_1 = -2$, muss daher als $x_1 = -\sqrt[3]{+8}$ geschrieben werden. Entsprechend gilt: Die Gleichung $x^3 = -27$ besitzt $x_1 = -3 = -\sqrt[3]{27}$ als Lösung; die Gleichung $x^5 = -1$ besitzt $x_1 = -1 = -\sqrt[5]{1}$ als Lösung.

AUFGABEN

01 Geben Sie ohne Rechner die Werte der folgenden Wurzeln an ($a, b \in \mathbb{R}_+^*$).

a) $\sqrt{10\,000}$ $\qquad$ $\sqrt{1\,000\,000}$ $\qquad$ $\sqrt{\frac{1}{9}}$ $\qquad$ $\sqrt{\frac{169}{196}}$ $\qquad$ $\sqrt{0{,}01}$

b) $\sqrt[3]{27}$ $\qquad$ $\sqrt[3]{1\,000}$ $\qquad$ $\sqrt[3]{27\,000}$ $\qquad$ $\sqrt[3]{216}$ $\qquad$ $\sqrt[3]{0{,}001}$

c) $\sqrt{64}$ $\qquad$ $\sqrt[3]{64}$ $\qquad$ $\sqrt[6]{64}$ $\qquad$ $\sqrt[4]{81}$ $\qquad$ $\sqrt[4]{\frac{1}{10\,000}}$

d) $\sqrt[5]{\frac{32}{243}}$ $\qquad$ $\sqrt[10]{1\,024}$ $\qquad$ $\sqrt[12]{0}$ $\qquad$ $\sqrt[20]{1}$ $\qquad$ $\sqrt[5]{0{,}00001}$

e) $\sqrt{10^2}$ $\qquad$ $\sqrt[3]{10^3}$ $\qquad$ $\sqrt[7]{10^7}$ $\qquad$ $\sqrt[3]{a^3}$ $\qquad$ $\sqrt[7]{a^7}$

f) $\sqrt{a^4}$ $\qquad$ $\sqrt[3]{a^9}$ $\qquad$ $\sqrt[12]{a^{48}}$ $\qquad$ $\sqrt[12]{(a\,b)^{12}}$ $\qquad$ $\sqrt{(a+b)^2}$

02 Was ist über die folgenden Wurzelausdrücke zu sagen?
$\sqrt{-4}$, $\quad$ $\sqrt[3]{-8}$, $\quad$ $\sqrt[4]{-81}$, $\quad$ $\sqrt[4]{-a}$, $\quad$ $\sqrt[5]{-a}$.

03 Berechnen Sie ohne GTR.

a) $\sqrt{2} \cdot \sqrt{64}$ $\qquad$ b) $\sqrt{6 \cdot \sqrt{6} \cdot \sqrt{36}}$ $\qquad$ c) $\sqrt[3]{\sqrt[3]{10^9}}$

d) $\sqrt[3]{32 \cdot \sqrt{4}}$ $\qquad$ e) $\sqrt{\sqrt{\sqrt{256}}}$ $\qquad$ f) $\sqrt[3]{5 \cdot \sqrt{625}}$.

04 Welche Seitenlänge x hat ein Quadrat, das den gleichen Flächeninhalt hat wie das Rechteck mit den Seiten

a) $a = 3$ cm; $b = 4$ cm $\qquad$ b) $a = 0{,}5$ m; $b = 2{,}75$ m $\qquad$ c) $a = 79{,}25$ m; $b = 78{,}32$ m

05 In einem rechtwinkligen Dreieck ist die Länge c der Hypotenuse und die Länge b einer Kathete bekannt. Wie groß ist die Länge a der anderen Kathete?

a) $c = 13$ cm; $b = 12$ cm $\qquad$ b) $c = 81$ cm; $b = 36$ cm $\qquad$ c) $c = 10$ cm; $b = 5$ cm

06 Bestimmen Sie die Lösungsmenge der Gleichungen.

a) $x^2 - 4 = 0$ $\qquad$ b) $x^2 + 4 = 0$ $\qquad$ c) $x^3 - 125 = 0$ $\qquad$ d) $x^3 + 125 = 0$

e) $x^4 - 81 = 0$ $\qquad$ f) $x^4 + 81 = 0$ $\qquad$ g) $x^5 - 10^5 = 0$ $\qquad$ h) $x^5 + 10^5 = 0$

07 Sind x und y zwei Quadratwurzeln der nichtnegativen Zahl a, also sowohl $x \geq 0$ und $x^2 = a$ als auch $y \geq 0$ und $y^2 = a$, so folgt
$0 = a - a = x^2 - y^2 = (x - y) \cdot (x + y)$.
Nach dem Satz vom Nullprodukt (Satz 1.14) muss mindestens ein Faktor null sein. Ist $x - y$ null, bedeutet dies $x = y$. Falls $x + y$ null ist, gilt $x = y = 0$. Es gibt also nur eine $\sqrt{a}$.

a) Weisen Sie nach, dass für alle Zahlen x und y gilt:
$x^3 - y^3 = (x - y) \cdot (x^2 + x\,y + y^2)$

b) Zeigen Sie, dass es nur eine $\sqrt[3]{a}$ aus einer nichtnegativen Zahl a gibt.

1.5.3   Potenzschreibweise der Wurzeln

Wegen $(a^{\frac{1}{n}})^n = a^{\frac{1}{n} \cdot n} = a^1 = a$ und $(\sqrt[n]{a})^n = a$ liegt es nahe, die bisher nicht erklärten Potenzen mit rationalen Hochzahlen als andere Schreibweise der n-ten Wurzel aufzufassen.

Definition 1.7

Ist n eine positive ganze Zahl, wird festgelegt:

a) $a^{\frac{1}{n}} = \sqrt[n]{a}$ für $a \geq 0$ c) $a^{-\frac{1}{n}} = \dfrac{1}{a^{\frac{1}{n}}} = \dfrac{1}{\sqrt[n]{a}}$ für $a > 0$

b) $a^{\frac{m}{n}} = \sqrt[n]{a^m}$ für $a \geq 0; m \in \mathbb{N}^*$ d) $a^{-\frac{m}{n}} = \dfrac{1}{a^{\frac{m}{n}}} = \dfrac{1}{\sqrt[n]{a^m}}$ für $a > 0; m \in \mathbb{Z}$

BEISPIELE

$3^{\frac{1}{2}} = \sqrt{3}$; $5^{\frac{1}{7}} = \sqrt[7]{5}$; $8^{\frac{1}{3}} = \sqrt[3]{8}$; $10^{\frac{2}{3}} = \sqrt[3]{10^2}$; $4^{-\frac{1}{4}} = \dfrac{1}{\sqrt[4]{4}}$; $3^{-\frac{4}{5}} = \dfrac{1}{3^{\frac{4}{5}}} = \dfrac{1}{\sqrt[5]{3^4}}$

Hinweise

1. Sind $a > 0$, $n \in \mathbb{N}^*$ und $m \in \mathbb{Z}$, so kann man für $a^{-\frac{1}{n}}$ auch $a^{\frac{1}{-n}}$ oder $a^{\frac{-1}{n}}$ schreiben und für $a^{-\frac{m}{n}}$ auch $a^{\frac{m}{-n}}$ oder $a^{\frac{-m}{n}}$.

2. Als Zahlenwert von $3^{-\frac{4}{5}}$ erhält man auf dem GTR durch die Tastenfolge

   $\boxed{3 \,{}^{\wedge}((-)4 \div 5)\ \text{ENTER}}$ $0{,}4152436 \ldots$

Die Potenz $a^{\frac{m}{n}}$ ist nach der Definition 1.7 gleich $\sqrt[n]{a^m}$. Zuerst wird also die m-te Potenz gebildet, dann die n-te Wurzel gezogen. Der folgende Satz zeigt, dass man die Reihenfolge der Rechenoperationen vertauschen kann, ohne den Wert der Potenz zu ändern.

Satz 1.8

Der Wert einer Potenz mit einem Bruch als Hochzahl hängt nicht davon ab, ob zuerst potenziert und dann radiziert wird oder umgekehrt ($a \geq 0$; $m, n \in \mathbb{N}^*$):

Insbesondere ist Potenzieren die Umkehrung des Radizierens:

$$a^{\frac{m}{n}} = \sqrt[n]{a^m} = (\sqrt[n]{a})^m.$$

$$a = \sqrt[n]{a^n} = (\sqrt[n]{a})^n.$$

Beweis

Wir zeigen, dass sich a^m ergibt, wenn $\sqrt[n]{a^m}$ oder $(\sqrt[n]{a})^m$ in die n-te Potenz erhoben werden. Dann sind die Werte der Terme wegen der Eindeutigkeit der n-ten Wurzel gleich.

$(\sqrt[n]{a^m})^n = a^m$, die n-te Wurzel in die n-te Potenz erhoben, ergibt nach ihrer Definition die Zahl, die unter dem Wurzelzeichen steht.

$((\sqrt[n]{a})^m)^n = (\sqrt[n]{a})^{m \cdot n} = (\sqrt[n]{a})^{n \cdot m} = ((\sqrt[n]{a})^n)^m = a^m.$

Damit ist die erste Behauptung bewiesen, für $m = n$ folgt die zweite.

BEISPIELE

$$2^{\frac{3}{5}} = \begin{cases} \sqrt[5]{2^3} = \sqrt[5]{8} = 1{,}5157165\ldots \\ (\sqrt[5]{2})^3 = (1{,}1486983\ldots)^3 = 1{,}5157165\ldots \end{cases}$$

$$x^{\frac{n}{2}} = (\sqrt{x})^n = \sqrt{x^n} \text{ für } x \geq 0 \text{ und } n \in \mathbb{N}$$

$$2^{\frac{9}{9}} = \sqrt[9]{2^9} = (\sqrt[9]{2})^9 = 2^1 = 2$$

Für $a < 0$ kann $\sqrt[n]{a^n} = a$ nicht gelten, da n-te Wurzeln nie negativ sind. Falls $a^n > 0$, d.h. n gerade ist, so ist $\sqrt[n]{a^n} = -a$.

BEISPIELE

$$\sqrt{(-2)^2} = -(-2) = 2; \quad \sqrt[4]{(-3)^4} = -(-3) = 3$$

Für Basen größer als null gilt, dass der Exponent einer Potenz nach den üblichen Bruchregeln erweitert, gekürzt oder als Dezimalzahl geschrieben werden kann, ohne dass sich der Wert der Potenz ändert.

> **Satz 1.9 (Kürzungsregel)**
>
> Der Wert einer Potenz ändert sich nicht, wenn man die Hochzahl erweitert oder kürzt:
> $$a^{\frac{m}{n}} = a^{\frac{m \cdot l}{n \cdot l}} \quad \text{für} \quad a > 0; \quad m \in \mathbb{Z}; \quad l, n \in \mathbb{Z}^*.$$

BEISPIELE

$$(\sqrt[10]{3})^5 = 3^{\frac{5}{10}} = 3^{\frac{1}{2}} = \sqrt{3}; \qquad \sqrt[4]{2^{20}} = 2^{\frac{20}{4}} = 2^5 = 32;$$

$$\sqrt[7]{3^{-28}} = 3^{-\frac{28}{7}} = 3^{-4} = \frac{1}{81}; \qquad \frac{1}{(\sqrt[8]{10})^2} = 10^{-\frac{2}{8}} = 10^{-\frac{1}{4}} = \frac{1}{\sqrt[4]{10}};$$

$$(\sqrt{a})^2 = a^{\frac{2}{2}} = a \quad (a \geq 0); \qquad \sqrt[6]{x^{12}} = x^{\frac{12}{6}} = x^2 \ (x \geq 0);$$

$$3^{0{,}75} = 3^{\frac{75}{100}} = 3^{\frac{3}{4}} = \sqrt[4]{3^3}; \qquad a^{\frac{2}{5} + \frac{1}{10}} = a^{\frac{4+1}{10}} = a^{\frac{5}{10}} = a^{\frac{1}{2}} = \sqrt{a} \ (a \geq 0);$$

$$a^{3{,}75} = a^{\frac{375}{100}} = a^{\frac{15}{4}} = \sqrt[4]{a^{15}}; \qquad 3^{1{,}8} = 3^{\frac{18}{10}} = 3^{\frac{9}{5}} = \sqrt[5]{3^9}.$$

Hinweise

1. Die Regel gilt auch für $a = 0$, sofern bei ihrer Anwendung nicht durch null geteilt würde, z.B. ist
   $$0^{\frac{1}{2}} = \sqrt{0} = 0^{\frac{2}{4}} = \sqrt[4]{0^2} = 0, \text{ nicht aber } 0^{\frac{1}{2}} = 0^{\frac{-1}{-2}} = \frac{1}{\sqrt{0^{-1}}}.$$

2. Es ist zu beachten, dass bei Anwendung der Kürzungsregel die Basis a nicht negativ sein darf. Bei negativem a besteht die Gefahr, dass undefinierte Ausdrücke in definierte umgewandelt werden und umgekehrt, z.B. ist $(-2)^{\frac{2}{2}} = (\sqrt{-2})^2$ nicht definiert, wohl aber $(-2)^1 = -2$, da für natürliche Hochzahlen jede Basis zulässig ist.

   Die fünf Potenzregeln über das Multiplizieren, Dividieren und Potenzieren von Potenzen (Satz 1.5) gelten auch für Basen größer null, wenn die Exponenten Brüche sind. Sind die Basen null, gelten sie solange keine Division durch null ausgeführt wird.

BEISPIELE

$$5^{\frac{1}{2}} \cdot 5^{\frac{3}{2}} = 5^{\frac{1}{2}+\frac{3}{2}} = 5^2 = 25; \qquad a^{\frac{7}{6}} \cdot a^{\frac{4}{3}} = a^{\frac{7}{6}+\frac{4}{3}} = a^{\frac{7+8}{6}} = a^{\frac{15}{6}} = a^{\frac{5}{2}} = \sqrt{a^5};$$

$$2^{\frac{7}{3}} : 2^{\frac{4}{3}} = 2^{\frac{7}{3}-\frac{4}{3}} = 2^{\frac{3}{3}} = 2^1 = 2; \qquad 3^{\frac{1}{3}} \cdot 9^{\frac{1}{3}} = (3 \cdot 9)^{\frac{1}{3}} = \sqrt[3]{27} = 3;$$

$$2^{\frac{1}{2}} \cdot 18^{\frac{1}{2}} = (2 \cdot 18)^{\frac{1}{2}} = \sqrt{36} = 6; \qquad x^{\frac{2}{5}} : 2^{\frac{2}{5}} = \left(\frac{x}{2}\right)^{\frac{2}{5}};$$

$$1\,000\,000^{\frac{1}{4}} : 100^{\frac{1}{4}} = \left(\frac{1\,000\,000}{100}\right)^{\frac{1}{4}} = 10; \qquad \frac{p^{\frac{2}{3}} \cdot p^{\frac{2}{3}}}{p^{\frac{1}{3}} \cdot p} = p^{\frac{2}{3}} \cdot p^{\frac{2}{3}} \cdot p^{-\frac{1}{3}} \cdot p^{-1} = p^0 = 1;$$

$$\left(\frac{2}{\sqrt[9]{2^4}}\right)^9 = (2^1 \cdot 2^{-\frac{4}{9}})^9 = (2^{\frac{5}{9}})^9 = 2^5 = 32;$$

$$\sqrt[4]{8} \cdot \sqrt{2} \cdot \sqrt[4]{2} = 2^{\frac{3}{4}} \, 2^{\frac{1}{2}} \, 2^{\frac{1}{4}} = 2^{\frac{6}{4}} = 2^{\frac{3}{2}} = \sqrt{8};$$

$$\sqrt{3\sqrt{3\sqrt{3}}} = \sqrt{3\sqrt{3 \cdot 3^{\frac{1}{2}}}} = \sqrt{3\sqrt{3^{\frac{3}{2}}}} = \sqrt{3 \cdot 3^{\frac{3}{4}}} = \sqrt{3^{\frac{7}{4}}} = 3^{\frac{7}{8}} = \sqrt[8]{3^7}$$

Liest man die Potenzregeln für gleiche Hochzahlen von rechts nach links, so lauten sie:

Die Potenz eines Produkts ist gleich dem Produkt der Potenzen, die Potenz eines Quotienten ist gleich dem Quotienten der Potenzen.

Auf n-te Wurzeln übertragen heißt das ($a, b \geq 0$):

Die Wurzel aus einem Produkt ist gleich dem Produkt der Wurzeln. Entsprechendes gilt für Quotienten:

$$\sqrt[n]{a \cdot b} = \sqrt[n]{a} \cdot \sqrt[n]{b} \quad \text{und} \quad \sqrt[n]{\frac{a}{b}} = \frac{\sqrt[n]{a}}{\sqrt[n]{b}}$$

BEISPIELE

$$\sqrt{16 \cdot 3} = 4 \cdot \sqrt{3}; \qquad \sqrt{200} = 10 \cdot \sqrt{2}; \qquad \sqrt{(-6)^2 \cdot 7} = -(-6) \cdot \sqrt{7} = 6 \cdot \sqrt{7};$$

$$\sqrt[3]{27 \cdot 5} = 3 \cdot \sqrt[3]{5}; \qquad \sqrt[3]{16} = 2 \cdot \sqrt[3]{2}; \qquad \sqrt[5]{32 \cdot 9} = 2 \cdot \sqrt[5]{9}$$

$$\sqrt[3]{8 \cdot 5} = \sqrt[3]{8} \cdot \sqrt[3]{5} = 2 \cdot \sqrt[3]{5}; \qquad \sqrt[3]{\frac{2}{27}} = \frac{\sqrt[3]{2}}{\sqrt[3]{27}} = \frac{\sqrt[3]{2}}{3}$$

Kann aus **einem** der Faktoren die Wurzel gezogen werden, spricht man vom **teilweisen Wurzelziehen.**

Für Summen und Differenzen gelten keine derartigen Regeln.

Im Allgemeinen gilt $(a \pm b)^{\frac{m}{n}} \neq a^{\frac{m}{n}} \pm b^{\frac{m}{n}}$.

BEISPIELE

$$(9 + 16)^{\frac{1}{2}} = \sqrt{9 + 16} = 5$$
$$9^{\frac{1}{2}} + 16^{\frac{1}{2}} = \sqrt{9} + \sqrt{16} = 7$$

Rationalmachen des Nenners

Der Wert des Bruches $\dfrac{1}{\sqrt{2}}$ lässt sich wegen der Irrationalzahl $\sqrt{2} = 1{,}4142135\ldots$

im Nenner schlecht abschätzen und ist ohne Rechner nur umständlich zu bmen. Durch Erweitern des Bruchs mit $\sqrt{2}$ kann man die Wurzel im Nenner gen und den Nenner „rational" oder „wurzelfrei" machen.

$$\frac{1}{\sqrt{2}} = \frac{1 \cdot \sqrt{2}}{\sqrt{2} \cdot \sqrt{2}} = \frac{\sqrt{2}}{2} = \frac{1,4142\ldots}{2} = 0,7071\ldots$$

Ebenso gelingt das Rationalmachen des Nenners durch geeignetes Erweitern, wenn andere Wurzeln im Nenner als Faktoren auftreten. Nenner der Form $\sqrt{a} \pm \sqrt{b}$ können durch Erweitern mit $\sqrt{a} \mp \sqrt{b}$ wurzelfrei gemacht werden.

BEISPIELE

$$\frac{1}{\sqrt[3]{5}} = \frac{1}{5^{\frac{1}{3}}} = \frac{1 \cdot 5^{\frac{2}{3}}}{5^{\frac{1}{3}} \cdot 5^{\frac{2}{3}}} = \frac{\sqrt[3]{5^2}}{5^{\frac{1}{3} + \frac{2}{3}}} = \frac{\sqrt[3]{25}}{5}$$

$$\frac{1}{\sqrt{3} - \sqrt{2}} = \frac{\sqrt{3} + \sqrt{2}}{(\sqrt{3} - \sqrt{2})(\sqrt{3} + \sqrt{2})} = \frac{\sqrt{3} + \sqrt{2}}{3 - 2} = \sqrt{3} + \sqrt{2}$$

Potenzen mit irrationalen Zahlen als Exponenten

Ist der Exponent, wie etwa bei $3^{\sqrt{2}}$, eine irrationale Zahl, so ist die Potenz nach den bisherigen Definitionen nicht erklärt.

Heron lebte in Alexandria, denn er hat dort wahrscheinlich die Sonnenfinsternis von 62 n. Chr. beobachtet und daraus eine Methode zur Bestimmung des Zeitunterschiedes zwischen Rom und Alexandria gewonnen. Seine Werke, wie z. B. „Dioptria" und „Geometrika", bilden eine Enzyklopädie der angewandten Geometrie und Mechanik. Das Verfahren des Heron'schen Wurzelziehens (vgl. Seiten 200 f., Aufgabe 03) war bereits babylonischen Mathematikern 2000 Jahre vor Heron bekannt.

$\sqrt{2}$ ist irrational, d.h. man kann sie durch keine rationale Zahl wie einen Bruch darstellen. Es gibt allerdings Verfahren, wie das von Heron, mit dessen Hilfe man sie beliebig genau bestimmen kann: $\sqrt{2} = 1,414213562\ldots$ Bildet man nun die Potenzen

$$3^{1,4} = 3^{\frac{14}{10}} \quad = 4,655536\ldots;$$
$$3^{1,41} = 3^{\frac{141}{100}} \quad = 4,706965\ldots;$$
$$3^{1,414} = 3^{\frac{1414}{1000}} \quad = 4,727695\ldots;$$
$$3^{1,4142} = 3^{\frac{14142}{10000}} \quad = 4,728733\ldots;$$

so erhält man, wie wir ohne Beweis annehmen, bei genügend vielen Stellen von $\sqrt{2}$ im Exponenten, auch beliebig viele Stellen einer Zahl, der sich die Werte der Potenzen $3^{1,4}$, $3^{1,41}$, $3^{1,414}$, $3^{1,4142}$, $\ldots$ immer mehr nähern. Diese Zahl $4,728804\ldots$ wird als $3^{\sqrt{2}}$ definiert[1].

Für die Potenzregeln gilt dann, das so genannte Permanenzprinzip[2], d.h. die Regeln bleiben auch für irrationale Hochzahlen gültig.

---

1 $3^{\sqrt{2}}$ heißt der Grenzwert von 3^x für x gegen $\sqrt{2}$.
2 permanere (lat.), verbleiben, fortdauern

AUFGABEN

01 Schreiben Sie in Potenzschreibweise und berechnen Sie die Werte:

a) $\sqrt[3]{10}$ b) $\sqrt[3]{100}$ c) $\sqrt[3]{1000}$ d) $\sqrt[5]{2}$ e) $\sqrt[6]{15\,625}$

f) $\sqrt[3]{3375}$ g) $\sqrt[4]{0,5}$ h) $\sqrt[5]{2^{12}}$ i) $(\sqrt[5]{2})^{12}$ j) $\sqrt[7]{0,5^8}$

k) $\sqrt[30]{1,05^{70}}$ l) $\dfrac{1}{\sqrt[5]{12}}$ m) $\dfrac{1}{\sqrt[5]{0,01}}$ n) $\dfrac{3}{\sqrt[4]{2^3}}$ o) $\dfrac{7}{\sqrt[5]{10^{-8}}}$

02 Schreiben Sie in Wurzelschreibweise.

a) $17^{\frac{1}{2}}$ b) $20^{\frac{1}{5}}$ c) $100^{\frac{3}{4}}$ d) $0,03^{\frac{17}{19}}$ e) $3^{-\frac{1}{5}}$

f) $3,14^{-\frac{1}{3}}$ g) $2^{-\frac{2}{5}}$ h) $a^{-\frac{1}{5}}$ i) $b^{-\frac{27}{20}}$ j) $(a+b)^{\frac{3}{2}}$

03 Schreiben Sie als Potenz ($a > 0$):

a) $\sqrt{a}$ $\sqrt{a^7}$ $\sqrt[3]{a}$ $\sqrt[3]{a^8}$ $(\sqrt[3]{a})^8$

b) $\dfrac{1}{\sqrt{a}}$ $\dfrac{1}{\sqrt{a^5}}$ $\dfrac{1}{\sqrt[3]{a}}$ $\dfrac{1}{\sqrt[3]{a^8}}$ $\dfrac{1}{(\sqrt[3]{a})^8}$

c) $\dfrac{1}{\sqrt[7]{a^3}}$ $\dfrac{1}{\sqrt[7]{a^{14}}}$ $\dfrac{1}{\sqrt{a^{-4}}}$ $\dfrac{1}{\sqrt[5]{a^{-1}}}$ $\dfrac{1}{\sqrt[5]{a^{-15}}}$

d) $\sqrt[3]{a}$ $\sqrt[4]{a^8}$ $\dfrac{1}{\sqrt[7]{a^{35}}}$ $\sqrt{\sqrt{5}}$ $\sqrt[5]{\sqrt[4]{5}}$

e) $\sqrt[3]{\sqrt[3]{a^2}}$ $\sqrt{3\sqrt{3}}$ $\sqrt[4]{2^3\sqrt{2}}$ $\sqrt{6\cdot\sqrt{6}\cdot\sqrt{6}}$ $\sqrt[n]{2^3\cdot\sqrt{2^3}}$

f) $\dfrac{1}{\sqrt{7\cdot\sqrt[4]{7}}}$ $\dfrac{1}{a\cdot\sqrt[5]{a^2\cdot\sqrt[5]{a}}}$ $\left(\sqrt{\sqrt[n]{a}}\right)^{2n}$ $\sqrt{a\sqrt[4]{a}\cdot\sqrt{a\sqrt{a}}}$

g) $\sqrt[7]{a^3}\cdot\sqrt[7]{a}\cdot\sqrt[7]{a^3}$ $\sqrt{a\sqrt{a\sqrt{a^3}}}$ $\sqrt[3]{9}\cdot\sqrt[3]{9}\cdot\sqrt[3]{9}$ $\sqrt[4]{8}\cdot\sqrt{2}\cdot\sqrt[4]{2}$

04 Berechnen Sie ohne GTR:

a) $\sqrt[5]{20^{10}}$ b) $\sqrt[100]{10^{200}}$ c) $\sqrt[6]{6^{-18}}$ d) $\sqrt{2^{-8}}$

e) $\left(\sqrt{\tfrac{3}{5}}\right)^4$ f) $\sqrt[3]{6^3}$ g) $\sqrt{(-3)^2}$ h) $\sqrt[4]{(-5)^4}$

i) $\sqrt[4]{(-5)^8}$ j) $\sqrt{a^2}$ ($a \geq 0$) k) $\sqrt{a^2}$ ($a \leq 0$) l) $\sqrt[8]{919^0}$

m) $81^{\frac{1}{4}}$ n) $100000^{\frac{1}{5}}$ o) $1024^{-\frac{1}{10}}$ p) $100^{-\frac{3}{2}}$

q) $216^{\frac{2}{3}}$ r) $(\tfrac{1}{9})^{1,5}$ s) $32^{-\frac{2}{5}}$ t) $100\,000^{0,4}$

05 Ermitteln Sie ohne GTR:

a) $2^{\frac{1}{2}}\cdot 2^{\frac{7}{2}}$ $5^{\frac{1}{3}}\cdot 5^{\frac{2}{3}}$ $3^{-\frac{5}{3}}\cdot 3^{\frac{11}{3}}$ $10^{\frac{5}{4}}\cdot 10^{-\frac{9}{4}}$ $\sqrt[3]{5}\cdot\sqrt[4]{5}$

b) $\dfrac{6^{\frac{9}{2}}}{6^{\frac{5}{2}}}$ $\dfrac{4^{\frac{13}{5}}}{4^{\frac{3}{5}}}$ $\dfrac{1,5^{\frac{12}{13}}}{1,5^{-\frac{1}{13}}}$ $\dfrac{4^{-\frac{1}{4}}}{4^{-\frac{3}{4}}}$ $\dfrac{\sqrt[4]{7}}{\sqrt[6]{7^5}}$

c) $5^{\frac{1}{3}}\cdot 25^{\frac{1}{3}}$ $27^{\frac{1}{4}}\cdot 3^{\frac{1}{4}}$ $2^{\frac{2}{5}}\cdot 16^{\frac{2}{5}}$ $3^{\frac{1}{2}}\cdot 48^{\frac{1}{2}}$ $\sqrt[3]{4}\cdot\sqrt[3]{16}$

d) $\dfrac{147^{\frac{1}{2}}}{3^{\frac{1}{2}}}$ $\dfrac{256^{\frac{1}{6}}}{4^{\frac{1}{6}}}$ $\dfrac{250^{\frac{1}{3}}}{2^{\frac{1}{3}}}$ $\dfrac{19^{\frac{12}{11}}}{19^{\frac{12}{11}}}$ $\dfrac{\sqrt[7]{2^5}}{\sqrt[9]{2^3}}$

e) $(10^{\frac{1}{2}})^4$ $(8^2)^{\frac{1}{3}}$ $(27^4)^{\frac{1}{3}}$ $(15^2)^{-\frac{1}{2}}$

f) $2^{\frac{1}{3}} \cdot 2^{\frac{1}{5}}$ $3^{\frac{1}{4}} \cdot 3^{\frac{1}{3}}$ $2^{\frac{1}{2}} \cdot 2^{\frac{1}{3}}$ $(\frac{1}{4})^{\frac{1}{5}} \cdot (\frac{1}{4})^{\frac{1}{8}}$

g) $\sqrt{2} \cdot \sqrt{4{,}5}$ $\sqrt{3} \cdot \sqrt{48}$ $\sqrt{5} \cdot \sqrt{20}$ $\sqrt{0{,}5} \cdot \sqrt{162}$

h) $\sqrt[4]{3} \cdot \sqrt[4]{27}$ $\sqrt[5]{4} \cdot \sqrt[5]{8}$ $\sqrt[6]{1\,000} \cdot \sqrt[6]{1\,000}$ $\sqrt{2} \cdot \sqrt{2}$

i) $\sqrt[3]{x^2} \cdot \sqrt[3]{x}$ $\sqrt[7]{x^3} \cdot \sqrt[7]{x^4}$ $\sqrt[7]{x^5} \cdot \sqrt[7]{x^9}$ $\sqrt[5]{x^2} \cdot \sqrt[5]{x^{-7}}$

j) $\sqrt{a\,b} \cdot \sqrt{b\,a}$ $\sqrt[3]{3\,a^2} \cdot \sqrt[3]{9\,a}$ $\sqrt[6]{8\,a^7} \cdot \sqrt[6]{8\,a^5}$ $\sqrt[4]{a^2\,b^3} \cdot \sqrt[4]{a^2\,b^5}$

06   Berechnen Sie:

a) $1{,}5^{\frac{1}{2}} \cdot 1{,}5^{\frac{1}{4}} \cdot 1{,}5^{\frac{5}{4}}$ b) $(9^{\frac{2}{7}} \cdot 9^{\frac{3}{14}}) : (5^{\frac{4}{9}} \cdot 5^{\frac{5}{9}})$ c) $2^{\frac{2}{3}} \cdot (2^{\frac{10}{9}})^2 \cdot 2^{\frac{7}{9}}$

d) $(26^2 - 24^2)^{\frac{1}{2}} : (8^2 + 6^2)^{\frac{1}{2}}$

07   Vereinfachen Sie mithilfe der Potenzregeln:

a) $\sqrt[3]{a^2\,b} \cdot \sqrt[3]{b^2\,a}$ b) $\sqrt[7]{(x^4\,y)^2 \cdot z^5} \cdot \sqrt[7]{x^6 \cdot (y^6\,z)^2}$ c) $\sqrt[3]{a} \cdot \sqrt[3]{a} \cdot \sqrt[3]{a}$

d) $\dfrac{\sqrt[3]{10^4 \cdot 27 \cdot 10^{-31}}}{10^{-10}}$ e) $\sqrt[6]{4\,a^8\,b^4} \cdot \sqrt[6]{16\,a^{16}\,b^{14}}$ f) $(\sqrt[4]{16})^3$

g) $\sqrt[5]{\sqrt[2]{32}}$ h) $\sqrt[7]{8} \cdot \sqrt[7]{4} \cdot \sqrt[7]{4}$ i) $\sqrt[3]{2} \cdot \sqrt[5]{2}$

j) $\sqrt[6]{3} \cdot \sqrt[5]{3}$ k) $\dfrac{x^{\frac{7}{9}} \cdot x^{\frac{2}{18}}}{x^{\frac{3}{9}} \cdot x^{\frac{5}{9}}}$ l) $\dfrac{a^{\frac{1}{2}} \cdot a^{\frac{2}{5}}}{\sqrt{a^{\frac{4}{5}}}}$

m) $\dfrac{\sqrt[3]{10 \cdot 2}}{\sqrt[3]{10^{-2} \cdot 2}}$ n) $\dfrac{\sqrt{10^8}}{\sqrt{10^{-8}}}$ o) $3\sqrt{\dfrac{x^8}{y^7}} \cdot 3\sqrt{\dfrac{x}{y^5}}$

p) $\sqrt{\sqrt{x} - \sqrt{y}} \cdot \sqrt{\sqrt{x} + \sqrt{y}}$

08   Vereinfachen Sie so weit wie möglich:

a) $(\sqrt{3\,a} - \sqrt{2\,a}) \cdot (\sqrt{3\,a} + \sqrt{2\,a})$ b) $\sqrt{2\,v^2 - v \cdot \sqrt{6\,v^2 - (v \cdot \sqrt{2})^2}}$

c) $\dfrac{x - y}{x + y} \cdot \sqrt{\dfrac{x + y}{x - y}} \cdot \dfrac{\sqrt{x^2 - y^2}}{\sqrt{x - y}}$ d) $(a^2 + b^2)^{\frac{1}{2}}$

e) $(a^2 + 2\,ab + b^2)^{\frac{1}{2}}$ f) $\sqrt{25\,x^4 + 10\,x^2 + 1}$ g) $\sqrt[3]{x^3 + y^3}$

h) $\sqrt[3]{x^3 \cdot y^3}$ i) $\sqrt[3]{27\,x^3 + 8\,y^3}$ j) $\sqrt{(5\,a)^2 - (4\,a)^2}$

k) $4\sqrt{\dfrac{x^8\,y}{y^{-17}x^6}}$ l) $\dfrac{\sqrt{a^2 - 9}}{\sqrt{a + 3}}$ m) $\dfrac{\sqrt[4]{x^6\,y^9}}{\sqrt{y\,x^2}}$

n) $\sqrt[3]{a} \cdot \sqrt[7]{a^3}$ o) $(\sqrt[7]{x})^4 \cdot \sqrt[6]{x^5} \cdot (\sqrt[42]{x^5})^5$

09   Berechnen Sie durch Umformen den genauen Wert der folgenden Ausdrücke:

a) $\sqrt[3]{5 - \sqrt{17}} \cdot \sqrt[3]{5 + \sqrt{17}}$ b) $\sqrt[3]{(\sqrt{3} + \sqrt{12})^2}$

10   Ziehen Sie die Wurzel teilweise.

a) $\sqrt{9 \cdot 2}$ b) $\sqrt[3]{8 \cdot 5}$ c) $\sqrt{98}$ d) $\sqrt[7]{10^8}$ e) $\sqrt[3]{250}$

f) $\sqrt[3]{54}$ g) $\sqrt[3]{2{,}7}$ h) $\sqrt{a^2\,b}$ i) $\sqrt{(a + b)^2 \cdot c}$ j) $\sqrt{a^2 \cdot c^2 + b^2 \cdot c^2}$

11 Schreiben Sie unter eine Wurzel.

a) $3 \cdot \sqrt{2}$ b) $2 \cdot \sqrt[3]{4}$ c) $a \cdot \sqrt{b}$ d) $2\,a \cdot \sqrt[3]{b}$ e) $3\,a \cdot \sqrt{b}$

12 Machen Sie den Nenner wurzelfrei

a) $\dfrac{1}{\sqrt{10}}$ b) $\dfrac{1}{\sqrt[5]{7}}$ c) $\dfrac{1}{2 - \sqrt{3}}$ d) $\dfrac{1}{\sqrt[4]{x}}$

e) $\dfrac{2}{1 + \sqrt{a}}$ f) $\dfrac{1}{\sqrt{3} - 2 \cdot \sqrt{2}}$ g) $\dfrac{3\,x^{\frac{2}{3}}}{x \cdot \sqrt[3]{x}}$ h) $\dfrac{x}{\sqrt{5\,x} + \sqrt{4\,x}}$

13 Für welche reellen Zahlen a und b gilt:

a) $\sqrt{(a - b)^2} = b - a$ b) $\sqrt[3]{(1 + a)^3} = 1 + a$ c) $\sqrt{4\,a^2} = -2\,a$

14 Das Kugelvolumen ist $V = \frac{4}{3}\,\pi r^3$. Berechnen Sie den Radius r einer Kugel vom Volumen

a) $1\ \text{m}^3$ b) $10\ \text{m}^3$ c) $0,5\ \text{m}^3$ d) $2\ \text{m}^3$ e) $1,08 \cdot 10^{12}\,\text{km}^3$

1.6 Betrag einer Zahl

Impuls

Bestimmen Sie $\sqrt{3^2}$, $\sqrt{(-3)^2}$ und $\sqrt{a^2}$.

Das Quadrat jeder beliebigen Zahl a ist nie negativ, deshalb existiert die Wurzel aus a^2. Allerdings kann man im Allgemeinen nicht schreiben $\sqrt{a^2} = a$.
Diese Gleichung ist richtig, wenn a **nichtnegativ** ist. Beispielsweise gilt
$\sqrt{5^2} = \sqrt{25} = 5$ oder $\sqrt{0^2} = \sqrt{0} = 0$.
Ist a **negativ**, wird die Aussage falsch, denn $\sqrt{(-5)^2} = \sqrt{25} = 5 = -(-5)$.
Deshalb muss man unterscheiden:

Ist $a \geq 0$, dann gilt $\sqrt{a^2} = a$; ist dagegen $a < 0$, so ist $\sqrt{a^2} = -a$.

Dafür hat sich folgende Schreibweise eingebürgert:

$$\sqrt{a^2} = \begin{cases} -a & \text{falls } a < 0 \\ a & \text{falls } a \geq 0 \end{cases}$$

Kürzer schreibt man auch $\sqrt{a^2} = |a|$.
$|a|$ wird gelesen als „Betrag von a".

Definition 1.10

Für jede Zahl a ist $|a| = \sqrt{a^2} = \begin{cases} -a & \text{falls } a < 0 \\ a & \text{falls } a \geq 0 \end{cases}$

BEISPIELE

$|4| = 4$; $|-1,3| = 1,3$; $|0| = 0$.

Da z.B. die Zahlen -2 und 2 von 0 beide den Abstand 2 haben kann, kann $|a|$ auch als der **Abstand** der Zahl a **zur Null** gedeutet werden.

Den Umgang mit Beträgen vereinfachen einige Rechengesetze.

Satz 1.11

Für $a, b \in \mathbb{R}$ gilt:

a) $|a \cdot b| = |a| \cdot |b|$

b) $\left|\dfrac{a}{b}\right| = \dfrac{|a|}{|b|}$ für $b \neq 0$

Beweis

Die Behauptungen sind (nach Definition 1.10) gleichwertig mit den allgemein gültigen Beziehungen

$$\sqrt{(a \cdot b)^2} = \sqrt{a^2} \cdot \sqrt{b^2} = \quad \text{bzw.} \quad \sqrt{\left(\frac{a}{b}\right)^2} = \frac{\sqrt{a^2}}{\sqrt{b^2}} \quad \text{(vgl. Seite 35).}$$

BEISPIELE

$|2 \cdot (-5)| = |2| \cdot |-5| = 2 \cdot 5 = 10$

$|3x| = |3| \cdot |x| = 3 \cdot |x|$

$\left|\dfrac{x}{5}\right| = \dfrac{|x|}{|5|} = \dfrac{|x|}{5}$

Die Beispiele zeigen, dass man nichtnegative Faktoren und positive Teiler „aus dem Betrag herausziehen" kann.

Für die Addition und Subtraktion gilt **nicht** $|a + b| = |a| + |b|$, denn z.B. ist $|(-2) + 3| = 1$, aber $|-2| + |3| = 5$. Vielmehr gilt

Satz 1.12

Sind a und b reelle Zahlen, dann ist

a) $|a + b| \leq |a| + |b|$ **(Dreiecksungleichung)**[1]

b) $|a - b| \leq |a| + |b|$

Beweis

a) Für alle reellen Zahlen a gilt $a \leq |a|$. Ist nämlich a positiv oder 0, dann ist $a = |a|$. Ist aber a negativ, dann ist a kleiner als jede positive Zahl, also kleiner als $|a|$.

Desgleichen ist $-a \leq |a|$.

Wir unterscheiden zwei Fälle:

1. Fall: $a + b \geq 0$,   d.h. $|a + b| = a + b$

$a \leq |a|$ $|+b$ $b \leq |b|$ $|+|a|$

$a + b \leq |a| + b$ $|a| + b \leq |a| + |b|$

Aus $a + b \leq |a| + b$ und $|a| + b \leq |a| + |b|$ folgt $a + b \leq |a| + |b|$.

2. Fall: $a + b < 0$ d.h. $|a + b| = -(a + b) = -a - b$.

$-a \leq |a|$ $|-b$ $-b \leq |b|$ $|+|a|$

$-a - b \leq |a| - b$ $|a| - b \leq |a| + |b|$

Daraus folgt $-a - b \leq |a| + |b|$ bzw. $|a + b| \leq |a| + |b|$.

b) Die zweite Ungleichung ergibt sich aus der ersten:

$|a - b| = |a + (-b)| \leq |a| + |(-b)| = |a| + |b|$.

[1] Diese Ungleichung hat den Namen „Dreiecksungleichung", da in einem Dreieck die Summe von zwei Seitenlängen größer oder gleich der Länge der dritten Seite ist.

Gleichungen und Ungleichungen mit Beträgen

Im Folgenden wird anhand einiger Beispiele gezeigt, wie Gleichungen und Ungleichungen mit Beträgen zu lösen sind. Dabei ist zu beachten:

> Für **jedes** auftretende Paar von Betragsstrichen müssen zwei Fälle unterschieden
> werden:
> 1. Fall: Der Term zwischen den Betragsstrichen ist größer oder gleich null. Die
>   Betragsstriche werden durch Klammern ersetzt bzw. entfallen.
> 2. Fall: Der Term zwischen den Betragsstrichen ist kleiner null. Die Betragsstriche
>   werden durch Klammern mit vorausgehendem Minuszeichen ersetzt.

MUSTERAUFGABEN

01
$$|x - 3| = 5$$

1. Fall: $x - 3 \geq 0$ bzw. $x \geq 3$	**2. Fall:** $x - 3 < 0$ bzw. $x < 3$

$x - 3 = 5$
$\quad x = 8$
$L_1 = \{8\}$, da $8 \geq 3$.

$-(x - 3) = 5$
$-x + 3 = 5$
$\quad\quad -x = 2$
$\quad\quad\quad x = -2$
$L_2 = \{-2\}$, da $-2 < 3$.

$$L = L_1 \cup L_2 = \{-2; 8\}$$

02
$$|x - 1| = |x| + 1$$

1. Fall: $x - 1 \geq 0$ bzw. $x \geq 1$	**2. Fall:** $x - 1 < 0$ bzw. $x < 1$

Die Gleichung wird in diesem Fall zu
$$x - 1 = |x| + 1$$
Unterfall a): $x \geq 0$
Die Gleichung wird zu
$x - 1 = x + 1$, sie ist unlösbar.
$$L_1 = \{\}$$

Die Gleichung wird in diesem Fall zu
$$-(x - 1) = |x| + 1$$
Unterfall a): $x \geq 0$
Die Gleichung wird zu
$-(x - 1) = x + 1$
Deren Lösung ist 0. Da diese Lösung
die Bedingungen $x \geq 0$ und $x < 1$
erfüllt, gilt
$$L_3 = \{0\}$$

Unterfall b): $x < 0$
Die beiden Bedingungen $x \geq 1$ und
$x < 0$ widersprechen sich. Ohne weitere Rechnung folgt sofort:
$$L_2 = \{\}$$

Unterfall b): $x < 0$
Die Gleichung wird zu
$-(x - 1) = -x + 1$. Sie hat alle reellen
Zahlen als Lösungen. Von ihnen genü-
gen alle negativen den Bedingungen $x
< 0$ und $x < 1$.
$$L_4 =]-\infty; 0[= \mathbb{R}^*_-$$

$$L = L_1 \cup L_2 \cup L_3 \cup L_4 =]-\infty; 0] = \mathbb{R}_-$$

03

$$|x - 3| \leq 4$$

1. Fall: $x - 3 \geq 0$ bzw. $x \geq 3$	**2. Fall:** $x - 3 < 0$ bzw. $x < 3$
$x - 3 \leq 4$	$-(x - 3) \leq 4$
$x \leq 7$	$x \geq -1$
$L_1 = [3; 7]$	$L_1 = [-1; 3[$

$$L = L_1 \cup L_2 = [3; 7] \cup [-1; 3[= [-1; 7]$$

Das letzte Beispiel lässt eine geometrische Deutung zu. $|x - 3|$ ist der **Abstand** zwischen $(x - 3)$ und 0 bzw. zwischen x und 3 auf der Zahlengeraden. $|x - 3| \leq 4$ bedeutet, dass der Abstand von x zu 3 kleiner oder gleich 4 ist. x muss im Intervall $[3 - 4; 3 + 4]$ liegen.

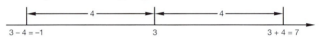

Diese Überlegungen kann man verallgemeinern. Der folgende Satz kann oft mit Nutzen bei der Lösung von Betragsungleichungen verwendet werden.

Satz 1.13

Ist a positiv, dann ist $|x| < a$ äquivalent zu $-a < x < a$.
Dabei bedeutet $-a < x < a$ das Gleiche wie $-a < x$ und $x < a$.

BEISPIEL

$|x| < 4$ bedeutet, dass x zwischen -4 und 4 liegt: $-4 < x < 4$.

AUFGABEN

01 Schraffieren Sie die Menge auf der Zahlengeraden.

a) $|x| < 2$ b) $|x| \leq 4$ c) $|x| > 3$ d) $|x| \geq 1$

e) $|x - 2| < 1$ f) $|x - 1| \leq 3$ g) $|x + 1| < 3$ h) $|x - 3| \leq \frac{1}{2}$

02 Bestimmen Sie die Definitions- und die Lösungsmenge.

a) $|2x| = 1 + x$ b) $|x + 1| = 3$

c) $-|x| + x = -4$ d) $2 \cdot |x + 1| = 3 \cdot |x + 1| - 2$

e) $|2x + 6| = 2 \cdot |x + 3| - 6x + 2$ f) $5x + 3 = |x - 6|$

g) $|2x + 6| = |x + 1| + 2$ h) $|\frac{1}{9}x - \frac{1}{3}| + |7x - 21| + x = 2$

i) $\dfrac{x}{|x + 4|} = -6$ j) $\dfrac{1}{|x - 1|} = \dfrac{2}{|x + 1|}$

k) $\dfrac{1}{|2x - 3|} = \dfrac{1}{9}$ l) $\dfrac{4x}{|3x - 6|} = 1$

m) $|x| \leq x$ n) $|x + 1| > 3$

o) $|3x - 3| > x + 1$ p) $|x + 4| > 3 - x$

q) $2 \cdot |3x - 1| + 1 \geq 3x$ r) $|2(x + 1)| - 3 < |x + 1|$

s) $|x + 1| - |2x - 1| > 5$ t) $|x - 3| + |x + 2| > x$

1.7   Quadratische Gleichungen

Das Rheincenter ist ein gut gehendes Einkaufszentrum. Da der Parkplatz zu klein geworden ist, soll die Parkfläche gemäß der Skizze vergrößert werden.
Wie breit muss der Streifen sein, der die Parkfläche **verdoppelt**?
Die Fläche des bisherigen Parkplatzes beträgt
30 m · 120 m + 40 m · 20 m = 4400 m².
Die Fläche des neuen Parkstreifens ist
$x \cdot (120\ m + x) + 70\ m \cdot x$.
Damit ergibt sich die Gleichung
$x \cdot (120\ m + x) + 70\ m \cdot x = 4400\ m^2$.
Wir lösen die Klammer auf und fassen zusammen:
$x^2 + 190\ m \cdot x - 4400\ m^2 = 0$.
Eine Gleichung dieses Typs, in der das Quadrat der Variablen vorkommt, wird **quadratische Gleichung** genannt. Um sie zu lösen, müssen wir anders als bei linearen Gleichungen vorgehen.

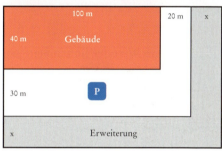

In einigen Fällen führen quadratische Gleichungen zu linearen Gleichungen und sind auf einfache Weise lösbar.

BEISPIEL

$$x^2 + 2x - 3 = x^2 - x + 2$$
Subtrahiert man von beiden Seiten x^2, so erhält man:
$$2x - 3 = -x + 2$$
$$x = \tfrac{5}{3}$$

Ein wichtiges Hilfsmittel zum Lösen von echten quadratischen Gleichungen ist folgender Satz.

Satz 1.14 *(Satz vom Nullprodukt)*
Ein Produkt reeller Zahlen ist genau dann null, wenn mindestens einer der Faktoren null ist.
$$a \cdot b = 0 \Leftrightarrow (a = 0 \text{ oder } b = 0) \quad \text{für} \quad a, b \in \mathbb{R}$$

BEISPIELE

1. $x^2 + 5x = 0$　　　　　　　2. $x^2 = 4$
   $x \cdot (x + 5) = 0$　　　　　　　$x^2 - 4 = 0$

Nach dem Satz vom Nullprodukt ist diese Gleichung äquivalent mit
$(x - 2) \cdot (x + 2) = 0$　3. binomische Formel

$x \ = 0 \text{ oder } x + 5 = 0$ 　　　　$x \ - 2 = 0 \text{ oder } x + 2 = 0$
$x \ = 0 \text{ oder } x = -5$ 　　　　　$x \ = 2 \text{ oder } x = -2$
$L \ = \{-5;\ 0\}$ 　　　　　　　$L \ = \{-2;\ 2\}$

In Zukunft werden wir bei Gleichungen der Form $x^2 = a$ mit $a > 0$, so genannten **reinquadratischen Gleichungen,** nicht mehr alle diese Umformungen ausführen, sondern gleich schreiben $L = \{-\sqrt{a}; \sqrt{a}\}$.

Für allgemeine quadratische Gleichungen gibt es mehrere Lösungsverfahren.

Lösen durch quadratische Ergänzung

$2\,x^2 - 10\,x + 12 = 0$

Man teilt die Gleichung durch 2 und sorgt so dafür, dass $+1$ der Koeffizient von x^2 ist.

$x^2 - 5\,x + 6 = 0$ $\qquad\qquad\qquad$ $x^2 + p\,x + q = 0$ und $p, q \in \mathbb{R}$

Wir ergänzen zu einem vollständigen Binom. Dazu wird der Koeffizient von x halbiert, quadriert, addiert und sofort wieder subtrahiert.

$x^2 - 5\,x + \left(\dfrac{5}{2}\right)^2 - \left(\dfrac{5}{2}\right)^2 + 6 = 0$ $\qquad$ $x^2 + p\,x + \left(\dfrac{p}{2}\right)^2 - \left(\dfrac{p}{2}\right)^2 + q = 0$

Am Wert der linken Seite wurde durch die Addition und gleichzeitige Subtraktion nichts geändert.

Wir wenden die 1. bzw. 2. binomische Formel an.

$\left(x - \dfrac{5}{2}\right)^2 - \left(\dfrac{5}{2}\right)^2 + 6 = 0$ $\qquad$ $\left(x + \dfrac{p}{2}\right)^2 - \left(\dfrac{p}{2}\right)^2 + q = 0$

$\left(x - \dfrac{5}{2}\right)^2 - \dfrac{1}{4} = 0$ $\qquad$ $\left(x + \dfrac{p}{2}\right)^2 - \left(\left(\dfrac{p}{2}\right)^2 - q\right) = 0$

Wir isolieren das Binom.

$\left(x - \dfrac{5}{2}\right)^2 = \dfrac{1}{4}$ $\qquad$ $\left(x + \dfrac{p}{2}\right)^2 = \left(\dfrac{p}{2}\right)^2 - q$

Ist der Term auf der rechten Seite der Gleichung größer als null, können wir die Wurzel ziehen.

$x - \dfrac{5}{2} = \pm\dfrac{1}{2}$ $\qquad\qquad$ $x + \dfrac{p}{2} = \pm\sqrt{\left(\dfrac{p}{2}\right)^2 - q}$

$x = \dfrac{5}{2} + \dfrac{1}{2}$ oder $x = \dfrac{5}{2} - \dfrac{1}{2}$

$x = 3$ oder $x = 2$ $\qquad$ $x = -\dfrac{p}{2} + \sqrt{\left(\dfrac{p}{2}\right)^2 - q}$ oder $x = -\dfrac{p}{2} - \sqrt{\left(\dfrac{p}{2}\right)^2 - q}$

$L = \{2; 3\}$ $\qquad$ $L = \left\{-\dfrac{p}{2} + \sqrt{\left(\dfrac{p}{2}\right)^2 - q}; -\dfrac{p}{2} - \sqrt{\left(\dfrac{p}{2}\right)^2 - q}\right\}$

Ist $\left(\dfrac{p}{2}\right)^2 - q < 0$, hat die quadratische Gleichung $x^2 + px + q = 0$ keine Lösungen.

Anwenden der Lösungsformel

Da der Rechenaufwand beim vorangehenden Verfahren erheblich ist, verwendet man meist die Lösungsformel, die wir abgeleitet haben. Diese so genannte *p-q*-Formel oder „Mitternachtsformel" findet man auch in Formelsammlungen.

Satz 1.15

Eine quadratische Gleichung der Form $x^2 + px + q = 0$ (normierte Form oder Normalform der quadratischen Gleichung) mit $p, q \in \mathbb{R}$ hat die Lösungen

$$x = -\frac{p}{2} + \sqrt{\left(\frac{p}{2}\right)^2 - q} \quad \text{oder} \quad x = -\frac{p}{2} - \sqrt{\left(\frac{p}{2}\right)^2 - q},$$

wenn $\left(\frac{p}{2}\right)^2 - q \geq 0$ ist.

Man sagt kürzer:

Ist die quadratische Gleichung $x^2 + px + q = 0$ mit $p, q \in \mathbb{R}$ lösbar, hat sie die Lösungen

$$x_{1/2} = -\frac{p}{2} \pm \sqrt{\left(\frac{p}{2}\right)^2 - q}$$

Der unter der Wurzel stehende Term $\left(\frac{p}{2}\right)^2 - q$ heißt **Diskriminante** der quadratischen Gleichung $x^2 + px + q = 0$.

Ist die Diskriminante positiv, hat die quadratische Gleichung zwei unterschiedliche Lösungen. Ist die Diskriminante null, hat die Gleichung genau eine Lösung. Man sagt in diesem Fall auch: Die beiden Lösungen fallen zusammen. Die quadratische Gleichung hat keine Lösung, wenn die Diskriminante negativ ist.

MUSTERAUFGABEN

01
$$-3x^2 - 3x + 60 = 0$$
$$x^2 + x - 20 = 0$$
$$p = 1; q = -20$$
$$x_{1/2} = -\frac{1}{2} \pm \sqrt{\left(\frac{1}{2}\right)^2 - (-20)}$$
$$x_{1/2} = -\frac{1}{2} \pm \frac{9}{2}$$
$$x_1 = 4$$
$$x_2 = -5$$
$$L = \{-5; 4\}$$

02
$$(x - 2)^2 = 5 \cdot (2x - 9)$$
$$x^2 - 4x + 4 = 10x - 45$$
$$x^2 - 14x + 49 = 0$$
$$x_{1/2} = 7 \pm \sqrt{49 - 49}$$
$$x_{1/2} = 7$$
$$L = \{7\}$$

03
$$-x^2 - 6x - 11 = 0$$
$$x^2 + 6x + 11 = 0$$
$$x_{1/2} = -3 \pm \sqrt{9 - 11}$$
Die Diskriminante ist negativ, die Gleichung ist unlösbar: $L = \{\ \}$.

04
$$x^2 + 6x + t = 0$$
$$x_{1/2} = -3 + \sqrt{9 - t}$$
Für $t < 9$ hat die quadratische Gleichung zwei Lösungen, für $t = 9$ eine und für $t > 9$ ist sie unlösbar.

Der folgende Satz ermöglicht eine schnelle Überprüfung der Lösungen einer quadratischen Gleichung.

Satz 1.16 (Satz von Vieta)

Ist die quadratische Gleichung $x^2 + px + q = 0$ lösbar, dann gilt für die beiden Lösungen x_1 und x_2

$$x_1 + x_2 = -p \quad \text{und} \quad x_1 \cdot x_2 = q.$$

François Viète, latinisiert Vieta, (1540–1603) wurde als Sohn eines reichen Juristen in der französischen Provinz Vendée geboren und lebte in einer Zeit großer religiöser Kämpfe zwischen Katholiken und protestantischen Hugenotten. Er studierte Jura und ließ sich anschließend in seiner Heimatstadt als Advokat nieder. Er war Ratgeber der französischen Könige Heinrich III. und Heinrich IV. In Kriegen zwischen Frankreich und Spanien gelang es ihm, den spanischen Geheimcode zu entschlüsseln.

Eigentlich war die Mathematik nur sein Hobby, aber trotzdem war er einer der einflussreichsten Mathematiker. Unsere heutige Schreibweise geht zum großen Teil auf ihn zurück. Er benutzte als Erster Symbole für Rechenoperationen, wie z.B. + und –, bis dahin waren diese als *plus* und *minus* ausgeschrieben worden. 1591 führte er das Rechnen mit Buchstaben ein, das auf den gleichen Prinzipien beruht wie das Rechnen mit Zahlen. Seit Descartes verwendet man die ersten Buchstaben im Alphabet für die bekannten, die letzten Buchstaben für die unbekannten Größen. Nach ihm benannt ist die Satzgruppe von Vieta, die sich mit den Eigenschaften der Nullstellen in Polynomen beschäftigt.

BEISPIEL

Wie wir sahen, hat die Gleichung $x^2 + x - 20 = 0$ die Lösungen $x_1 = 4$ und $x_2 = -5$. Es ist $p = 1$, d.h. $-p = -1$, und $q = -20$.
Es gilt $x_1 + x_2 = 4 + (-5) = -1$ und $x_1 \cdot x_2 = 4 \cdot (-5) = -20$.

Aus dem Satz von Vieta folgt:

Satz 1.17 *(Zerlegung in Linearfaktoren)*

Sind x_1 und x_2 die Lösungen der quadratischen Gleichung $x^2 + px + q = 0$, dann gilt
$$x^2 + px + q = (x - x_1) \cdot (x - x_2).$$

Die Beweise werden als Aufgabe empfohlen (vgl. Aufgabe 20).

BEISPIEL

Die Lösungen der Gleichung $x^2 - 4x - 5 = 0$ sind $x_1 = 5$, $x_2 = -1$. Daher gilt
$$x^2 - 4x - 5 = (x - 5) \cdot (x + 1).$$

AUFGABEN

01   Bestimmen Sie die Definitions- und Lösungsmenge.
a) $x^2 = 16$
b) $x^2 - 9 = 0$
c) $x^2 + 9 = 0$
d) $x^2 + 81 = 0$
e) $x^2 + 2x = 0$
f) $2x^2 - 4 = \frac{1}{2}x - 4$
g) $2 + 3(x^2 + 1) - 3x = 5$
h) $2(x^2 - x) = 0$
i) $4x^2 + 3x = -3x$
j) $(x + 1)^2 = 1$
k) $3(x^2 + 2x) - x^2 - 1 = 2x^2$
l) $8x^2 + 6x - 2 = \dfrac{16x^2 + 3}{2}$
m) $\dfrac{x^2 + x - 1}{x^2 + 2} = 1$
n) $\dfrac{2}{2x^2 + 4x} = \dfrac{1}{x^2 + 1}$

02 Bestimmen Sie Definitions- und Lösungsmenge der quadratischen Gleichung.

a) $x^2 - 3x + 2 = 0$

b) $x^2 - 2x + 5 = 0$

c) $2x^2 + x = 4 - x$

d) $-3x^2 - 5x + 8 = 3x - x^2 - 2$

e) $3x^2 - 18x = -28$

f) $-\frac{1}{2}x^2 + 0,5x + 1,5 = 0$

g) $(5 + 7x)^2 = 17 + (2 - 3x)^2$

h) $(4 - 3x)^2 - (3 - 2x)^2 - 3 = 0$

i) $2x^2 + 6x - 10 = x^2 + 3x - 14$

j) $\frac{1}{2}x^2 - 7x + (\frac{1}{2}x + 1) \cdot x + 10 = -7$

k) $\frac{(x + 2)^2}{x - 3} = \frac{10 + 5x}{x - 3}$

l) $\frac{6x}{x - 2} - 3 = \frac{12}{x + 2}$

m) $\frac{3x - 15}{x - 3} = \frac{2x - 1}{x + 3} + \frac{42}{9 - x^2}$

n) $\frac{7x - 2}{2x - 1} - \frac{3x + 2}{x + 1} = \frac{x + 1}{2x - 1}$

o) $\frac{x + 3}{x - 9} + \frac{x + 2}{x + 4} = \frac{2(x^2 - 3)}{(x - 9)(x + 4)}$

p) $\frac{x + 7}{x - 2} - \frac{x - 11}{x + 7} = \frac{x^2 + 15x + 47}{(x - 2)(x + 7)}$

q) $\frac{x}{x + 3} = \frac{2x}{3x + 4} - \frac{1}{28}$

r) $\frac{2x + 1}{4x - 1} + \frac{3}{5x} - \frac{3}{3x} = 0$

s) $\frac{2x^2 - 5x + 3}{x^2 - 3x + 7} = \frac{2x - 3}{x + 3}$

t) $\frac{3x^2 - 9x - 15}{x - 3} = -3$

u) $\frac{1}{x - 1} - \frac{1}{x + 1} + 1 = \frac{2(x + 2)}{x^2 - 1}$

v) $\frac{x + 2}{x} + \frac{x - 1}{x - 2} = \frac{x^2 - 2}{x(x - 2)}$

w) $\frac{x + 2}{(x - 3) \cdot (x + 1)} + 2 \cdot \frac{x - 3}{(x + 2) \cdot (x + 1)} - \frac{x + 1}{(x - 3) \cdot (x + 2)} = \frac{13}{(x - 3) \cdot (x + 2) \cdot (x + 1)}$

03 Ermitteln Sie mit dem Satz von Vieta den Wert der unbekannten Koeffizienten der quadratischen Gleichung.

a) $x^2 + px + q = 0$; $x_1 = \frac{1}{7}$, $x_2 = \frac{1}{14}$

b) $\frac{1}{4}x^2 + px + q = 0$; $x_1 = -6$, $x_2 = -2$

c) $x^2 + px + \frac{3}{2} = 0$; $x_1 = 2$

d) $x^2 + x + q = 0$; $x_1 = -\frac{3}{4}$

e) $15x^2 + 16x + q = 0$; $x_2 = \frac{3}{5}$

f) $x^2 + px + q = 0$; $x_1 = 0$, $x_2 = 8$

04 Lösen Sie Aufgabe 3 ohne Verwendung des Satzes von Vieta, indem Sie die vorgegebene Lösung in die quadratische Gleichung einsetzen und nach dem unbekannten Koeffizienten auflösen.

05 Zerlegen Sie in Linearfaktoren.

a) $x^2 + \frac{8}{3}x - 1$

b) $z^2 - 11z + 30$

c) $x^2 - 3x + 2$

d) $x^2 + \frac{8}{15}x + \frac{1}{15}$

e) $2x^2 - 27x + 46$

f) $3x^2 + 2 + x - 4$

g) $\frac{1}{3}x^2 + 1 + \frac{7x}{3} + 1$

h) $x^2 - x \cdot \sqrt{2} - 4$

i) $4x^2 + \frac{31}{2}x - 2$

j) $3x^2 + \frac{1}{2}x + \frac{1}{48}$

k) $\frac{1}{2}x^2 + 8 - 5x$

l) $\sqrt{3}x^2 + (3 + \sqrt{3})x + 3$

m)* $2ax^2 - 6bx - a^2x + 3ab$

n) $x^2 + \frac{26}{3}tx - 3t^2$

o) $x^2 - \sqrt{t}x - 2t$

06 Zerlegen Sie Zähler und Nenner in Faktoren und kürzen Sie:

a) $\frac{x^2 - 4x - 5}{x^2 - 1}$

b) $\frac{x^2 + x - 6}{x^2 - 6x + 8}$

c) $\frac{4x^2 + 2x - 2}{2x^2 - 5x + 2}$

07   Die **biquadratische Gleichung**
$$x^4 + 5\,x^2 - 36 = 0$$
geht durch die **Substitution** (Ersetzung) $t = x^2$ über in die quadratische Gleichung
$$t^2 + 5\,t - 36 = 0,$$
die die Lösungen $t_1 = 4$ oder $t_2 = -9$ hat.
Durch die **Rücksubstitution**
$$x^2 = (t_1 =) \, 4; \quad x^2 = (t_2 =) \, -9$$
gewinnt man als Lösungen der ursprünglichen Gleichung -2 und 2.
Lösen Sie durch Substitution die Gleichungen:

a) $x^4 - 26\,x^2 + 25 = 0$ b) $x^4 - 3\,x^2 + 2 = 0$ c) $x^4 - 12\,x^2 - 64 = 0$

d) $x^4 + 4\,x^2 - 45 = 0$ e) $2\,x^4 - 2\,x^2 - \frac{3}{2} = 0$ f) $3\,x^4 + 14\,x^2 - 5 = 0$

g)* $2\,x^5 - 14\,x^3 - 288\,x = 0$ h) $x^2 - 7 + \dfrac{12}{x^2} = 0$ i)* $\dfrac{x^2 - 6}{x^2 - 2} = -x^2$

08   Für welche beiden Werte von a besitzen die Gleichungen $x^2 + a^2 = 2\,a\,x$ und $x - a^2 = 0$ dieselbe Zahl als Lösung?

09   Das Produkt aus einer um 3 verminderten und der um 5 vermehrten Zahl ist 352. Wie heißt die Zahl?

10   Die Summe der Quadrate einer um 2 verminderten und der um $\overset{3}{5}$ vermehrten Zahl ist das Quadrat der um 6 vermehrten Zahl. Wie heißt die Zahl?

11   Wie heißt die Zahl, deren Quadrat ihr 30faches um 1 000 übertrifft?

12   Die Zahl 34 soll in zwei Summanden zerlegt werden, deren Produkt 225 ist. Wie lauten die beiden Summanden?

13   Die Strecke 30 cm soll so in zwei Teile zerlegt werden, dass ein Rechteck aus ihnen eine Fläche von 81 cm² hat. Wie lang sind die beiden Seiten?

14   In einem rechtwinkligen Dreieck ist die größere Kathete um 30 cm kürzer als die Hypotenuse und um ebensoviel länger als die kleinere Kathete. Wie groß sind die Dreiecksseiten?

15   Ein Garten in Rechtecksform grenzt mit einer Seite an eine Mauer, wo er nicht eingezäunt ist. Wie groß können Länge und Breite des Gartens sein, wenn der Gartenzaun 60 m lang ist und die Gartenfläche 288 m² beträgt?

16   Wie groß ist die Kante eines Würfels, dessen Rauminhalt um 271 cm³ wächst, wenn die Kante um 1 cm vergrößert wird?

17   Othello Schwarz erbt 50 000,00 €. Er legt den Betrag bei seiner Bank an und hebt am Ende des ersten Jahres 900,00 € ab. Nachdem er am Ende des zweiten Jahres weitere 118,00 € abhebt, sind 52 000,00 € auf dem Sparkonto. Wie hoch war der Zinssatz?

18   Zwei Autofähren legen zum gleichen Zeitpunkt von entgegengesetzten Ufern des Bodensees ab, die eine fährt von Konstanz nach Meersburg und die andere von Meersburg nach Konstanz. Das eine Boot fährt schneller als das andere, so dass sie sich an einer Stelle treffen, die 1960 m vom nächstliegenden Ufer entfernt ist. Nachdem sie ihre jeweiligen Bestimmungsorte erreicht haben, legen beide Boote 10 min an, um neue Fahrzeuge aufzunehmen, dann beginnen sie die Rückfahrt. Die Boote begegnen sich 1580 m vom anderen Ufer entfernt erneut.
Wie weit sind die beiden Fährhäfen von einander entfernt?

19   Two planes depart from Frankfurt Airport from different runways at the same time, one flies east at 500 miles per hour, the other flies south at 425 miles per hour.
How long will it take the planes to be 200 miles apart?

20   Beweisen Sie:
a) Satz 1.17
b) Satz 1.18

In den vergangenen Jahrzehnten gab es eine früher nicht vorstellbare Zunahme von gesammelten Daten. Vor 50 und mehr Jahren zog Tante Emma in ihrem Laden noch den Stift hinter dem Ohr vor, schrieb die Preise der gekauften Artikel auf einen Block, zählte dann zusammen und gab dem Kunden den Zettel mit oder warf ihn weg. Da der Laden klein war, hatte sie den Überblick, wusste welche Artikel nachbestellt werden mussten, welcher Artikel sich gut verkaufte und welcher nicht. Sie wusste stets, welcher Kunde kreditwürdig war und welches Bier der nette Herr vom Amt am liebsten trank. Sie wusste, welcher Mitarbeiterin sie genauer auf die Finger schauen musste. Und sie wusste, bei welchem Bauern sie immer gutes Gemüse bekam.

Seither sind die kleinen Läden verschwunden und Discounter, Super- und Hypermärkte an ihre Stelle getreten. Entscheidungskompetenzen wurden in Zentralen verlagert und die an den Scannerkassen gesammelten Daten werden dorthin weitergeleitet. Die Zentralen treffen aufgrund der riesigen Datenmengen Entscheidungen:

Welche Artikel müssen nachbestellt werden? Welche Produkte verkaufen sich gut, welche nicht? Gibt es saisonale Schwankungen? Wie ändern sich bei dauernder oder vorübergehender Preissenkung oder -erhöhung eines Artikels die Verkaufszahlen? Welche Auswirkungen hat das auf den Gewinn? Wie wird geworben?

Um solche und weitere Fragen beantworten zu können, müssen die vorhandenen Daten aufbereitet und konzentriert werden. Kennzahlen und Modelle müssen entwickelt werden. Bei der Untersuchung der Frage nach der optimalen Ladengröße bedarf es sicher einer anderen Vorgehensweise als bei der Beantwortung der Frage, ob Kunden, die häufig Dosensuppen erwerben, auch überdurchschnittlich viel Schokolade kaufen.

Im Anschluss beschäftigen wir uns mit einigen grundlegenden Kennzahlen von Datenmengen. Eine Vielzahl von Daten, mit denen man arbeiten kann, sind auf der Website des Statistischen Bundesamtes (www.destatis.de) zu finden.

2.1 Grundzüge der beschreibenden Statistik

Wir erstellen unsere Daten zuerst einmal selbst, indem wir 90-mal würfeln. Notieren wir die Ergebnisse, entsteht die so genannte **Urliste**.

Nummer des Versuchs	Ergebnis									
1–10	2	4	6	4	5	5	1	3	4	1
11–20	3	4	5	3	3	2	1	4	1	4
21–30	1	5	2	1	2	4	3	6	2	3
31–40	2	3	3	4	1	4	5	2	2	2
41–50	5	2	6	5	4	4	3	1	4	5
51–60	6	4	5	3	1	6	2	4	6	5
61–70	4	1	2	4	1	1	4	5	2	6
71–80	3	2	1	6	2	3	5	4	1	4
81–90	3	3	3	2	6	4	3	5	5	1

Die Urliste enthält die vollständige Information über die Daten und ihre Entstehung. Allerdings ist hier noch kein Schema, kein Zusammenhang erkennbar. Dies geschieht erst, wenn wir bestimmte Informationen gezielt auswählen und ordnen. Wir ordnen zunächst die Ergebnisse des Würfelns, indem wir die **absoluten Häufigkeiten** n_1, n_2, …, n_6 der Eins, Zwei, …, Sechs bestimmen, d.h. anhand einer **Strichliste** auszählen, wie oft die Zahlen jeweils gewürfelt wurden.

Ergebnis		absolute Häufigkeit n_i
1	卌 卌 卌	15
2	卌 卌 卌 I	16
3	卌 卌 卌 I	16
4	卌 卌 卌 卌	20
5	卌 卌 IIII	14
6	卌 IIII	9

Der GTR kann solche und größere Datenmengen in **Listen** speichern und dann bearbeiten.

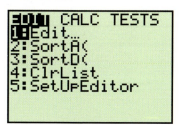

Mit der STAT-Taste gelangt man in das STAT EDIT-Menü.

Wählt man 1:Edit, kann man die Daten in eine Liste eingeben und mit 2:SortA(L1) aufsteigend sortieren.

Jedes Ordnen und Sortieren führt zu einer besseren Übersicht, aber gleichzeitig auch zu einem Informationsverlust. Ein Beispiel für diesen Informationsverlust ist die einfache Frage: „Wurde dreimal nacheinander dieselbe Zahl gewürfelt?" Sie kann mithilfe der Urliste, aber nicht mit der Strichliste beantwortet werden.

Grafische Darstellungen wirken oft anschaulicher als Zahlentabellen und vermitteln einen raschen Überblick. Der GTR bietet mehrere Möglichkeiten zur Visualisierung von Daten. Nachstehende Darstellung wird **Säulendiagramm** genannt.

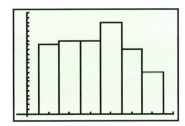

Mit der STAT PLOT-Taste gelangen Sie zum Statistikzeichnungseditor. Hier können Sie unter sechs Darstellungen auswählen.

Da sich das Auge bei der Wahrnehmung eines Eindrucks erfahrungsgemäß an den Flächen der Rechtecke und nicht an den Höhen orientiert, müssen die Flächen der Säulen proportional zu den Häufigkeiten sein. Bei gleich breiten Säulen sind allerdings Höhe und Fläche proportional, deshalb kann sich in diesem Fall die Höhe entsprechend den Häufigkeiten ändern.

Sind die Säulen sehr schmal, heißt die Grafik **Stabdiagramm**.
Säulendiagramme können komplexer sein und z.B. mehrere Merkmale gleichzeitig visualisieren.

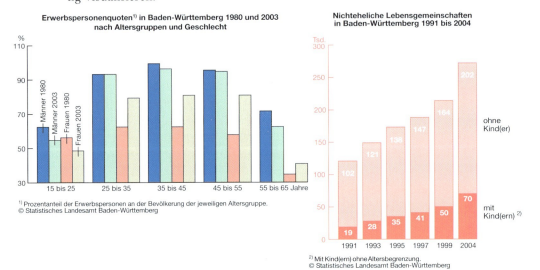

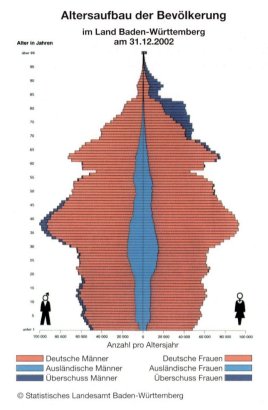

Altersaufbau der Bevölkerung
im Land Baden-Württemberg
am 31.12.2002

Alter in Jahren

Anzahl pro Altersjahr

Deutsche Männer	Deutsche Frauen
Ausländische Männer	Ausländische Frauen
Überschuss Männer	Überschuss Frauen

© Statistisches Landesamt Baden-Württemberg

Verlaufen die Säulen nicht vertikal, sondern horizontal, spricht man von einem **Balkendiagramm**.

1980 gab es in Baden-Württemberg 4 251 100 Erwerbstätige, 2003 waren es 4 984 000. In den dazwischen liegenden 23 Jahren wurden im Land offenbar 732 900 neue Arbeitsplätze geschaffen. Wie passen diese Zahlen zu den Meldungen von seit Jahren zunehmender Arbeitslosigkeit?

Es ist einsichtig, dass die absolute Zahl der zur Verfügung stehenden Arbeitsplätze nur eine Seite des Problems ist, die andere ist die Zahl der Personen, die arbeiten möchten. Diese Zahl der Erwerbspersonen stieg in dem genannten Zeitraum von 4 338 500 auf 5 367 800.

Um besser vergleichen zu können, berechnet man die Zahl der Erwerbstätigen, die in beiden Jahren auf eine Erwerbsperson kommen:

1980: $\frac{4251100}{4338500} \approx 0,9799$

2003: $\frac{4984000}{5367800} \approx 0,9285$

Leider bestätigt diese Überlegung die Meldungen über zunehmende Arbeitslosigkeit.

Man nennt diesen Quotienten die relative Häufigkeit und definiert

Definition 2.1

Dividiert man die absolute Häufigkeit n_i durch die Gesamtzahl n der Werte, erhält man die **relative Häufigkeit** h_i:

$$h_i = \frac{n_i}{n}$$

Für das Würfelbeispiel ergibt sich folgende **Häufigkeitsverteilung** (gerundet auf zwei Dezimalen):

Ergebnis	1	2	3	4	5	6
Relative Häufigkeit h_i	0,17	0,18	0,18	0,22	0,15	0,10

Es ist leicht einzusehen, dass die relative Häufigkeit eines Ergebnisses zwischen 0 und 1 (jeweils einschließlich) liegt und die **Summe** der relativen Häufigkeiten 1 ist. Relative Häufigkeiten werden häufig in Prozent angegeben, d. h. $0,16 = \frac{16}{100} = 16\%$.

Tabellenkalkulationsprogramme bieten viele Möglichkeiten zur Visualisierung von Daten. Auf dem TI 84 ist ein Tabellenkalkulationsprogramm, ähnlich wie Microsoft Excel installiert, mit dem nachstehendes Kreisdiagramm erstellt wurde.

Bei der Darstellung im **Kreisdiagramm** entspricht der Mittelpunktswinkel eines Kreissektors der relativen Häufigkeit der gewürfelten Zahlen, d.h. der Mittelpunktswinkel α verhält sich zu 360° wie die relative Häufigkeit zu 100 % (bzw. zu 1).

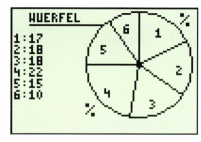

Wie genau soll die Einteilung des Säulendiagramms sein? Misst man sehr genau, so kann es vorkommen, dass jede Größe nur einmal vertreten ist, ein vernünftiges Säulendiagramm ist nicht zu zeichnen. Besser ist es, von vornherein so genannte **Klassen** zu bilden und benachbarte Größen zusammenzufassen. Es hat sich bewährt, bei n Messwerten etwa $\sqrt{n}$ gleich breite Klassen zu bilden.

BEISPIEL

In einer Mühle wird Mehl in 1-kg-Pakete gefüllt. In regelmäßigen Abständen wird überprüft, ob die beiden Verpackungsmaschinen richtig eingestellt sind. Aus der Produktion jeder dieser beiden Maschinen werden jeweils 50 Pakete entnommen und nachgewogen. Bei der letzten Überprüfung ergab sich folgendes Ergebnis:

Gewicht in g	989	993	995	996	997	998	999	1000	1001	1002	1003	1004	1006	1010	1012	1015	1021
absolute Häufigkeit n_i	5	1	5	8	12	7	9	5	8	9	7	2	6	8	3	4	1
relative Häufigkeit h_i	0,05	0,01	0,05	0,08	0,12	0,07	0,09	0,05	0,08	0,09	0,07	0,02	0,06	0,08	0,03	0,04	0,01

Aus den 100 Messwerten müssten wir ca. 10 Klassen bilden. 10 Klassen würden zu einer Klassenbreite von 4 und zu einer leeren Klasse am unteren oder oberen Rand führen. Deshalb sind hier 9 Klassen mit der Klassenbreite 4 oder 11 Klassen mit der Klassenbreite 3 vorzuziehen.

Bei 9 Klassen mit einer Klassenbreite von 4 ergibt sich folgende Verteilung:

Gewicht in g	987–990	991–994	995–998	999–1002	1003–1006	1007–1010	1011–1014	1015–1018	1019–1022
absolute Häufigkeit n_i	5	1	32	31	15	8	3	4	1
relative Häufigkeit h_i	0,05	0,01	0,32	0,31	0,15	0,08	0,03	0,04	0,01

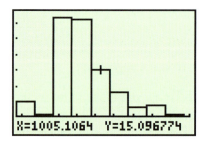

Zur Darstellung von zwei Merkmalen verwendet man die **Vierfeldertafel** (allgemein Mehrfeldertafel). Eine Vierfeldertafel ist eine Zusammenfassung von zwei Merkmalen mit zwei Ausprägungen:

	Maschine 1	Maschine 2	Zeilensumme
Gewicht unter 1000 g	33	14	47
Gewicht mindestens 1000 g	17	36	53
Spaltensumme	50	50	100

AUFGABEN

01 Würfeln Sie 50-mal mit zwei unterscheidbaren Würfeln gleichzeitig.

a) Welche relative Häufigkeit hat bei Ihnen ein Pasch (zwei gleiche Augenzahlen)?

b) Mit welcher relativen Häufigkeit tritt **mindestens einmal** die „6" (d.h. Sechs oder Doppelsechs) auf?

c) Mit welcher relativen Häufigkeit tritt eine Augensumme von 6 bis 10 (jeweils einschließlich) auf?

02 Es werden 12 Würfel gleichzeitig geworfen. Fünfen und Sechsen gelten als Treffer. Der Engländer Weldon[1] hat diesen Versuch 26306-mal gemacht. Er erhielt dabei 185-mal keinen, 1149-mal einen, 3265-mal zwei, 5475-mal drei, 6114-mal vier, 5194-mal fünf, 3067-mal sechs, 1331-mal sieben, 403-mal acht, 105-mal neun, 14-mal zehn, 4-mal elf und 0-mal zwölf Treffer.
Berechnen Sie die relativen Häufigkeiten dieses Versuchs, und stellen Sie sie in einem Histogramm dar.

03 Erheben Sie in Ihrem Kurs die Daten für die Merkmale Alter, Geschlecht, Größe, Haarfarbe, Brillenträger, Raucher.

a) Stellen Sie jedes dieser Merkmale grafisch dar.
Beantworten Sie mithilfe einer Vierfeldertafel folgende Fragen:

b) Wie viel Prozent der Brillenträger sind männlich? Wie viel Prozent der männlichen Schüler sind Brillenträger? Wie viel Prozent der Klasse sind männlich und Brillenträger? Wie viel Prozent der Schülerinnen tragen keine Brille?

c) Wie groß ist der Anteil der Raucher in der Klasse? Wie viel Prozent der männlichen Schüler rauchen? Wie viel Prozent der Raucher sind männlich? Wie viel Prozent der Schüler sind Raucher und männlich?

04 Wählen Sie aus je einem Zeitungsartikel von Bild, FAZ und einer ausländischen Zeitung zehn Zeilen aus.

a) Bestimmen Sie die absolute Häufigkeit der Vokale a, e, i, o und u.

b) Stellen Sie die relative Häufigkeit der Vokale in einem Stabdiagramm dar.

c) Wie viel Prozent der Vokale sind ein a oder ein i?

d) Wie viel Prozent der Vokale sind ein e, o oder u?

05 Betrachten Sie die Grafik „Erwerbslosenquote in Baden-Württemberg" auf Seite 52 genau. Was fällt Ihnen auf? Warum kann man mit dieser Art der Darstellung Daten manipulieren?
Welche weiteren Manipulationsmöglichkeiten kennen Sie?

---

1 Walter Frank Raphael Weldon (1860–1906), engl. Zoologe. Weldon ist einer der Gründer der Biometrie, d.h. der Anwendung mathematischer Methoden zur zahlenmäßigen Erfassung, Planung und Auswertung von Experimenten in Biologie, Medizin und Landwirtschaft.

2.2   Mittelwerte und Streuungsmaße

Mittelwerte spielen in der Statistik eine wichtige Rolle, aber Statistiker kennen auch ihre Tücken und Mängel. Laien neigen dazu, die Bedeutung der Mittelwerte zu überschätzen und zu glauben, endlich jene Zahl von konzentrierter Information gefunden zu haben, die alles ausdrückt, was Millionen von Einzelinformationen enthalten.

Ein im täglichen Leben eher unbekannter Mittelwert ist der **Median**. Er hat die Eigenschaft, dass „unterhalb" und „oberhalb" von ihm genau gleich viele Werte liegen.

BEISPIEL

Elf Schüler werden nach der Höhe ihres wöchentlichen Taschengeldes gefragt. Die Antworten (in der Reihenfolge der Befragung) sind:
8,50 € 5,00 € 10,00 € 6,50 € 7,00 € 10,00 € 6,50 € 9,00 € 6,00 € 8,00 € 50,00 €
Zuerst werden die Daten geordnet, am besten in aufsteigender Reihenfolge:
5,00 € 6,00 € 6,50 € 6,50 € 7,00 € 8,00 € 8,50 € 9,00 € 10,00 € 10,00 € 50,00 €
Der sechste der elf Werte, ist der Median.

Der Median hat die Eigenschaft, dass er robust gegen extreme Werte ist. Auch wenn das höchste Taschengeld verdoppelt würde, bliebe der Median 8,00 €.

Definition 2.2

Zur Bestimmung des **Medians** ordnet man zuerst die Werte. Bei einer ungeraden Zahl von Werten ist der Median der mittlere, bei einer geraden Anzahl liegt er genau zwischen den beiden mittleren Werten und ist selbst keiner der Werte.

BEISPIEL

Daten: 6 8 9 10 11 17;   Median: 9,5

Hört man das Wort Mittelwert, denkt man normalerweise weniger an den Median als an das **arithmetische Mittel**, kurz Durchschnitt genannt.

Definition 2.3

Das **arithmetische Mittel** $\bar{x}$ von n Werten $x_1, x_2, ..., x_n$ ist definiert als

$$\bar{x} = \frac{x_1 + x_2 + ... + x_n}{n}$$

Das arithmetische Mittel der Gewichte der 100 Mehlpakete aus dem Beispiel auf Seite 54 ist

$$\frac{5 \cdot 989 + 993 + 5 \cdot 995 + 8 \cdot 996 + 12 \cdot 997 + 7 \cdot 998 + 9 \cdot 999 + 5 \cdot 1000 + 8 \cdot 1001 + 9 \cdot 1002 + 7 \cdot 1003 + 2 \cdot 1004 + 6 \cdot 1006 + 8 \cdot 1010 + 3 \cdot 1012 + 4 \cdot 1015 + 1021}{100}$$

$$= \frac{100\,110}{100} = 1001,1 \; [g].$$

Spaltet man obigen Bruch auf, kann man schreiben

$$\frac{5}{100} \cdot 989 + \frac{1}{100} \cdot 993 + \frac{5}{100} \cdot 995 + \frac{8}{100} \cdot 996 + \frac{12}{100} \cdot 997 + ... \frac{4}{100} \cdot 1015 + \frac{1}{100} \cdot 1021$$

Die Brüche vor den Gewichten der Mehlpakete sind ihre relativen Häufigkeiten.

Satz 2.4

Sind die relativen Häufigkeiten $h_1, h_2, ..., h_n$ der n Werte $x_1, x_2, ..., x_n$ bekannt, ist das arithmetische Mittel auch $\overline{x} = h_1 \cdot x_1 + h_2 \cdot x_2 + ... + h_n \cdot x_n$.

Das arithmetische Mittel ist nicht immer ausreichend, eine Menge von Daten zu charakterisieren, wie das folgende Beispiel zeigt.

BEISPIEL

Zwei Parallelklassen haben jeweils 20 Schüler. Das arithmetische Mittel der letzten Mathematikarbeit war zufälligerweise in beiden Klassen dasselbe, nämlich 2,9. Trotzdem findet der Mathematiklehrer die beiden Klassen völlig verschieden. Schreibt man die Einzelnoten auf, wird verständlich, was er meint.

Die Noten der 1. Klasse weichen stark vom arithmetischen Mittel 2,9 ab, die der 2. Klasse kaum.

1. Klasse	1	5	5	5	5	1	1	1	6	4	1	5	1	1	1	5	6	2	1	1
2. Klasse	3	3	4	3	2	3	3	3	3	3	2	1	3	3	3	3	4	3	3	3

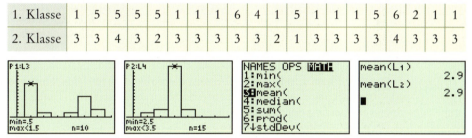

Mit der LIST-Taste gelangt man in das LIST MATH-Menü.
Hier findet man den Befehl zum Berechnen des arithmetischen Mittels der Werte einer Liste.

Diese Eigenschaft einer Datenmenge kann man mit den so genannten Streuungsmaßen kennzeichnen.

Die **Spannweite** ist das einfachste Maß für die Streuung. Sie ist die Differenz zwischen dem minimalen und dem maximalen Wert. Bei der ersten Klasse ist die Spannweite $6 - 1 = 5$, bei der zweiten $4 - 1 = 3$.

Die Spannweite ist jedoch, ähnlich wie das arithmetische Mittel, sehr empfindlich gegenüber extremen Werten.

Impuls

Ändern Sie bei der zweiten Klasse drei Noten so ab, dass die Spannweite ebenfalls 5 beträgt.

Ein weiteres Streuungsmaß ist der **Quartilsabstand**. Wie die Spannweite ist er die Differenz zweier Werte einer geordneten Datenreihe, nämlich der Grenzen des Kernbereichs der Daten.

Der Median teilt eine geordnete Datenreihe in eine untere und eine obere Hälfte. Der Median der unteren Datenhälfte wird als erstes **Quartil**[1] Q_1 (unteres Quartil,

1 Ein Viertel, von quartus (lat.), das Vierte

25 %-Quantil[2]) bezeichnet, der Median der oberen Datenhälfte entsprechend als drittes Quartil Q_3 (oberes Quartil, 75 %-Quantil). Folgerichtig nennt man den Median der Datenreihe auch zweites Quartil Q_2. Die drei Quartile teilen also den Datensatz in vier gleiche Teile mit je (etwa) einem Viertel der Daten.

BEISPIELE

Daten 1   2 ↑ 3   4   5   6   7 ↑ 8   9

         1. Quartil   Median   3. Quartil

         $Q_1 = 2{,}5$ $Q_2 = 5$ $Q_3 = 7{,}5$

         Quartilsabstand $Q_3 - Q_1 = 7{,}5 - 2{,}5 = 5$

Daten 1   2 ↑ 3   4 ↑ 5   6   7 ↑ 8   9

         1. Quartil   Median   3. Quartil

         $Q_1 = 2{,}5$ $Q_2 = 4{,}5$ $Q_3 = 6{,}5$

         Quartilsabstand $Q_3 - Q_1 = 6{,}5 - 2{,}5 = 4$

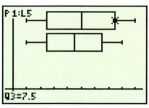

Zweimaliges Drücken der TRACE-Taste und anschließend der Pfeil-Tasten ermöglicht das Ablesen der Streuungsmaße.

Die Grafiken rechts neben den Daten, die deren Streuungsmaße veranschaulichen, heißen Box-Plots. Ein **Box-Plot** besteht aus einem Kasten (box) und zwei Strecken links und rechts davon (whisker = Barthaar einer Katze). Eine Achse gibt an, welche Skalierung der Daten vorliegt.

Die linke Strecke beginnt beim kleinsten Wert und endet beim ersten Quartil, der Median teilt die Box, ihre rechte Grenze ist das dritte Quartil und die rechte Strecke endet beim größten Wert.

Mithilfe des GTR bestimmen wir den Quartilsabstand der Noten der beiden Klassen aus dem Beispiel auf Seite 57.

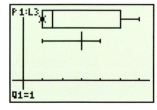

1. Klasse: $Q_3 - Q_1 = 5 - 1 = 4$
2. Klasse: $Q_3 - Q_1 = 3 - 3 = 0$

Ein weiteres, häufig verwendetes Streuungsmaß ist die Varianz bzw. Standardabweichung.

Definition 2.5

Ist $\bar{x}$ das arithmetische Mittel von n Werten $x_1, x_2, \ldots, x_n$, so heißt die Zahl

$$s^2 = \frac{1}{n} \cdot [(x_1 - \bar{x})^2 + (x_2 - \bar{x})^2 + \ldots + (x_n - \bar{x})^2].$$

die mittlere quadratische Abweichung der Werte x_i von $\bar{x}$ oder **Varianz** und $s = \sqrt{s^2}$ wird als **Standardabweichung** bezeichnet.
Statt s wird oft auch σ (gelesen: sigma) verwendet.

---

2 quantum (lat.), Menge

Berechnen wir diese Werte für das Beispiel auf Seite 57, dann wird schnell klar, was gemeint ist.

x_i	1. Klasse $x_i - \overline{x}$	$(x_i - \overline{x})^2$	x_i	2. Klasse $x_i - \overline{x}$	$(x_i - \overline{x})^2$
1	$1 - 2,9 = -1,9$	3,61	3	$3 - 2,9 = \ 0,1$	0,01
5	$5 - 2,9 = \ 2,1$	4,41	3	$3 - 2,9 = \ 0,1$	0,01
5	$5 - 2,9 = \ 2,1$	4,41	4	$4 - 2,9 = \ 1,1$	1,21
5	$5 - 2,9 = \ 2,1$	4,41	3	$3 - 2,9 = \ 0,1$	0,01
5	$5 - 2,9 = \ 2,1$	4,41	2	$2 - 2,9 = -0,9$	0,81
1	$1 - 2,9 = -1,9$	3,61	3	$3 - 2,9 = \ 0,1$	0,01
1	$1 - 2,9 = -1,9$	3,61	3	$3 - 2,9 = \ 0,1$	0,01
1	$1 - 2,9 = -1,9$	3,61	3	$3 - 2,9 = \ 0,1$	0,01
6	$6 - 2,9 = \ 3,1$	9,61	3	$3 - 2,9 = \ 0,1$	0,01
4	$4 - 2,9 = \ 1,1$	1,21	3	$3 - 2,9 = \ 0,1$	0,01
1	$1 - 2,9 = -1,9$	3,61	2	$2 - 2,9 = -0,9$	0,81
5	$5 - 2,9 = \ 2,1$	4,41	1	$1 - 2,9 = -1,9$	3,61
1	$1 - 2,9 = -1,9$	3,61	3	$3 - 2,9 = \ 0,1$	0,01
1	$1 - 2,9 = -1,9$	3,61	3	$3 - 2,9 = \ 0,1$	0,01
1	$1 - 2,9 = -1,9$	3,61	3	$3 - 2,9 = \ 0,1$	0,01
5	$5 - 2,9 = \ 2,1$	4,41	3	$3 - 2,9 = \ 0,1$	0,01
6	$6 - 2,9 = \ 3,1$	9,61	4	$4 - 2,9 = \ 1,1$	1,21
2	$2 - 2,9 = -0,9$	0,81	3	$3 - 2,9 = \ 0,1$	0,01
1	$1 - 2,9 = -1,9$	3,61	3	$3 - 2,9 = \ 0,1$	0,01
1	$1 - 2,9 = -1,9$	3,61	3	$3 - 2,9 = \ 0,1$	0,01
Summe	58	0	83,8	58	0	7,8
$\frac{\text{Summe}}{\text{Anzahl}}$	2,9	0	4,19	2,9	0	0,39
Standardabweichung (gerundet)			2,05			0,62

Aus der Tabelle wird auch klar, warum zur Berechnung dieses Streuungsmaßes die Quadrate der Abweichungen verwendet werden. Nichtquadriert würden sich die Abweichungen nach oben und unten aufheben.

Fassen wir zusammen:

	1. Klasse	2. Klasse
Spannweite	5	3
Quartilsabstand	4	0
Standardabweichung	2,05	0,62

Welches Streuungsmaß ist nun das „geeignetste"? Die Frage lässt sich so nicht beantworten. Je nach Datenverteilung sagt dieses oder jenes Maß mehr aus. Im Falle der beiden Notenverteilungen ergeben alle drei Maße übereinstimmend für die 1. Klasse eine viel größere Streuung als für die 2. Klasse.

Die in der Definition der Varianz angegebene Formel

$$s^2 = \frac{1}{n} \cdot [(x_1 - \bar{x})^2 + (x_2 - \bar{x})^2 + \dots + (x_n - \bar{x})^2)]$$

verwendet man dann, wenn alle Daten der **Grundgesamtheit**[1] bekannt sind und ihre Streuung um den Mittelwert berechnet werden soll.

Handelt es sich bei den Daten nur um eine **Stichprobe**[2] aus einer Grundgesamtheit und will man einen Schätzwert für die Varianz der Grundgesamtheit bestimmen, verwendet man stattdessen

$$s^2 = \frac{1}{n-1} \cdot [(x_1 - \bar{x})^2 + (x_2 - \bar{x})^2 + \dots + (x_n - \bar{x})^2].$$

Arbeitet man in dem Würfelbeispiel mit dem wahren Mittelwert 3,5, der sich ergibt, wenn man mit einem idealen Würfel sehr oft würfelt, benutzt man die erste Formel. Verwendet man dagegen einen aus z. B. 20 Würfen berechneten Mittelwert, bestimmt man die Varianz mit der zweiten Formel.

Leider gibt es hinsichtlich der Bezeichnungen dieser beiden angegeben Berechnungsmöglichkeiten eine unauflösbare Verwirrung. Es kann vorkommen, dass ein Buch den Begriff „empirische Varianz" für die erste und den Begriff „Stichprobenvarianz" für die zweite Formel verwendet und das nächste Buch genau umgekehrt verfährt. Wieder andere geben nur die eine oder andere Formel an, ohne auf deren Hintergrund hinzuweisen.

Für uns ist dieser Unterschied, der bei mehr als 30 Werten sowieso unerheblich wird, ohne Bedeutung. Wir benutzen die Formel, die unser GTR verwendet.

Impuls

Untersuchen Sie, wie Ihr GTR die Varianz berechnet.

Neben dem Median und dem arithmetischen Mittel sind noch weitere Mittelwerte gebräuchlich.

Das **geometrische Mittel** wird verwendet, wenn die Werte wie in folgendem Beispiel sehr schnell wachsen.

---

1 Als Grundgesamtheit oder Population bezeichnet man die Menge aller bezgl. des zu untersuchenden Merkmals gleichartigen Objekte, Individuen oder Ereignisse, d. h. die Grundgesamtheit wird gebildet durch alle Objekte, Individuen oder Ereignisse, die überhaupt zur betrachteten Menge gehören können. Aus der Grundgesamtheit wird eine möglichst repräsentative Stichprobe ausgewählt, die dann bezüglich bestimmter Variablen untersucht wird.

2 Eine Stichprobe ist eine zufällige Auswahl von Elementen aus der Grundgesamtheit. Wichtig ist, dass die Stichprobe die Verhältnisse in der Grundgesamtheit in Bezug auf das Merkmal realistisch widerspiegelt, also repräsentativ ist. Ursprünglich bezeichnet die Stichprobe die Probe flüssigen Eisens, die bei einem Hochofenabstich zu Zwecken der Qualitätskontrolle entnommen wird.

Beispiel

Auf einem Käsestück befindet sich 1 cm² Schimmel. Jeden Tag verdoppelt sich die vom Schimmel befallene Fläche:

Tag	1.	2.	3.	4.	5.
Fläche in cm²	1	2	4	8	16

Das arithmetische Mittel der vom Schimmel befallenen Flächen ist
$\frac{31}{5}$ cm² = 6,2 cm², dagegen betrug die Fläche des Schimmelflecks am dritten Tag
4 cm². Bildet man das Produkt der fünf Werte und zieht aus dem Ergebnis die
fünfte Wurzel, erhält man genau die Größe des Schimmelflecks am dritten Tag:
$\sqrt[5]{1 \cdot 2 \cdot 4 \cdot 8 \cdot 16} = \sqrt[5]{1024} = 4$.

Definition 2.6

Das **geometrische Mittel** x_g von n positiven Werten $x_1, x_2, ..., x_n$ ist
$$x_g = \sqrt[n]{x_1 \cdot x_2 \cdot ... \cdot x_n}.$$

Während beim arithmetischen Mittel alle Werte gleich stark gewichtet eingehen, erhalten beim geometrischen Mittel „Ausreißer" ein weniger großes Gewicht. (Berechnen Sie beide Mittel aus 2; 2; 10; 2!).
Der letzte der Mittelwerte ist das harmonische Mittel, der sich z.B. für Geschwindigkeiten eignet.

Definition 2.7

Das **harmonische Mittel** x_h von n positiven Werten $x_1, x_2, ..., x_n$ ist
$$x_h = \frac{n}{\frac{1}{x_1} + \frac{1}{x_2} + ... + \frac{1}{x_n}}.$$

AUFGABEN

01 In einem Dorf leben 60 Familien. Es ergeben sich folgende relative Häufigkeiten:

Kinder pro Familie	0	1	2	3	4	5	6
relative Häufigkeit (in %)	40	15	20	$13\frac{1}{3}$	$6\frac{2}{3}$	$3\frac{1}{3}$	$1\frac{2}{3}$

a) Wie viele Familien mit einem Kind gibt es in diesem Dorf?

b) Wie viele kinderreiche Familien mit drei oder mehr Kindern gibt es?

c) Wie viele Familien mit zwei oder weniger Kindern gibt es?

d) Berechnen Sie das arithmetische Mittel und die drei Quartile.

e) Bestimmen Sie die Standardabweichung und den Quartilsabstand.

f) Es ziehen zwei Familien weg, eine mit einem und die andere mit drei Kindern. Berechnen Sie die relativen Häufigkeiten neu.

02   Das Einkommen von 9 Personen beträgt (in €):
1000; 1000; 1200; 1500; 1700; 1900; 2000; 5000; 12000.

a) Berechnen Sie das arithmetische, geometrische und harmonische Mittel sowie den Median.

b) Diskutieren Sie, welcher Durchschnitt für diese Datenmenge am geeignetsten ist.

03   Ein Supermarkt verkauft 500g-Schalen mit Erdbeeren. Beim Nachwiegen von 100 Schalen ergaben sich folgende Häufigkeiten.

Masse in g	470	476	477	480	482	485	486	487	488
Anzahl	1	2	3	5	6	7	2	2	1
Masse in g	490	491	493	496	497	499	500	501	502
Anzahl	2	9	2	8	7	1	4	5	1
Masse in g	504	505	508	510	511	516	518	520	525
Anzahl	6	7	8	2	5	1	1	1	1

a) Bilden Sie Klassen und berechnen Sie die relativen Häufigkeiten.

b) Zeichnen Sie ein Balkendiagramm.

c) Bestimmen Sie den Median, das arithmetische und geometrische Mittel, die Standardabweichung sowie den Quartilsabstand.

04   Von Mai bis September 2006 legten die Reisebusse eines Busbetriebs folgende Strecken zurück (in 1000 km):

```
99   90  102  113   89   89  115  105   96  100  119  113  118   93   99
95  103  111  116   89   97   81  112   89   97  104   96  111  102   83
90  106  103   99   96  103  113  112   91  107  117  106   89   93   90
```

a) Bilden Sie Klassen.

b) Berechnen Sie die relative Häufigkeit jeder Klasse.

c) Zeichnen Sie ein Balkendiagramm.

d) Zeichnen Sie ein Kreisdiagramm.

e) Bestimmen Sie für die Klassen und die genauen Werte jeweils das arithmetische und das geometrische Mittel, die Standardabweichung sowie den Median.

05

Klassen	absolute Häufigkeit	Klassen	absolute Häufigkeit
[19,5; 24,5[	20	[39,5; 44,5[	60
[24,5; 29,5[	25	[44,5; 49,5[	51
[29,5; 34,5[	39	[49,5; 54,5[	30
[34,5; 39,5[	40	[54,5; 59,5[	10

a) Berechnen Sie die relativen Häufigkeiten und zeichnen Sie ein Säulendiagramm.

b) In welcher Klasse liegt der Median?

c) Berechnen Sie das arithmetische Mittel.

06   Befragen Sie 50 Schüler Ihrer Jahrgangsstufe nach den monatlichen Ausgaben für ihr Handy. Berechnen Sie den Mittelwert, die Standardabweichung und die drei Quartile der ermittelten Daten.

07   Der **goldene Schnitt** wurde vielfach in der Kunst angewendet, um eine Strecke a in einen größeren Abschnitt x und einen kleineren $a - x$ zu teilen. Dabei ist x das geometrische Mittel von a und $a - x$.
Leiten Sie eine Formel zur Berechnung von x her.
Wie ist eine 1 m lange Strecke zu teilen?

Das alte Leipziger Rathaus wird von seinem Turm nach dem Goldenen Schnitt geteilt.

3.1 Grundlagen

Funktionen sind nicht nur ein zentrales Thema der Mathematik, sondern tauchen auch im täglichen Leben überall auf.

BEISPIEL

Die Schwarzwald-Schule hat am Dienstag Bundesjugendspiele. Eine Woche vorher müssen die Schülerinnen und Schüler auf ihrer Wettkampfkarte ihre drei Disziplinen ankreuzen. Zur Wahl stehen für die Klassenstufe 10: Sprint (100 m), Sprung (weit/hoch), Wurf/Stoß (Schleuderball/Kugel), Ausdauer (3000 m). Die Gruppen treffen sich um 8:30 Uhr an von Sportlehrer Schneider festgelegten Orten. Der Treffpunkt für die Jungen der 10. Klassen, die weitspringen, ist die Weitsprunganlage.

Die Wettkampfleiter tragen die Ergebnisse auf der Wettkampfkarte ein. Jedem Ergebnis entspricht eine Punktzahl, z.B. beim Weitsprung

Weite in m	1,21	...	3,21	3,25	3,29	3,33	3,37	3,41	...	6,81
Punkte	3	...	335	340	346	351	356	367	...	728

Die drei erzielten Punktzahlen werden addiert, ab einer bestimmten Punktsumme gibt es Sieger- oder Ehrenurkunden. Die minimale Punktsumme für eine Urkunde beträgt für Mädchen

Alter	8	9	10	11	12	13	14	15	16	17	18 und älter
Siegerurkunde	475	550	625	700	775	825	850	875	900	925	950
Ehrenurkunde	625	725	825	900	975	1025	1050	1075	1100	1125	1150

In diesem alltäglichen Beispiel kommen **mehrere Funktionen** vor, z.B. die Funktion, die jeder Schülerin und jedem Schüler einen bestimmten Treffpunkt zuordnet. Dann die Funktion, die jedem Teilnehmer eine bestimmte Punktsumme zuweist oder diejenige, die den Wettkämpfern keine Urkunde, eine Sieger- oder eine Ehrenurkunde zuordnet. Es gibt die Funktion, die beim Weitsprung jeder Weite zwischen 1,21 m und 6,81 m eine bestimmte Punktzahl zuweist und diejenige, die jedem Alter ab 8 Jahren eine bestimmte Mindestpunktzahl für eine Ehrenurkunde zuordnet usw.

Definition 3.1

Durch eine **Funktion** wird **jedem** Element einer Menge **genau ein** Element einer zweiten Menge zugeordnet.

Funktionen werden häufig mit kleinen Buchstaben wie f, g, ... bezeichnet. Oft stellt man diese Zuordnung in einem **Pfeildiagramm** dar.

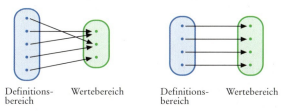

Definitions-   Wertebereich   Definitions-   Wertebereich
bereich   bereich

Die Menge, von der die Pfeile ausgehen, wird **Definitionsbereich D** genannt. Die Menge der Elemente, bei denen die Pfeile enden, heißt **Wertebereich W** der Funktion. Der Zusammenhang zwischen dem Definitionsbereich und dem Wertebereich wird durch die **Funktionsvorschrift** herstellt. Diese Funktionsvorschrift kann eine Tabelle sein wie vorne in dem Beispiel, aber auch eine Rechenvorschrift, die angibt wie zu einem Element x des Definitionsbereichs (auch **Stelle des Definitionsbereichs** oder **Urbild** bzw. **Argument der Funktion** genannt) das zugehörige Element y des Wertebereichs (auch **Bild** oder **Funktionswert** genannt) bestimmt wird.

Statt mit y wird der Funktionswert einer Funktion häufig mit $f(x)$, $g(x)$, ... (gelesen: f von x, g von x, ...) bezeichnet. So ist $f(4)$ der Funktionswert der Funktion f an der Stelle 4, $g(2{,}68)$ der Funktionswert der Funktion g an der Stelle 2,68 usw.

Funktionen gehören zur größeren Gruppe der **Relationen**. Die folgenden Pfeildiagramme stellen Relationen dar, die keine Funktionen sind, da es Elemente des Definitionsbereichs gibt, von denen zwei oder mehr Pfeile ausgehen.

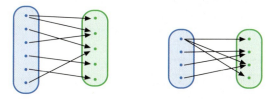

Eine Funktion ist eine Relation, bei der jedem Element des Definitionsbereichs **genau ein** Element des Wertebereichs zugeordnet ist. Über die Elemente des Wertebereichs wird nichts ausgesagt, sie können mehreren Elementen des Definitionsbereichs zugeordnet sein, d. h. bei ihnen können mehrere Pfeile ankommen.

BEISPIELE

1. Der Definitionsbereich der Funktion f ist $D = \{-3;\ -1;\ 2;\ 4;\ 6\}$ und ihre Funktionsvorschrift lautet $f(x) = \frac{6+x}{x}$. Wie lautet der Wertebereich W von f?

Dazu setzen wir die Zahlen des Definitionsbereichs nacheinander in die Funktionsvorschrift ein, z. B.

$f(-3) = \frac{6+(-3)}{-3} = -1$

$f(6)\ \ = \frac{6+6}{6} = 2$

Die Zwischenrechnungen, die auch der GTR übernehmen kann, lässt man meist weg und stellt die Ergebnisse in einer **Wertetabelle** oder Wertetafel dar:

x	-3	-1	2	4	6
$f(x)$ bzw. y	-1	-5	4	2,5	2

Der Wertebereich von f ist $W = \{-5; -1; 2; 2,5; 4\}$.

2. Zum Definitionsbereich der Funktion f mit der Vorschrift $f(x) = \sqrt{x + 2}$ können nur Zahlen ab -2 einschließlich gehören, da für Zahlen kleiner -2 der Radikand negativ und die Wurzel somit nicht definiert ist. Der **maximale** Definitionsbereich dieser Funktion ist $D = [-2; \infty[$.

Wir lassen den GTR eine Wertetafel (engl. table) erstellen

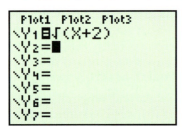

Mit der Taste Y= gelangen wir in den Y= Editor. Dort können wir den Funktionsterm eingeben.

Mit der TBLSET-Taste (d.i. 2ND WINDOW) können wir den Aufbau der Tabelle einstellen. Bei der abgebildeten Einstellung ist -2 der erste x-Wert, für den der Funktionswert berechnet wird. Die Schrittweite Δ Tbl ist 0,5, die folgenden Werte sind also $-1,5$; -1; $-0,5$ usw.

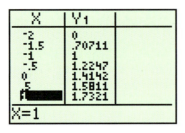

Betätigen der Taste TABLE (d.i. 2ND WINDOW) bewirkt die Ausgabe der Wertetafel.

Die grafische Darstellung einer Funktion im Pfeildiagramm stößt an ihre Grenzen, wenn der Definitions- oder Wertebereich zu viele Elemente enthält, insbesondere wenn sie Intervalle reeller Zahlen sind. Die Darstellung von Funktionen im Koordinatensystem ist wesentlich günstiger.

Die Idee ist im Prinzip dieselbe. Man zeichnet von den Elementen des Definitionsbereichs, die man auf der x-Achse einträgt, abknickende Pfeile zu den jeweiligen Elementen des Wertebereichs auf der y-Achse.

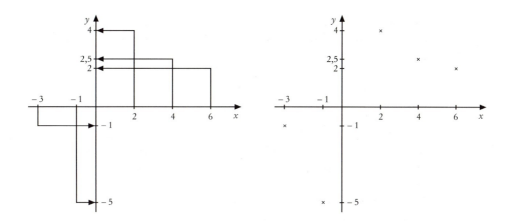

Der Pfeil insgesamt ist im Prinzip überflüssig, es reicht zu wissen, wo er abknickt. Diese Stelle markiert man z. B. mit einem Punkt und erhält so den **Graphen** oder das **Schaubild** der Funktion.

Ist der Definitionsbereich ein Intervall reeller Zahlen, bilden die Punkte ein Kurvenstück.

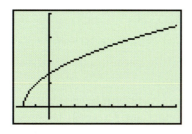

Nach Betätigen der WINDOW-Taste kann das Anzeigefenster eingestellt werden.

Nach Drücken der GRAPH-Taste werden die Schaubilder der im Y= Editor gespeicherten und aktivierten Funktionen gezeichnet.

Man erkennt am Graphen einer Relation, ob sie eine Funktion ist, wenn man durch jeden Punkt der Abszissenachse (*x*-Achse), der zum Definitionsbereich der Relation gehört, die Parallele zur Ordinatenachse (*y*-Achse) zeichnet (bzw. sich gezeichnet denkt) und jede dieser Parallelen den Graphen **genau einmal** schneidet.

BEISPIELE

1. $y = \sqrt{x}$ mit dem Definitionsbereich
$D = \mathbb{R}_+$

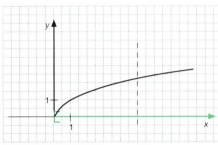

Funktion, da jede Parallele den
Graphen genau einmal schneidet.

2. $y = x^2 - 4$ mit $D = \mathbb{R}$

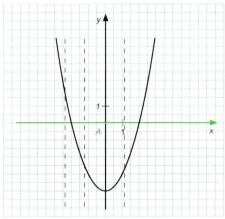

Funktion, da jede Parallele den
Graphen genau einmal schneidet.

3. $x^2 + y^2 = 4$ mit $\mathbb{R} = [-2; 2]$

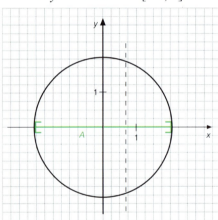

Keine Funktion, da Parallelen den
Graphen zweimal schneiden.

Eine dritte Schreibweise für die Funktionsvorschrift ist $f: x \mapsto f(x)$ (gelesen:
f ordnet x f von x zu oder x wird abgebildet auf f von x). Diese Schreibweise
erinnert an die Darstellung einer Funktion im Pfeildiagramm.

BEISPIEL

$f: x \mapsto 3x^2 - 2$

Lautet bei einer Funktion f die Vorschrift $f(x) = 2x^3 + 3x^2 - 9$, so bezeichnet
man $2x^3 + 3x^2 - 9$ als **Funktionsterm**.

AUFGABEN

01   Gegeben sind Relationen bzw. deren Graphen oder Pfeildiagramme.
Begründen Sie, welche der Relationen keine Funktionen sind.
Geben Sie die Wertemengen der einzelnen Relationen an.

a)
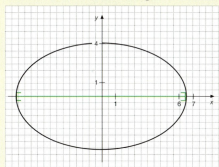

b)
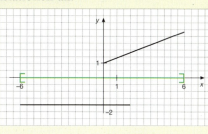

c)
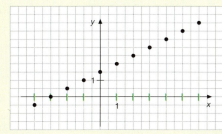

d)
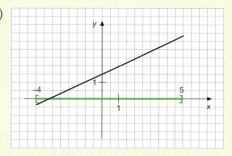

02   Überprüfen Sie, ob folgende Punkte in dem Schaubild von f enthalten sind.

a) $f(x)= 2x - 3$;
$P(-7/18)$; $Q(-3/-9)$; $R(2/1)$

b) $f(x)= 2x^2 - 4x - 2$;
$P(0/-2)$; $Q(3/5)$; $R(2/14)$

03   Berechnen Sie die Funktionswerte der Funktion f an folgenden Stellen:

$2; 0; -5; \quad a; \dfrac{1-a}{2}; 7t; 1; 4a; a + 2$.

a) $f(x)= 4x + 3$

b) $f(x) = -x^2 + x - 2$

c) $f(x) = \dfrac{2}{x^2 + 1} + 1$

d) $f(x) = 2tx - t \quad$ mit $\quad t \in \mathbb{R}$

04   Überprüfen Sie, ob die angegebenen Zahlen Funktionswerte der Funktion
$f: x \mapsto f(x)$ sind.

a) $f(x) = 3x^2 - 1$
$- 2; - 1; -\frac{1}{2}$

b) $f(x) = \frac{1}{x}$
$- 1; 0; \frac{1}{2}; 3$

05 Vervollständigen Sie die Wertetafel.

a) $y = 2x - 3$

x	-7		-2				1	3		6
y		-8		$-\frac{11}{2}$	-3	-2			4	

b) $y = \frac{1}{2}x + \frac{3}{2}$

x	-3	$-\frac{9}{4}$	$\frac{3}{2}$	$-\frac{7}{4}$	0	$\frac{3}{8}$	2	3	$\frac{7}{2}$	4
y	0	$\frac{3}{8}$	$\frac{3}{4}$	$\frac{9}{8}$	$\frac{3}{2}$	$\frac{27}{16}$	$\frac{5}{2}$	3	$\frac{13}{4}$	$\frac{7}{2}$

c) $3x - \frac{1}{2}y - 1 = -2$

x		-3			$-\frac{1}{4}$			
y	-28		-13	-4		$\frac{11}{4}$	14	19

d) $f(x) = \dfrac{2x - 1}{3x - 2}$

x	-2	$\frac{7}{9}$	$-\frac{1}{2}$	0	$\frac{1}{2}$	$\frac{7}{12}$	3	4
y	$\frac{5}{8}$	$\frac{5}{3}$	$\frac{4}{7}$	$\frac{1}{2}$	0	$-\frac{2}{3}$	$\frac{5}{7}$	$\frac{7}{10}$

06 Geben Sie die Funktionswerte an folgenden Stellen x an:
$-3;\ -2;\ -0{,}5;\ 0;\ 0{,}8;\ 1{,}3;\ 2;\ 3.$

a)
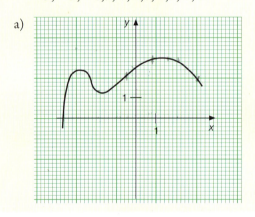

b)
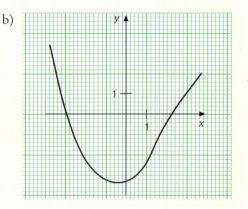

07   Bestimmen Sie in $\mathbb{R}$ den maximalen Definitionsbereich D der Funktion f:

a) $f(x) = -\dfrac{2}{3}x + 1$ 　　　　 b) $f(x) = \dfrac{2x-1}{x}$ 　　　　 c) $f(x) = \dfrac{1}{x^2+1}$

d) $f(x) = \dfrac{x-1}{x^2-1}$ 　　　　 e) $f(x) = \sqrt{x+4}$ 　　　　 f) $f(x) = \sqrt{\dfrac{1-x}{x+3}}$ $\quad]-3; -1]$

$\qquad\qquad\qquad\qquad\qquad\quad [-4, \infty[$

08   Bestimmen Sie, evtl. mithilfe einer Skizze, den Definitionsbereich D der Funktion f:

a) $f(x) = 4x + 1$; $W =]-3; 13]$ 　　　　　　 b) $f(x) = -\dfrac{3}{2}x - 2$; $W = [-9; 1]$

c) $f(x) = \dfrac{x-1}{x+2}$; $W = \{-1; -0,5; 0; 0,4; \tfrac{5}{11}; 4\}$ 　　 d) $f(x) = \dfrac{x^2-1}{x+1}$; $W = \mathbb{R}\setminus\{-2\}$

e) $f(x) = x^2 - 2$; $W = [0; 4]$ 　　　　　　 f) $f(x) = \dfrac{1}{x}$; $W = \mathbb{R}^*$

09   Geben Sie den Wertebereich W der Funktion f an.

a) $f(x) = 0,1 \cdot x$; $D = \mathbb{R}$ 　　　　　　　　 b) $f(x) = -4x + 6$; $D = \mathbb{R}_+$

c) $f(x) = -4x + 6$; $D = \{3; 4; 5; 6; 7\}$ 　　 d) $f(x) = x^2$; $D = \mathbb{R}$

e) $f(x) = x^2 - 2$; $D = \mathbb{R}$ 　　　　　　　 f) $f(x) = \dfrac{1}{x}$; $D = \{-1; \tfrac{1}{2}; 2; 3; \tfrac{13}{4}\}$

10   Stellen Sie auf der einen Hälfte des Displays das Schaubild von f im angegebenen Bereich dar und lesen Sie die Schnittpunkte mit den Achsen (eine Dezimale) ab. Auf der anderen Hälfte des Displays soll die Wertetabelle angezeigt werden.

a) $f(x) = 0,5x - 8$; $\ -6 \le x \le 20$ 　　　 b) $f(x) = -4x + 10$; $\ -4 \le x \le 4$

c) $f(x) = \dfrac{x+1}{x-1} - 20$; $\ -3 \le x \le 4$ 　　 d) $f(x) = \dfrac{5}{x-11} + 2$; $\ -1 \le x \le 15$

e) $f(x) = 5\,\dfrac{3x+1}{x^2+1}$; $\ -2 \le x \le 4$ 　　 f) $f(x) = \dfrac{6x+1}{2x-2} + \dfrac{2x-3}{2x+2} + 8$; $\ -3 \le x \le 3$

g) $f(x) = 2\sqrt{2x+6} - 4$; $\ -3 \le x \le 8$ 　 h) $f(x) = \dfrac{3+x+2}{x+3} - 2$; $\ -2 \le x \le 9$

3.2   Lineare Funktionen

BEISPIEL

Wuduphon wirbt im Oktober mit folgendem Angebot: Kostenlose Lieferung des Handys Xandu 1001, 18,00 € monatliche Fixkosten und 0,40 € für jede Minute Gesprächsdauer. Die Rechnung wird monatlich versandt.

Was ist der Definitionsbereich dieser Kostenfunktion k bei der Rechnung für den Monat März, was ihr Wertebereich? Wie lautet die Funktionsvorschrift?

Bei dieser Aufgabe ist der Definitionsbereich durch die Gegebenheiten der Aufgabe festgelegt. Weniger als 0 Minuten kann man nicht telefonieren, einige Menschen sollen es aber schaffen, gar nicht zu telefonieren. Der März hat 31 Tage, jeder Tag 24 Stunden, jede Stunde 60 Minuten, also schafft auch ein Dauertelefonierer nicht mehr als $31 \cdot 24 \cdot 60$ Minuten $= 44640$ Minuten im März zu telefonieren. Der Definitionsbereich ist also $D = [0; 44640]$.

Mit 18,00 € Fixkosten hat der Nichttelefonierer die geringsten monatlichen Kosten. Für jede Minute, die telefoniert wird, ändern sich die Kosten um 0,40 €. Man nennt diese 0,40 € deshalb die **Änderungsrate**. Die maximal möglichen Kosten betragen deshalb im März

$0,40 \, \frac{€}{min} \cdot 44640 \, min + 18,00 \, € = 17874,00 \, €$. Der Wertebereich ist also

$W = [18; 17874]$.

Durch obige Überlegungen erhalten wir somit die Funktionsvorschrift

$$k(x) = 0,40 \, \frac{€}{min} \cdot x \, min + 18,00 \, €.$$

Eine Funktion, deren Vorschrift die Form $g(x) = m \cdot x + b$ hat, heißt **lineare Funktion**.

Die Zahl m heißt die **Änderungsrate** der Funktion. Sie gibt an, um wie viel sich der Funktionswert ändert, wenn sich der x-Wert um 1 vergrößert.

Die Zahl b gibt den Funktionswert für $x = 0$ an.

BEISPIEL

Zur Funktion g mit der Vorschrift $g(x) = 4x - 5$ gehört die Wertetabelle

x	-2	-1	0	1	2	3	4
$g(x)$	-13	-9	-5	-1	3	7	11

Wie man in der Tabelle sieht, ändert sich der Funktionswert um 4, wenn man den x-Wert um 1 vergrößert. 4 ist die Änderungsrate dieser Funktion. An der Stelle 0 hat die Funktion den y-Wert -5.

MUSTERAUFGABE

Unter einen gleichmäßig tropfenden Wasserhahn wird ein leerer 15 l-Eimer geschoben. Um 8.00 Uhr befinden sich 3,44 l Wasser im Eimer, 10.25 Uhr sind es 5,18 l.

Um wie viel Liter ändert sich die Wassermenge im Eimer in 1 Minute?
Wie viel Wasser befindet sich um 12.00 Uhr, wie viel um 14.00 Uhr im Eimer?
Wann wurde der leere Eimer unter den tropfenden Wasserhahn geschoben?
Wann ist der Eimer voll?

Da der Wasserhahn gleichmäßig tropft, wird der Zusammenhang zwischen der Zeit und der Wassermenge durch eine lineare Funktion beschrieben. Obige Fragen können wir beantworten, wenn wir die Vorschrift der Funktion kennen.

Um die Änderungsrate zu bestimmen, berechnen wir, wie viele Minuten zwischen den beiden Messungen verstrichen sind:

$$\Delta x = 10.25 \, \text{Uhr} - 8.00 \, \text{Uhr} = 145 \, min.$$

Dann bestimmen wir die Änderung der Wassermenge im Eimer in dieser Zeit:

$$\Delta y = 5,18 \, l - 3,44 \, l = 1,74 \, l.$$

Der Quotient $\dfrac{\Delta y}{\Delta x} = \dfrac{1,74 \, l}{145 \, min} = 0,012 \, \frac{1}{min}$ ist die Änderungsrate; in jeder Minute kommen 0,012 l Wasser dazu.

Wenn wir festlegen, dass der Bezugspunkt für alle Zeitangaben 8.00 Uhr ist, dann lautet die Vorschrift der Funktion

$$y = 0{,}012 \tfrac{1}{\text{min}} \cdot x + 3{,}44 \text{ l}.$$

Die Frage nach der Wassermenge zu bestimmten Zeiten kann mithilfe der Funktionsvorschrift schnell beantwortet werden. Um 12.00 Uhr, also 240 min nach 8.00 Uhr, beträgt die Wassermenge:

$$y = 0{,}012 \tfrac{1}{\text{min}} \cdot 240 \text{ min} + 3{,}44 \text{ l} = 2{,}88 \text{ l} + 3{,}44 \text{ l} = 6{,}32 \text{ l}.$$

Entsprechend findet man den Inhalt des Eimers um 14.00 Uhr, also 360 min nach dem Bezugszeitpunkt:

$$y = 0{,}012 \tfrac{1}{\text{min}} \cdot 360 \text{ min} + 3{,}44 \text{ l} = 7{,}76 \text{ l}.$$

Als der leere Eimer unter den tropfenden Wasserhahn geschoben wird, ist der Funktionswert y null. Der Ansatz lautet also:

$$y = 0$$
$$0{,}012 \tfrac{1}{\text{min}} \cdot x + 3{,}44 \text{ l} = 0 \qquad\qquad | - 3{,}44 \text{ l}$$
$$0{,}012 \tfrac{1}{\text{min}} \cdot x = -3{,}44 \text{ l} \qquad\qquad | : 0{,}012 \tfrac{1}{\text{min}}$$
$$x = -286{,}\overline{6} \text{ min}$$

$286{,}\overline{6}$ min vor dem Bezugszeitpunkt 8.00 Uhr, d.h. kurz nach 3.13 Uhr, wurde der Eimer unter den Wasserhahn geschoben.

Die Antwort auf die letzte Frage finden wir genauso. Hier ist der x-Wert zum Funktionswert 15 l gesucht. Der Ansatz ist daher

$$y = 15 \text{ l}$$
$$0{,}012 \tfrac{1}{\text{min}} \cdot x + 3{,}44 \text{ l} = 15 \text{ l} \qquad\qquad | - 3{,}44 \text{ l}$$
$$0{,}012 \tfrac{1}{\text{min}} \cdot x = 11{,}56 \text{ l} \qquad\qquad | : 0{,}012 \tfrac{1}{\text{min}}$$
$$x = 963{,}\overline{3} \text{ min}$$

$963{,}\overline{3}$ min nach dem Bezugszeitpunkt 8.00 Uhr, d.h. kurz nach 0.03 Uhr, ist der Eimer voll.

ZUSAMMENFASSUNG

Ist $g(x_1)$ bzw. y_1 der Funktionwert einer linearen Funktion g an der Stelle x_1 und $g(x_2)$ bzw. y_2 derjenige an der Stelle x_2, dann ist die **Änderungsrate** m der Funktion

$$m = \frac{\Delta y}{\Delta x} = \frac{y_2 - y_1}{x_2 - x_1} = \frac{g(x_2) - g(x_1)}{x_2 - x_1}.$$

AUFGABEN

01 In den meisten Ländern wird die Temperatur in Celsius-Graden (°C) gemessen, in einigen aber noch in Fahrenheit-Graden (°F). Dabei ist bekannt, dass Wasser bei 0 °C bzw. 32 °F gefriert, sein Siedepunkt liegt bei 100 °C bzw. 212 °F. Stellen Sie die Funktionsvorschrift auf zur Umrechnung von

a) Celsius- in Fahrenheit-Grade;   b) Fahrenheit- in Celsius-Grade.

02   Ein Vertreter wird folgendermaßen bezahlt: Er erhält jeden Monat 800,00 €; Grundgehalt sowie 5 % vom Umsatz, den er in diesem Monat erzielt.

a) Wie viel muss er in einem Monat verkaufen, um 3 500,00 € bezahlt zu bekommen?

b) Stellen Sie sein monatliches Gehalt in Abhängigkeit vom Umsatz dar!

03   Eine Wechselstube an der Schweizer Grenze gibt 155,10 SFr (Schweizer Franken) für 100,00 €. Für 100 SFr erhält man aber nur 64,47 €.
Stellen Sie jeweils die Funktionsvorschrift auf.

3.3   Schaubild einer linearen Funktion

Sicherlich ist Ihnen bekannt, dass das Schaubild einer linearen Funktion eine **Gerade** ist. Betrachten wir als Beispiel die lineare Funktion g mit der Vorschrift $g(x) = 2x - 3$. Übertragen wir die Wertepaare aus der Wertetabelle in ein Koordinatensystem, stellen wir fest, dass alle Punkte auf einer Geraden liegen.

x	-2	-1	0	1	2	3	4
$g(x)$	-7	-5	-3	-1	1	3	5

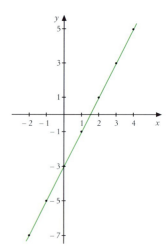

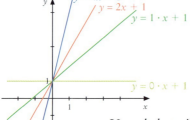

Umgekehrt gilt, dass zwischen dem x-Wert und dem y-Wert jedes beliebigen Punktes auf dieser Geraden der durch die Funktionsvorschrift gegebene Zusammenhang besteht.

Zeichnen wir die Schaubilder mehrerer linearer Funktionen in ein Koordinatensystem, sehen wir, dass die Steigung der Geraden zunimmt, wenn die Änderungsrate größer wird.

Man nennt deshalb den Faktor m in der Vorschrift $g(x) = m \cdot x + c$ einer linearen Funktion, den wir schon als ihre Änderungsrate kennen, auch die **Steigung** der Geraden. Beide Begriffe sind gleichwertig.

Die Steigung einer Geraden ist der Quotient $\dfrac{\text{Höhenunterschied}}{\text{Horizontalunterschied}}$ zweier verschiedener Punkte auf der Geraden. Die Steigung einer Geraden kann im Schaubild durch **Steigungsdreiecke** veranschaulicht werden. Da bei einer Geraden alle Steigungsdreiecke ähnlich sind, spielt es keine Rolle, welches man verwendet.

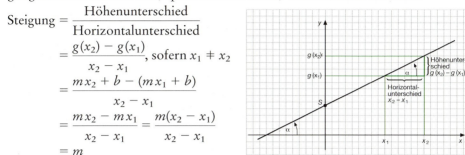

$$\text{Steigung} = \frac{\text{Höhenunterschied}}{\text{Horizontalunterschied}}$$

$$= \frac{g(x_2) - g(x_1)}{x_2 - x_1}, \text{ sofern } x_1 \neq x_2$$

$$= \frac{mx_2 + b - (mx_1 + b)}{x_2 - x_1}$$

$$= \frac{mx_2 - mx_1}{x_2 - x_1} = \frac{m(x_2 - x_1)}{x_2 - x_1}$$

$$= m$$

Der Winkel α im Steigungsdreieck heißt **Steigungswinkel**. Die Steigung einer Geraden kann auch als Tangens des Steigungswinkels erklärt werden (vgl. Abschnitt 9.1.2).

Der Schnittpunkt S des Graphen der linearen Funktion g mit $g(x) = mx + b$ mit der y-Achse ist $S(0/b)$, da $g(0) = b$ ist. Man nennt b den **y-Achsenabschnitt**.

> Die Gleichung $g(x) = mx + b$ bzw. $y = mx + b$ heißt **Hauptform** der Gleichung der Geraden g mit der Steigung m und dem y-Achsenabschnitt b.

Aus der Vorschrift einer linearen Funktion g gewinnt man die zugehörige Gerade sehr einfach.

BEISPIEL

Es ist der Graph der linearen Funktion g mit $g(x) = 1{,}5\,x + 4$ zu zeichnen
- mithilfe einer Wertetabelle.

  Es brauchen nur zu **zwei** x-Werten die Funktionswerte berechnet zu werden, da eine Gerade durch zwei Punkte eindeutig bestimmt ist. Damit der Graph nicht zu ungenau wird, sollten die beiden Punkte nicht zu nahe beieinander liegen. Falls möglich, sollte der eine x-Wert $x = 0$ sein, da der Funktionswert dann der y-Achsenabschnitt b ist und so der Rechenaufwand minimal wird.

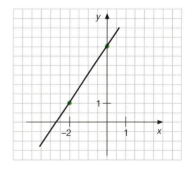

Wertetabelle

x	-2	0
$g(x)$	1	4

- mithilfe eines Steigungsdreiecks.

  Man bestimmt einen Punkt P der Geraden, meist verwendet man ihren Schnittpunkt mit der y-Achse, den man ohne Rechnung aus der Geradengleichung entnehmen kann, und zeichnet davon ausgehend ein Steigungsdreieck.

  Die Steigung ist der Quotient $\dfrac{\text{Höhenunterschied}}{\text{Horizontalunterschied}}$. In unserem Beispiel ist die Steigung 1,5. Statt 1,5 kann man schreiben $\frac{1,5}{1}$ d.h. zum Horizontalunterschied 1 gehört der Höhenunterschied 1,5. Man zeichnet das Steigungsdreieck, indem man vom Punkt S aus 1 Einheit nach rechts und 1,5 Einheiten nach oben geht. Natürlich lässt sich 1,5 auch als $\frac{4,5}{3}$ schreiben, d.h. man erhält ein Steigungsdreieck, wenn man von S um 3 Einheiten nach rechts und 4,5 Einheiten nach oben geht usw. Da alle diese Steigungsdreiecke ähnlich sind, ergibt sich immer dieselbe Gerade.

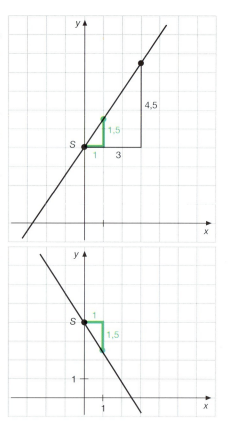

Wäre die Steigung **negativ**, z.B. $-1,5$, dann müsste man ausgehend vom Punkt S 1 Einheit nach rechts und 1,5 Einheiten **nach unten** gehen.

Eine Gerade ist eindeutig bestimmt, wenn zwei ihrer Punkte bekannt sind. Ebenso lässt sich die Funktionsvorschrift einer linearen Funktion g eindeutig angeben, wenn zwei Elemente von g, d.h. die Koordinaten von zwei Punkten, gegeben sind.

MUSTERAUFGABE

Gegeben seien zwei Punkte $P_1(1/3)$ und $P_2(4/-2)$ einer Geraden g. Es soll die Gleichung der zugehörigen linearen Funktionen aufgestellt werden.

Da $P_1(1/3)$ und $P_2(4/-2)$ auf der Geraden g liegen, gilt $g(1) = 3$ und $g(4) = -2$ **(Punktprobe)**.

Mit $g(x) = mx + b$ und $g(1) = 3$ erhält am

$$m \cdot 1 + b = 3 \qquad (1)$$

und mit $g(4) = -2$

$$m \cdot 4 + b = -2 \qquad (2)$$

Aus Gleichung (1) folgt

$$b = 3 - m \qquad (3)$$

(3) in (2) eingesetzt, ergibt

$$4m + 3 - m = -2$$
$$3m = -5 \qquad (4)$$
$$m = -\tfrac{5}{3}$$

(3) und (4) ergeben zusammen

$$b = \tfrac{14}{3}$$

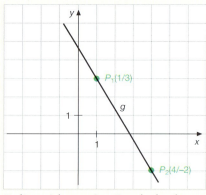

Es lässt sich nur eine Gerade durch $P_1(1/3)$ und $P_2(4/-2)$ legen.

Die Vorschrift der linearen Funktion g lautet:

$$g(x) = -\tfrac{5}{3}x + \tfrac{14}{3}.$$

Um nicht jedesmal die ganze Rechnung durchführen zu müssen, löst man das Problem einmal allgemein:

$P_1(x_1/y_1)$ und $P_2(x_2/y_2)$ liegen auf der Geraden g. Da es unterschiedliche Punkte sind, folgt $x_1 \neq x_2$. Wegen $g(x) = mx + b$ gilt:

$$g(x_1) = y_1, \quad \text{also} \quad m \cdot x_1 + b = y_1 \qquad (1)$$
$$g(x_2) = y_2, \quad \text{also} \quad m \cdot x_2 + b = y_2 \qquad (2)$$

Löst man (1) nach b auf, erhält man

$$b = y_1 - m \cdot x_1 \qquad (3)$$

(3) setzt man wiederum in (2) ein und bestimmt m:

$$m \cdot x_2 + y_1 - m \cdot x_1 = y_2$$
$$m \cdot (x_2 - x_1) = y_2 - y_1$$
$$m = \frac{y_2 - y_1}{x_2 - x_1} \qquad (4)$$

(3) und (4) ergeben zusammen

$$b = y_1 - \frac{y_2 - y_1}{x_2 - x_1} \cdot x_1$$

Die Funktionsvorschrift ist:

$$g(x) = \frac{y_2 - y_1}{x_2 - x_1} \cdot x + y_1 - \frac{y_2 - y_1}{x_2 - x_1} \cdot x_1$$

Meist wird noch etwas umgeformt:

$$g(x) - y_1 = \frac{y_2 - y_1}{x_2 - x_1} \cdot x - \frac{y_2 - y_1}{x_2 - x_1} \cdot x_1$$
$$g(x) - y_1 = \frac{y_2 - y_1}{x_2 - x_1} \cdot (x - x_1)$$

Verwendet man y anstelle von $g(x)$, erhält man:

Satz 3.2 (Zwei-Punkte-Form der Geradengleichung)

Die Gleichung der Geraden durch die Punkte $P_1(x_1/y_1)$ und $P_2(x_2 \mid y_2)$ ist

$$y - y_1 = \frac{y_2 - y_1}{x_2 - x_1} \cdot (x - x_1)$$

BEISPIEL

Gegeben seien die Punkte $S(-2/3)$ und $T(1/2)$. Es ist die Gleichung der Geraden durch S und T zu bestimmen.

Man legt zuerst x_1, y_1, x_2, y_2 fest, z.B. $x_1 = 1$, $y_1 = 2$, $x_2 = -2$, $y_2 = 3$. Es spielt dabei keine Rolle, ob man T als ersten und S als zweiten Punkt wählt oder umgekehrt.

$$y - 2 = \frac{3 - 2}{-2 - 1} \cdot (x - 1)$$
$$y - 2 = -\tfrac{1}{3}x + \tfrac{1}{3}$$
$$y = -\tfrac{1}{3}x + \tfrac{7}{3}$$

In der Zwei-Punkte-Form kommt der Quotient $\frac{y_2 - y_1}{x_2 - x_1}$ vor. Dieser Quotient ist als die Steigung m der Geraden durch die Punkte $P_1(x_1/y_1)$ und $P_2(x_2/y_2)$ definiert. Verwendet man dies, erhält man aus der Zwei-Punkte-Form die Punkt-Steigungs-Form der Geradengleichung.

Satz 3.3 (Punkt-Steigungs-Form der Geradengleichung)

Die Gleichung der Geraden, die den Punkt $P_1(x_1 / y_1)$ enthält und die Steigung m hat, ist

$$y - y_1 = m \cdot (x - x_1)$$

BEISPIEL

Zeichnen Sie die Gerade g mit der Steigung 2, die durch den Punkt $S(-2/-1)$ geht, und bestimmen Sie ihre Gleichung.

Rechnerische Lösung

$y - (-1) = 2 \cdot (x - (-2))$
$y + 1 = 2x + 4$
$y = 2x + 3$
oder $g(x) = 2x + 3$

Zeichnerische Lösung

Punkt S und ein Steigungsdreieck einzeichnen.

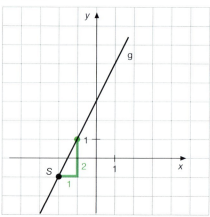

Die einzigen Geraden, die keine Schaubilder von Funktionen sind, sind Parallelen zur y-Achse.
Beispielsweise haben alle Punkte auf der Parallelen zur y-Achse durch 3 auf der x-Achse den x-Wert 3, deshalb weist man dieser Parallelen die Gleichung $x = 3$ zu.

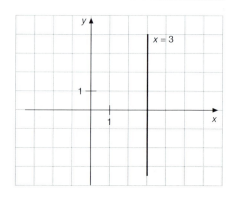

Im Folgenden werden noch einige Formeln hergeleitet, die im Zusammenhang mit Geraden von Bedeutung sind.

- **Mittelpunkt** $M(x_m/y_m)$ **einer Strecke** $\overline{P_1P_2}$ **mit** $P_1(x_1/y_1)$ **und** $P_2(x_2/y_2)$

  Man zeichnet durch P_1 und P_2 die Parallelen zur y-Achse.
  Die Mittelparallele halbiert die Strecke $\overline{P_1P_2}$. Es gilt:

  $$x_m = x_1 + \frac{x_2 - x_1}{2}$$

  $$x_m = \frac{x_1 + x_2}{2}$$

  Entsprechend findet man:

  $$y_m = \frac{y_1 + y_2}{2}$$

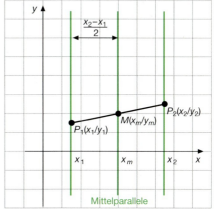

- **Abstand** d **der Punkte** $P_1(x_1/y_1)$ **und** $P_2(x_2/y_2)$

  Nach dem Satz des Pythagoras gilt:

  $$d^2 = (x_2 - x_1)^2 + (y_2 - y_1)^2$$
  $$d = \sqrt{(x_2 - x_1)^2 + (y_2 - y_1)^2}$$

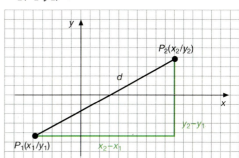

AUFGABEN

01 Bestimmen Sie die Gleichung der Geraden mit $g(x) = mx + b$. Wie groß sind jeweils die Steigung und der y-Achsenabschnitt?

a) $m = 2; b = 3$ b) $m = -3; P(2/1)$ c) $A(5/4); b = 1$
d) $P_1(-4/5); P_2(3/0)$ e) $A(0/3); B(4/0)$ f) $R(7/8); S(-4/-2)$
g) $P(5/-4); m = -2$ h) $b = 3; Q(5/1)$ i) $A(-3|-5); B(1|1); C(7|10)$
j) $P_1(-9|2); P_2(9|2)$ k) $C(5|8); D(-4|-7)$ l) $m = 3; A(-3|-16); B(10|23)$

02 A und B seien die Endpunkte einer Strecke mit dem Mittelpunkt M. Bestimmen Sie die Länge der Strecke und den fehlenden Punkt.

a) $A(1|2); B(3|6)$ b) $A(5|-1); B(-2|1)$ c) $A(\frac{1}{4}|\frac{1}{8}); B(\frac{3}{2}|\frac{1}{2})$
d) $A(-2|-3); B(3|1)$ e) $A(3|4); M(4|5)$ f) $B(-4|1); M(-3|-1)$

03 Bestimmen Sie die Länge und die Koordinaten des Mittelpunkts folgender Strecke:

a) $\overline{AB}$ mit $A(3/6)$ und $B(7/9)$ b) $\overline{P_1P_2}$ mit $P_1(4/8)$ und $P_2(1/2)$
c) $\overline{RS}$ mit $R(-3/1)$ und $S(2/-4)$ d) $\overline{AB}$ mit $A(-5/-3)$ und $B(-1/-3)$

04 Von der Strecke $\overline{AB}$ sind der Endpunkt $A(-2/-1)$ und der Mittelpunkt $M(1/1)$ bekannt. Bestimmen Sie die Koordinaten von B.

05 a) Die Gerade g hat die Steigung $m = 2$ und den y-Achsenabschnitt $b = 2$. Wie lautet die Gleichung dieser Geraden?

b) Eine zweite Gerade h hat die Gleichung $h(x) = -x - 1$
Zeichnen Sie beide Geraden in ein Koordinatensystem und bestimmen Sie aus der Zeichnung die Koordinaten des Schnittpunktes S.

c) Auf der Geraden h liegt der Punkt B mit der x-Koordinate 3.
Wie lautet seine y-Koordinate?

d) Bestimmen Sie die Gleichung der Geraden durch $P_1(3/-4)$ und $P_2(1/4)$ und zeichnen Sie diese Gerade in das Koordinatensystem aus b).

e) Welchen Abstand haben die beiden Punkte P_1 und P_2?

06* a) Bestimmen Sie die Koordinaten des **Schwerpunkts** (= Schnittpunkt der Seitenhalbierenden) des Dreiecks ABC mit $A(1/1)$, $B(4/0)$ und $C(5/2)$.

b) Berechnen Sie, in welchem Verhältnis die Seitenhalbierende, die durch A verläuft, vom Schwerpunkt geteilt wird.

c) Untersuchen Sie, ob Höhenschnittpunkt, Schwerpunkt und Umkreismittelpunkt des Dreiecks auf einer Geraden (Euler'sche Gerade) liegen.

07 Die Gleichung
$$Ax + By + C = 0 \quad \text{mit} \quad A, B, C \in \mathbb{R} \quad \text{und} \quad A \neq 0 \quad \text{oder} \quad B \neq 0$$
heißt **allgemeine Form der Geradengleichung**.
Zeigen Sie, dass sich **jede** Gerade durch eine Gleichung obiger Form beschreiben lässt.

08 Lässt sich die Zwei-Punkte-Form der Geradengleichung auch in folgender Form angeben?
$$y - y_1 = \frac{y_1 - y_2}{x_1 - x_2} \cdot (x - x_1)$$

3.4 Nullstellen von Funktionen

Liegt die Gleichung einer Geraden g in der Hauptform vor, z.B.
$$g(x) = 2x - 3$$
erkennt man sofort, wo g die y-Achse schneidet. In unserem Beispiel ist der y-Achsenabschnitt $b = -3$, also ist $S(0/-3)$ der **Schnittpunkt mit der y-Achse**.

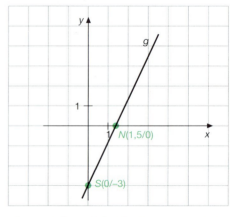

N ist der **Schnittpunkt** der Geraden **mit der x-Achse**. Alle Punkte, die auf der x-Achse liegen, haben die y-Koordinate 0. Also ist die y-Koordinate von N ebenfalls 0.

Da N auf der Geraden g liegt, erhält man die y-Koordinate von N, indem man die x-Koordinate x_0 des Schnittpunktes N in $g(x)$ einsetzt.

Folglich muss gelten:

$$g(x_0) = 0$$

In dem Beispiel erhält man dann weiter:

$$2\,x_0 - 3 = 0$$
$$2\,x_0 = 3$$
$$x_0 = 1{,}5$$

1,5 nennt man die **Nullstelle der Funktion** g, der Schnittpunkt der zugehörigen Geraden mit der x-Achse ist $N\,(1{,}5\,|\,0)$.

Hinweis

Zur Angabe einer **Stelle** reicht **eine Zahl**, für einen <u>Punkt</u> ist ein <u>Zahlenpaar</u> notwendig.

MUSTERAUFGABE

Wo schneidet die Gerade g, die durch die Punkte $P(-3/4)$ und $Q(6/1)$ verläuft, die Achsen?

Wir bestimmen zuerst mit der Zwei-Punkte-Form die Vorschrift von g:

$$y - 4 = \frac{1 - 4}{6 - (-3)} \cdot (x - (-3))$$
$$y - 4 = \frac{-3}{9} \cdot (x + 3)$$
$$y = -\tfrac{1}{3}x - 1 + 4$$
$$y = -\tfrac{1}{3}x + 3$$

Daraus ergibt sich $S(0/3)$ als Schnittpunkt der Geraden mit der y-Achse. Nullsetzen des Funktionsterms führt zum Schnittpunkt mit der x-Achse:

$$y = 0$$
$$-\tfrac{1}{3}x + 3 = 0$$
$$-\tfrac{1}{3}x = -3$$
$$x = 9$$

Der Schnittpunkt mit der x-Achse ist $N\,(9/0)$.

Häufig verzichtet man darauf, Nullstellen durch einen besonderen Index zu kennzeichnen. Statt $x_0 = 9$ schreibt man also kürzer $x = 9$.

Der GTR kann näherungsweise Nullstellen einer im Y= Editor gespeicherten Funktion bestimmen.

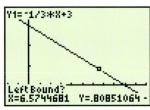

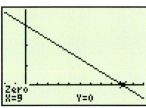

Mit der CALC-Taste gelangt man ins CALCULATE-Menü und wählt dort 2:zero.

Man gibt die Grenzen eines Intervalls ein, in dem die gesuchte Nullstelle liegt, und einen Wert in ihrer Nähe.

Der GTR bestimmt eine Näherung für die Nullstelle.

Obige Überlegungen gelten nicht nur für lineare Funktionen, sondern für alle Funktionen.

ZUSAMMENFASSUNG

Man findet die **Nullstellen** einer Funktion f, indem man die Gleichung

$$f(x) = 0$$

nach x auflöst.

AUFGABEN

01   Bestimmen Sie die Schnittpunkte der Geraden g mit den Achsen.

a) $g(x) = 2x - 1$ b) $g(x) = 3x - 9$ c) $g(x) = \frac{1}{3}x - \frac{1}{5}$

d) $g(x) = -\frac{2}{5}x + \frac{1}{7}$ e) $g(x) = -5x + 2$ f) $g(x) = \frac{3}{2}x - 1$

g) $g: x = 2$ h) $g(x) = -x$ i) $g(x) = \frac{x+2}{3} - 1$

02   Die Gerade g hat die Gleichung $g(x) = -2x + 5$ $(g(x) = -\frac{1}{2}x + 2)$. Sie schneidet die y-Achse in A und die x-Achse in B.

a) Bestimmen Sie die Koordinaten von A und B.

b) Bestimmen Sie Länge und Mittelpunkt der Strecke $\overline{AB}$.

c) Bestimmen Sie den Flächeninhalt des Dreiecks AOB.

3.5   Schnittpunkte von Geraden

BEISPIEL

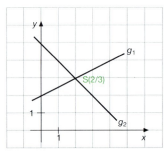

Die beiden Geraden g_1 und g_2 mit $g_1(x) = \frac{1}{2}x + 2$ und $g_2(x) = -x + 5$ schneiden sich im Punkt $S(2|3)$, denn es gilt $g_1(2) = \frac{1}{2} \cdot 2 + 2 = 3$ und $g_2(2) = -2 + 5 = 3$.

Die Berechnung des Schnittpunkts zweier Geraden zeigen wir anhand von Beispielen.

BEISPIEL

1. $S(x_s|y_s)$ ist der Schnittpunkt der beiden Geraden g_1 und g_2 mit
$$g_1(x) = 0,7\,x - 1,4 \quad \text{und} \quad g_2(x) = -1,7\,x + 1,9.$$
Da $S(x_s|y_s)$ auf beiden Geraden liegt, gilt wie oben
$$g_1(x_s) = y_s \tag{1}$$
und
$$g_2(x_s) = y_s \tag{2}$$
Aus (1) und (2) folgt dann durch **Gleichsetzen** der beiden linken Seiten
$$g_1(x_s) = g_2(x_s) \tag{3}$$
Da $g_1(x_s) = 0,7\,x_s - 1,4$ und $g_2(x_s) = -1,7\,x_s + 1,9$ gilt, kann man statt (3) auch
$$0,7\,x_s - 1,4 = -1,7\,x_s + 1,9$$
schreiben und diese Gleichung nach x_s auflösen.
$$2,4\,x_s = 3,3$$
$$x_s = 1,375$$
Da $g_1(x_s) = y_s$ gilt, aber auch $g_2(x_s) = y_s$ ist, kann man y_s durch Einsetzen von $x_s = 1,375$ in $g_1(x)$ **oder** in $g_2(x)$ berechnen.
$$g_1(1,375) = \quad 0,7 \cdot 1,375 - 1,4 = \quad 0,9625 - 1,4 = -0,4375$$
$$g_2(1,375) = -1,7 \cdot 1,375 + 1,9 = -2,3375 + 1,9 = -0,4375$$

Der Schnittpunkt der beiden Geraden g_1 und g_2 ist somit $S(1,375\,|-0,4375)$.

2. Wie bei der Bestimmung der Nullstellen einer Funktion verzichtet man meist darauf, die Koordinaten des Schnittpunktes durch einen besonderen Index zu kennzeichnen.
S$(x|y)$ sei der Schnittpunkt der beiden Geraden g_1 und g_2 mit $g_1(x) = 0,4\,x$ und $g_2(x) = 0,7\,x - 1,8$. Diesen wollen wir rechnerisch bestimmen.

Gleichsetzen:
$$g_1(x) = g_2(x)$$
$$0,4\,x = 0,7\,x - 1,8$$
$$-0,3\,x = -1,8$$
$$x = 6$$

Der x-Wert des Schnittpunktes S ist 6, den y-Wert erhält man durch Einsetzen von 6 in die Funktionsvorschrift von g_1 oder g_2. Wir setzen in die von g_1 ein, da sie die einfachere ist.
$$g_1(6) = 0,4 \cdot 6 = 2,4$$
Die beiden Geraden schneiden sich im Punkt $S(6|2,4)$.

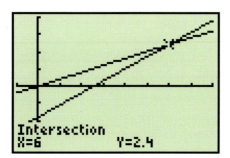

Natürlich kann der GTR auch Schnittpunkte von Schaubildern näherungsweise bestimmen.
Mit der CALC-Taste gelangt man ins CALCULATE-Menü und wählt dort 5:intersect.

ZUSAMMENFASSUNG:

Den **Schnittpunkt S der Graphen** zweier Funktionen f und g erhält man durch Gleichsetzen von $f(x)$ und $g(x)$:

$$f(x) = g(x)$$

Diese Gleichung löst man nach x auf und erhält die x-Koordinate des Schnittpunktes S. Setzt man diesen x-Wert in eine der beiden Funktionsvorschriften ein, vorzugsweise in die einfachere, ergibt sich die y-Koordinate von S.

AUFGABEN

01 Bestimmen Sie rechnerisch und zeichnerisch den Schnittpunkt S der Geraden g_1 und g_2.

a) $g_1(x) = 2x + 1$ $\qquad$ $g_2(x) = \frac{1}{2}x + 4$

b) $g_1(x) = -x + 1$ $\qquad$ $g_2(x) = \frac{1}{3}x + \frac{7}{3}$

c) $g_1(x) = \frac{1}{4}x + \frac{7}{4}$ $\qquad$ $g_2(x) = 2x + 7$

d) $g_1(x) = -2x - 1$ $\qquad$ $g_2(x) = \frac{1}{2}x - \frac{9}{4}$

e) $g_1(x) = \frac{2}{3}x - 1$ $\qquad$ $g_2(x) = \frac{1}{2}x - \frac{3}{2}$

02 Bestimmen Sie m so, dass sich die drei Geraden in einem Punkt schneiden.
$f_1(x) = \frac{1}{2}x - 1$; $\quad f_2(x) = -3x + \frac{1}{2}$ $\quad$ und $\quad f_3(x) = mx - 2$

03 Othello Schwarz liegt für seinen Urlaub das Angebot einer Autovermietung vor. Der Preis für einen Mietwagen in Abhängigkeit von der Mietdauer x (in Tagen) lässt sich durch die Funktion f mit $f(x) = 40x + 102$ darstellen. Im Katalog eines Reiseunternehmens entdeckt Herr Schwarz ein weiteres Angebot. Die Preis-Mietdauer-Funktion für dieses zweite Angebot ist g mit $g(x) = 27{,}75x + 200$. Bestimmen Sie rechnerisch und zeichnerisch, bei welcher Mietdauer das erste Angebot günstiger ist, wann das zweite?

Hinweis:
Zeichnen Sie die Graphen der beiden Kostenfunktionen in dasselbe Koordinatensystem.

04 Ein Stromlieferant stellt für die Monatsabrechnung drei Tarife zur Wahl:
Tarif 1: 2,60 € Grundpreis und 0,25 € je verbrauchte kWh (Kilowattstunde)
Tarif 2: 5,00 € Grundpreis und 0,13 € je kWh
Tarif 3: 10,00 € Grundpreis und 0,05 € je kWh

a) Stellen Sie für diese drei Tarife die Abhängigkeit des Preises y (in €) vom Verbrauch x (in kWh) durch Funktionsvorschriften dar.

b) Zeichnen Sie die Schaubilder dieser Funktionen für $0 \leq x \leq 100$ in ein geeignetes Koordinatensystem.

c) Lesen Sie aus der grafischen Darstellung ab, in welchem Bereich des Verbrauchs Tarif 1, Tarif 2 oder Tarif 3 am günstigsten ist.

d) Lösen Sie c) rechnerisch!

05 Eine Brotfabrik stellt nur eine Sorte Weißbrot her. Die Produktionskosten für eine kleine Packung betragen 0,30 €, der Verkaufspreis ist 0,65 €. Pro Monat entstehen 21 000,00 € feste Kosten (Miete; Grundgebühren für Wasser, Strom und Gas; Gehälter usw.). Wie viele Packungen Weißbrot müssen monatlich verkauft werden, damit das Unternehmen keinen Verlust erleidet?

Hinweis:
Zeichnen Sie den Graphen der Kostenfunktion und den der Erlösfunktion in dasselbe Koordinatensystem.

06 Ein Eiscafé hat pro Tag 95,00 € feste Kosten. Die Herstellung einer Eiskugel kostet 0,12 €, der Verkaufspreis beträgt 0,50 €. Wie viele Eiskugeln müssen im Durchschnitt pro Tag verkauft werden, damit kein Verlust entsteht?

Hinweis:
Zeichnen Sie den Graphen der Kostenfunktion und den der Erlösfunktion in dasselbe Koordinatensystem.

07 Beim Kauf eines Autos stellt sich oft die Frage, ob man ein Fahrzeug mit einem Benzin- oder mit einem Dieselmotor kaufen soll.
Eine Autozeitschrift gibt für einen bestimmten Autotyp folgende Zahlen an:

	Auto mit Benzinmotor	Auto mit Dieselmotor
jährliche Festkosten[1]	2292,40 €	2770,80 €
durchschnittlicher Kraftstoffverbrauch auf 100 km	6,8 Liter	5,3 Liter

1 Festkosten sind z.B. Steuer, Versicherung, Ölwechsel, Reparaturen.

Im November 2005 kostete 1 Liter Superbenzin 1,40 € und ein Liter Diesel 1,10 €.

a) Berechnen Sie, wie viel Geld beim Vergleich der Gesamtkosten bei einer jährlichen Fahrleistung von 30000 km mit einem Dieselauto gespart werden kann.

b) Zeichnen Sie die Graphen der Gesamtkostenfunktion.
Berechnen Sie, ab welcher jährlichen Fahrleistung ein Dieselfahrzeug niedrigere Gesamtkosten hat als ein Benzinfahrzeug.

c) Ein Neuwagen mit Benzinmotor kostet 18725,00 €, dasselbe Modell mit Dieselmotor ist teurer und kostet 20129,00 €.
Frau Schwarz will sich einen neuen Pkw mit Dieselmotor kaufen. Pro Jahr fährt sie durchschnittlich 30000 km. Berechnen Sie, nach wie vielen Jahren Frau Schwarz die Mehrkosten ungefähr ausgeglichen hat.

d) Bei solchen Wirtschaftlichkeitsberechnungen spielt der Wiederverkaufswert eine wichtige Rolle, denn üblicherweise gibt man beim Kauf eines neuen Autos ein gebrauchtes in Zahlung. Jedes der beiden hier betrachteten Autos verliert jährlich 10 % des Neuwerts.
Beschreiben Sie, wie dies die Überlegungen von c) ändert und zu welchen Ergebnissen Frau Schwarz kommt, wenn sie den Wiederverkaufswert einbezieht.

08   Gegeben ist das Dreieck ABC mit $A(6/0)$, $B(4/4)$ und $C(0/0)$. Die Gerade g mit $g(x) = 3$ schneidet die Dreiecksseite $\overline{BC}$ in Q, die Seite $\overline{AB}$ im Punkt R. Diese beiden Punkte Q und R werden mit den jeweiligen Gegenecken im Dreieck ABC verbunden. Die Geraden AQ und CR schneiden sich in T.
Bestimmen Sie die Koordinaten von T zeichnerisch und rechnerisch.

3.6   Lage von zwei Geraden

Zwei Geraden g_1 und g_2 verlaufen **parallel**, wenn sie **dieselbe** Steigung haben.

BEISPIEL

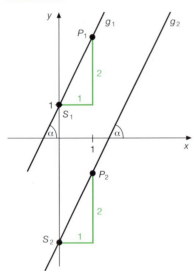

$g_1(x) = 2x + 1$ und $g_2(x) = 2x - 3$
Die Gerade g_1 schneidet die y-Achse im Punkt $S_1(0/1)$, die Gerade g_2 im Punkt $S_2(0/-3)$.
Geht man von S_1 bzw. S_2 aus um 1 Einheit nach rechts und 2 Einheiten nach oben, kommt man zu den Geradenpunkten P_1 bzw. P_2. Da P_1 genauso weit über P_2 liegt wie S_1 über S_2, verlaufen die Geraden parallel.
Parallele Geraden schneiden die x-Achse unter demselben Steigungswinkel α.

Zwei parallele Geraden ($m_2 = m_2$) haben entweder **keinen Punkt gemeinsam**, wie z.B. die beiden Geraden g_1 und g_2 in vorangehendem Beispiel, oder unendlich viele Punkte gemeinsam, d.h. sie **fallen zusammen**, wie z.B. die Geraden h_1 und h_2 mit den Gleichungen $h_1(x) = -\frac{1}{2}x + \frac{4}{2}$ und $h_2(x) = -\frac{1}{2}x + \frac{6}{3}$.
Im ersten Fall sind die **y-Achsenabschnitte verschieden** ($b_1 \neq b_2$), im zweiten Fall **gleich** ($b_1 = b_2$).

Haben zwei Geraden g_1 und g_2 unterschiedliche Steigung ($m_1 \neq m_2$), **schneiden** sie sich in genau einen Punkt $S(x_s|y_s)$. Es gilt dann $g_1(x_s) = y_s$ und $g_2(x_s) = y_s$.

BEISPIEL

Die Geraden g_1 und g_2 mit
$g_1(x) = 2x + 4$ und $g_2(x) = x + 3$
schneiden sich im Punkt $S(-1|2)$, da
$g_1(-1) = -2 + 4 = 2$ und
$g_2(-1) = -1 + 3 = 2$ gilt.

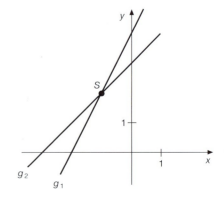

Die Geraden g_1 und g_2 mit den Steigungen m_1 und m_2 stehen genau dann **senkrecht (orthogonal) aufeinander**, wenn $m_1 \cdot m_2 = -1$ gilt (vgl. Satz 9.7).

BEISPIEL

Zwei Geraden, die senkrecht aufeinander stehen, sind die Geraden g_1 und g_2 mit $g_1(x) = \frac{1}{2}x - 3$ und $g_2(x) = -2x + 3$. Da $m_1 = \frac{1}{2}$ und $m_2 = -2$ gilt, ist $m_1 \cdot m_2 = \frac{1}{2} \cdot (-2) = -1$. Wegen $g_1(2{,}4) = -1{,}8$ und $g_2(2{,}4) = -1{,}8$ ist $S(2{,}4 \,|\, -1{,}8)$ der Schnittpunkt.

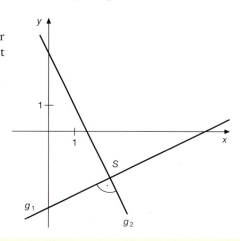

AUFGABEN

01 Welche der Geraden mit folgenden Steigungen schneiden sich senkrecht? $m_1 = 3$; $m_2 = -5$; $m_3 = \frac{4}{3}$; $m_4 = \frac{1}{3}$; $m_5 = -\frac{1}{5}$; $m_6 = -\frac{2}{6}$; $m_7 = -0{,}75$; $m_8 = -3$; $m_9 = \frac{3}{4}$.

02 Für welche Werte a mit $a \in \mathbb{R}\setminus\{-3; 11\}$ schneiden sich die beiden Geraden g_1 und g_2 senkrecht, für welche Werte von a sind sie parallel?

a) $g_1(x) = 4ax + 2$ und $g_2(x) = \dfrac{2}{3 + a}x + 1$

b) $g_1(x) = \dfrac{5}{a - 11}x + 2$ und $g_2(x) = (a - 2)x - 1$

03 Bestimmen Sie die Gleichung der Parallelen zur Geraden g mit $g(x) = 2x - 3$ durch $P(1|7)$.

04 Das Dreieck ABC, dessen Eckpunkte auf den Koordinatenachsen liegen, hat bei C einen rechten Winkel.
Bestimmen Sie zu den zwei gegebenen Eckpunkten den dritten und dann die Fläche des Dreiecks.

a) $B(3|0)$; $C(0|4)$ b) $B(8|0)$; $C(0|-5)$

05 Bestimmen Sie den Umkreismittelpunkt U (= Schnittpunkt der Mittelsenkrechten) der Dreiecke zeichnerisch und rechnerisch.

a) $A(-2/-3)$, $B(4/-1)$, $C(1/3)$ b) $A(-2/3)$, $B(6/-2)$, $C(5/0)$

06 Bestimmen Sie den Schnittpunkt der Höhen des Dreiecks ABC mit $A(2/0)$, $B(6/0)$ und $C(5/4)$ zeichnerisch und rechnerisch.

07 Für welches a haben die Graphen von f und g keinen, einen bzw. unendlich viele gemeinsame Punkte?

a) $f(x) = (a + 1)x + 2$
  $g(x) = -x - 5$ und $a \in \mathbb{R}$

b) $f(x) = ax + 3$
  $g(x) = \dfrac{a + 3}{a - 1}x + a$ und $a \in \mathbb{R}\setminus\{1\}$

3.7   Geradenscharen

Ein Liter Superbenzin kostet ohne Mehrwertsteuer (MwSt) 1,30 €. Seit dem 1. Januar 2007 beträgt der Mehrwertsteuersatz 19 %. Wie viel zahlt ein Autofahrer einschließlich Mehrwertsteuer, wenn er x Liter tankt?

Die Frage ist schnell beantwortet. Ein Liter Superbenzin kostet einschließlich MwSt

$$1{,}30\ \text{€} + 1{,}30\ \text{€} \cdot \tfrac{19}{100} = 1{,}30\ \text{€} \cdot (1 + \tfrac{19}{100}) \approx 1{,}55\ \text{€}.$$

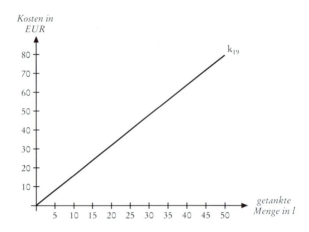

Die Kosten für x Liter berechnen sich nach der Vorschrift

$$k_{19}(x) = 1{,}30 \cdot (1 + \tfrac{19}{100})\,\tfrac{\text{€}}{l} \cdot x\,l$$
$$= 1{,}30 \cdot (1 + \tfrac{19}{100})\ \text{€} \cdot x.$$

Das Schaubild dieser Funktion ist eine Ursprungsgerade mit der Steigung

$1{,}30 \cdot (1 + \tfrac{19}{100})\,\tfrac{\text{€}}{l}$.

Vor dem 1. Januar mussten 16 % Mehrwertsteuer abgeführt werden. Damals lautete die Vorschrift der Kostenfunktion

$$k_{16}(x) = 1{,}30 \cdot (1 + \tfrac{16}{100})\,\tfrac{\text{€}}{l} \cdot x.$$

Während der Diskussion um die Änderung des Mehrwertsteuersatzes schlug der Wirtschaftsweise A eine Senkung der MwSt auf 15 % vor, um die Konjunktur anzukurbeln. Die Vorschrift der Kostenfunktion wäre dann

$$k_{15}(x) = 1{,}30 \cdot (1 + \tfrac{15}{100})\,\tfrac{\text{€}}{l} \cdot x.$$

Klimaforscher B wollte die MwSt auf 25 % erhöhen, damit das Wetter gut bleibt:

$$k_{25}(x) = 1{,}30 \cdot (1 + \tfrac{25}{100})\,\tfrac{\text{€}}{l} \cdot x.$$

Politiker C kämpfte für eine Senkung der MwSt auf 10 %, damit er gewählt wird:

$$k_{10}(x) = 1{,}30 \cdot (1 + \tfrac{10}{100})\,\tfrac{\text{€}}{l} \cdot x.$$

Die Schaubilder dieser Kostenfunktionen sind Ursprungsgeraden mit unterschiedlicher Steigung. Man spricht von einer **Kurvenschar** und hier speziell von einer Geradenschar.
Die Vorschrift dieser Funktionenschar lautet

$k_t(x) = 1{,}30 \cdot (1 + \frac{t}{100})\, € \cdot x$ mit $t \geq 0$

(gelesen: $k\,t$ von x).
t nennt man den **Scharparameter**.
Unterschiedliche Werte von t ergeben unterschiedliche Funktionsvorschriften und dadurch unterschiedliche Funktionen.

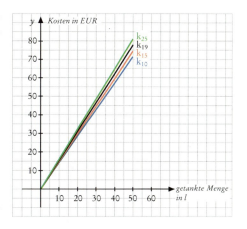

BEISPIELE

1. $f_t(x) = 2x + t$ mit $t \in \mathbb{R}$

Scharparameter t	Funktionsvorschrift
-4	$f_{-4}(x) = 2x - 4$
$-0{,}5$	$f_{-0{,}5}(x) = 2x - 0{,}5$
0	$f_0(x) = 2x$
1	$f_1(x) = 2x + 1$
$\sqrt{5}$	$f_{\sqrt{2}}(x) = 2x + \sqrt{5}$

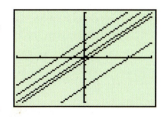

Der GTR kann Kurvenscharen zeichnen. Anstelle des Scharparameters t wird eine Liste der Werte des Scharparameters (in geschweiften Klammern) im Y = Editor eingegeben.

2. Die Geraden einer Geradenschar schneiden sich in dem Punkt $T\,(1/2)$. Wie lautet die Vorschrift der Schar?
Jede Gerade hat eine andere Steigung, wir bezeichnen sie mit t.
Mithilfe der Punkt-Steigungs-Form bestimmen wir die Gleichung.

$y - 2 = t \cdot (x - 1)$
$\quad y = tx + 2 - t$

Die gesuchte Funktionenschar hat die Vorschrift $f_t(x) = tx + 2 - 2$ mit $t \in \mathbb{R}$.
Es ist allerdings zu beachten, dass die Gerade mit der Gleichung $x = 1$, die ebenfalls durch T geht, durch obige Gleichung nicht erfasst wird.

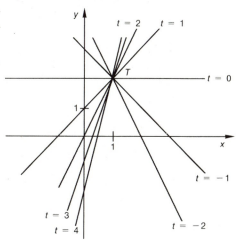

Der Scharparameter kann auf kompliziertere Weise in der Funktionsvorschrift auftreten, z.B.

$$f_t(x) = -\frac{t}{\sqrt{16-t^2}}x + \frac{16}{\sqrt{16-t^2}} \quad \text{mit} \quad t \in \,]-4;4[.$$

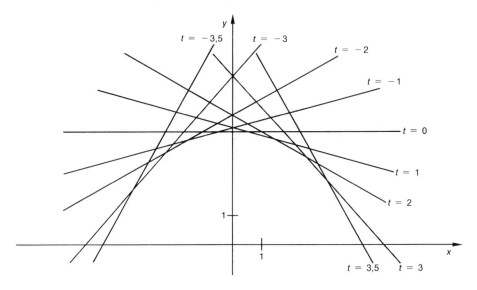

AUFGABEN

01   Zeichnen Sie die Geraden der Schar für $t \in \{-3; -2; 0; 1; 3\}$ in dasselbe Koordinatensystem und kontrollieren Sie Ihr Ergebnis mit dem GTR.

a) $g_t(x) = \frac{1}{2}x + t$ b) $g_t(x) = tx - 1$ c) $g_t(x) = tx - 2t + 1$

d) $g_t(x) = tx - \dfrac{t^2}{2}$ e) $f_t(x) = \dfrac{2t}{5-t}x$ f) $g_t(x) = \dfrac{t+4}{t+5}x + t$

02   Stellen Sie die Gleichung der Geraden durch $P(2/3)$ mit der Steigung $m = 4$ auf. Wie lautet die Gleichung der Geradenschar durch P mit der Steigung $m = t$? Setzen Sie $4; 3; 1; 0; -1; -2$ für t ein und zeichnen Sie die Geraden in ein Koordinatensystem.

03   Bestimmen Sie die Gleichung der Geradenscharen. Welche Werte darf der Scharparameter annehmen?

a) Alle Geraden mit der Steigung 2.   b) Alle Geraden mit der Steigung $-\frac{1}{2}$.

c) Alle Geraden, die senkrecht auf der Geraden mit der Gleichung $y = \frac{1}{3}x - 9$ stehen.

d) Alle Geraden, die die Gerade mit der Gleichung $y = -2x + 7$ senkrecht schneiden.

e) Alle Geraden, die nicht parallel zur y-Achse sind und durch $P(3/-1)$ verlaufen.

f)* Alle Geraden durch $P(-1/3)$, die die x-Achse rechts von $x_0 = 4$ schneiden.

g) Alle Geraden, deren Steigung kleiner als 5 ist und die durch $T(-2/-4)$ verlaufen.

h)* Alle Geraden, die nicht parallel zur y-Achse sind und durch den Umkreismittelpunkt U des Dreiecks AOC verlaufen. Es ist $A(0/4)$ und $C(6/0)$.

i)* Alle Geraden, die parallel zur Seite $\overline{AB}$ des Dreiecks ABC sind und das Dreieck in genau zwei Punkten schneiden. Es ist $A(1/2)$, $B(4/-1)$ und $C(3/1)$.

04* Eine Geradenschar g_t hat die Gleichung $y = -t\,x + t$ mit $t \in \mathbb{R}$. Bestimmen Sie den Schnittpunkt der Geraden für $t = 1$ und $t = 2$. Zeigen Sie, dass alle Geraden der Schar durch einen gemeinsamen Punkt gehen und bestimmen Sie dessen Koordinaten.

05 Für $a \neq 0$ sind die beiden Funktionenscharen f_a und g_a gegeben durch

$$f_a(x) = -\frac{1}{a^2}\,x + \frac{2}{a} \quad \text{und} \quad g_a(x) = \frac{1}{a^2}\,x$$

a) Zeichnen Sie die Graphen der beiden Funktionen für $a = 2$ in ein Koordinatensystem.

b) Die beiden Geraden aus a) und die x-Achse bilden ein Dreieck. Berechnen Sie seinen Flächeninhalt.

c) Berechnen Sie den Flächeninhalt für allgemeines a und interpretieren Sie das Ergebnis.

06 Eine Geradenschar hat die Vorschrift $g_t(x) = \dfrac{\sqrt{100 - t^2}}{t} \cdot x + \sqrt{100 - t^2}$.

Welche Werte sind für t zulässig? Wählen Sie für t alle zulässigen Werte, bei denen der Radikand eine Quadratzahl ist, und zeichnen Sie die Geraden.

3.8 Lineare Gleichungssysteme mit zwei Variablen

Während einer italienischen Woche bietet Paolas Pasta Shop eine Mischung von geriebenem Parmesankäse und geriebenem Pecorino, einem Hartkäse aus Schafsmilch, an. Ein Kilogramm Parmesan kostet 14,16 € und 1 kg Pecorino 8,85 €. Von der Mischung sollen 10 kg herstellt werden und ihr Kilopreis 10,62 € betragen. Wie viel Kilogramm Parmesan und Pecorino werden benötigt?

Diese Aufgabe enthält **zwei** Unbekannte, wir bezeichnen die gesuchte Menge Parmesan mit x und mit y die benötigte Menge Pecorino. Um zwei Unbekannte zu bestimmen, braucht man zwei Gleichungen.

Die erste Gleichung ergibt sich aufgrund der Mengenangaben:

$$x \text{ kg} + y \text{ kg} = 10 \text{ kg} \quad \text{oder kürzer} \quad x + y = 10.$$

Die Preisangaben führen zur zweiten Gleichung:

$$14,16\tfrac{€}{\text{kg}} \cdot x \text{ kg} + 8,85\tfrac{€}{\text{kg}} \cdot y \text{ kg} = 10,62\tfrac{€}{\text{kg}} \cdot 10 \text{ kg}$$

oder kürzer $14,16x + 8,85y - 106,2$.

Die gesuchten Werte für x und y müssen sowohl die erste als auch die zweite Gleichung lösen. Lineare Gleichungen, deren **gemeinsame** Lösungen gesucht sind, bilden ein lineares Gleichungssystem (LGS).
Wenn wir die erste Gleichung
$x + y = 10$ nach y auflösen, ergibt sich die Vorschrift einer linearen Funktion:

$y = -x + 10$.

Jedem Punkt P auf ihrem Schaubild entspricht eine Lösung der ersten Gleichung und jede ihrer Lösungen kann als Punkt auf der Geraden dargestellt werden.
Genauso können wir die zweite Gleichung $14{,}16x + 8{,}85y = 106{,}2$ nach y auflösen und erhalten ebenso eine Geradengleichung: $y = -1{,}6x + 12$.

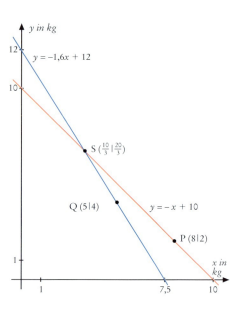

Jedem Punkt Q auf dieser Geraden entspricht eine Lösung der zweiten Gleichung und umgekehrt.
Der Schnittpunkt $S\left(\frac{10}{3}/\frac{20}{3}\right)$ der beiden Geraden ist also sowohl eine Lösung der ersten als auch der zweiten Gleichung, also die gesuchte Lösung des linearen Gleichungssystems. Man benötigt also ca. 3,333 kg Parmesan und ca. 6,667 kg Pecorino für die Käsemischung.

Wir konnten in obigem Beispiel jeder der beiden Gleichungen eine Gerade zuordnen. Der Schnittpunkt der beiden Geraden ist die einzige gemeinsame Lösung der beiden Gleichungen. Die Lösungsmenge dieses LGS enthält genau ein Element: $L = \left\{\left(\frac{10}{3}/\frac{20}{3}\right)\right\}$.

Neben eindeutig lösbaren linearen Gleichungssystemen sind noch zwei weitere Fälle möglich:

1. Die beiden Geraden schneiden sich nicht, die Lösungsmenge des entsprechenden Gleichungssystems ist die **leere Menge**.

   $3x + 9y = 9$ (1)
   $2x + 6y = 0$ (2)

   $L = \{\}$

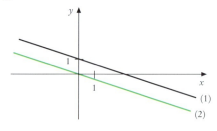

2. Die beiden Geraden fallen zusammen.
Die Lösungsmenge des Gleichungssystems
stimmt mit der Lösungsmenge jeder der
beiden Gleichungen überein. Sie ist eine
unendliche Teilmenge von $\mathbb{R} \times \mathbb{R}$.

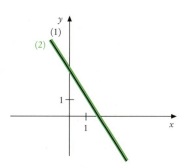

$$3x + 2y = 6 \qquad (1)$$
$$6x + 4y = 12 \qquad (2)$$

$$L = \{(x/y)|(x/y) \in \mathbb{R} \times \mathbb{R} \wedge y = -\tfrac{3}{2}x + 3\}$$

Außer der Möglichkeit, die Lösungsmenge eines linearen Gleichungssystems auf
grafischem Weg durch Zeichnen der beiden Geraden zu bestimmen, gibt es mehrere rechnerische Verfahren. Hier werden folgende besprochen.

- Einsetzungsverfahren
- Gleichsetzungsverfahren
- Additionsverfahren

Beim **Einsetzungsverfahren** wird eine Gleichung nach einer Variablen aufgelöst.
Der so erhaltene Ausdruck wird in die zweite Gleichung eingesetzt.

MUSTERAUFGABEN

01

$$x - \tfrac{1}{2}y = 7 \qquad\qquad\qquad (1)$$
$$-3x - y + 11 = 0 \qquad\qquad\qquad (2)$$

Aus (2) folgt:
$$y = -3x + 11 \qquad (3)$$
(3) in (1) einsetzen:
$$x - \tfrac{1}{2} \cdot (-3x + 11) = 7$$
$$\tfrac{5}{2}x = \tfrac{25}{2}$$
$$x = 5 \qquad (4)$$
(4) in (3) einsetzen:
$$y = -3 \cdot 5 + 11 = -4$$
$$L = \{(5/-4)\}$$

02

$$3x + 2y = 6 \qquad\qquad (1)$$
$$6x + 4y = 12 \qquad\qquad (2)$$

Aus (1) folgt:
$$x = 2 - \tfrac{2}{3}y \qquad (3)$$
(3) in (2) einsetzen:
$$6 \cdot (2 - \tfrac{2}{3}y) + 4y = 12$$
$$12 - 4y + 4y = 12$$
$$12 = 12$$

Es handelt sich um den dritten der oben besprochenen Fälle. In der grafischen
Darstellung fallen die beiden Geraden zusammen. Bei der rechnerischen Lösung
ergibt sich eine Gleichung, die allgemeingültig ist.
Die Lösungsmengen der beiden Gleichungen sind identisch und jeweils Lösungsmenge des Gleichungssystems.

$$L = \{(x/y)|(x/y) \in \mathbb{R} \times \mathbb{R} \wedge y = -\tfrac{3}{2}x + 3\}$$

Das **Gleichsetzungsverfahren** ist ein Spezialfall des Einsetzungsverfahrens. Beide
Gleichungen werden nach derselben Variablen aufgelöst. Die entstehenden Aus-
drucke werden gleichgesetzt. Wir verwendeten es bereits in Abschnitt 3.5 bei der
Berechnung des Schnittpunktes zweier Geraden.

MUSTERAUFGABE

$$-x - 2y = \tfrac{20}{3} \qquad (1)$$
$$3x - 6y = 4 \qquad (2)$$

Aus (1) folgt: $\qquad\qquad y = -\tfrac{1}{2}x - \tfrac{10}{3} \qquad (3)$

Aus (2) folgt: $\qquad\qquad y = \tfrac{1}{2}x - \tfrac{2}{3} \qquad (4)$

(3) und (4) gleichsetzen: $\qquad -\tfrac{1}{2}x - \tfrac{10}{3} = \tfrac{1}{2}x - \tfrac{2}{3}$

$$x = -\tfrac{8}{3} \qquad (5)$$

(5) in (3) oder (4) einsetzen: $\qquad y = -2$

$$L = \{(-\tfrac{8}{3}/-2)\}$$

Beim **Additionsverfahren** werden eine oder beide Gleichungen des Gleichungs-systems mit geeigneten Zahlen multipliziert, so dass sich beim anschließenden Addieren der beiden Gleichungen die beiden Summanden mit x oder die beiden Summanden mit y gegenseitig aufheben.

Das ist immer möglich, wie folgendes Beispiel zeigt.

Die beiden Gleichungen des LGS sind

$$3x + 2y = 9$$
$$7x + 9y = 8$$

Das Wievielfache der ersten Gleichung muss zur zweiten addiert werden, damit x herausfällt?

Um das herauszufinden, teilt man zuerst die erste Gleichung durch den Koeffizienten von x, multipliziert sie dann mit dem Koeffizienten von x aus der zweiten Gleichung und achtet schließlich noch auf entgegengesetzte Vorzeichen.

$$3x \xrightarrow{} 1x \xrightarrow{} 7x \xrightarrow{} -7x$$
$$\qquad :3 \qquad\quad \cdot 7 \qquad\quad \text{Vorzeichen}$$
$$\cdot\left(-\tfrac{7}{3}\right)$$

Beim Addieren der beiden Gleichungen heben sich die Summanden mit x auf. Entsprechend ist zu verfahren, wenn sich anstelle der x-Summanden diejenigen mit y aufheben sollen.

MUSTERAUFGABEN

01
$$3x + 6y = 12 \qquad (1)$$
$$2x - 2y = 2 \qquad (2)$$

Beim Addieren soll x herausfallen. Man multipliziert Gleichung (1) mit $-\tfrac{2}{3}$ (x-Ko-effizient von Gleichung (2) dividiert durch x-Koeffizienten von Gleichung (1) mit negativem Vorzeichen).

$-\tfrac{2}{3}\cdot(1)$
$$-2x - 4y = -8 \qquad (3)$$
$$2x - 2y = 2 \qquad (2)$$

$(3) + (2)$
$$-6y = -6$$
$$y = 1 \qquad (4)$$

(4) in (1) eingesetzt ergibt: $\qquad x = 2$

$$L = \{(2/1)\}$$

02

$$
\begin{array}{lrll}
 & 3x + 9y = & 9 & (1) \\
 & 2x + 6y = & 0 & (2) \\
\hline
-\tfrac{2}{3} \cdot (1) & -2x - 6y = & -6 & (3) \\
 & 2x + 6y = & 0 & (2) \\
\hline
(3) + (2) & 0 = & -6 &
\end{array}
$$

Dieses lineare Gleichungssystem, es handelt sich um den ersten Fall des Einführungsbeispiels (vgl. Seite 92), ist unlösbar. Die beiden Geraden, die jeweils die Lösungsmenge einer Gleichung darstellen, haben keinen gemeinsamen Punkt. Sie verlaufen parallel.

Im Verlauf der Rechnung ergibt sich eine unlösbare Gleichung: $L = \{\ \}$.

AUFGABEN

01 Bestimmen Sie zeichnerisch die Lösungsmenge des linearen Gleichungssystems mit zwei Variablen.

a) $y = \tfrac{1}{3}x - \tfrac{1}{3}$
   $y = -2x - 5$

b) $y - 1 = -\tfrac{1}{2}x + \tfrac{1}{2}$
   $y = x$

c) $2x - 2y - 5 = 0$
   $x + y + \tfrac{3}{2} = 0$

d) $-2x + y - 7 = 0$
   $-x - y + 1 = 0$

02 Lösen Sie das Gleichungssystem mit dem Gleichsetzungsverfahren.

a) $2y - 54 = 0{,}3x - y$
   $-y + 2x = 1$

b) $4y - 4 = x + 4$
   $\tfrac{1}{3}y - \tfrac{2}{3} = \tfrac{1}{12}x + \tfrac{1}{3}$

c) $y - 13 = 2x$
   $x + 9 = 2y$

d) $y + 2x - 1 = -y - 2x$
   $y - 1 = -2x - \tfrac{1}{2}$

03 Bestimmen Sie die Lösungsmenge mit dem Einsetzungsverfahren.

a) $-\tfrac{2}{7}x - 2y = \tfrac{6}{7}$
   $x + 7y = -3$

b) $-\tfrac{4}{3}x + \tfrac{1}{3}y = \tfrac{3}{8}$
   $\tfrac{4}{7}x + \tfrac{1}{7}y = -\tfrac{1}{8}$

c) $\tfrac{1}{3}y - 2 = \tfrac{2}{3}x$
   $x + 6 = y$

d) $5x + 5y = 15x + 1$
   $\tfrac{1}{2}y + 1 = x$

e) $-21x + 52 = 7y$
   $y - 6 = 7x$

f) $6x - 3y + \tfrac{41}{4} = 0$
   $24x - 8y + \tfrac{91}{3} = 0$

04 Bestimmen Sie unter Verwendung des Additionsverfahrens die Lösungsmenge des linearen Gleichungssystems mit zwei Variablen.

a) $3x_1 + 2x_2 = -4$
   $4x_1 - \tfrac{3}{2}x_2 = 1$

b) $-5x_1 + 2x_2 = 3$
   $-2x_1 + 0{,}8x_2 = 1{,}6$

c) $\tfrac{1}{8}x_1 + \tfrac{1}{3}x_2 = \tfrac{1}{5}$
   $-\tfrac{3}{5}x_1 + \tfrac{1}{6}x_2 = 0$

d) $\tfrac{1}{3}x_1 - 2x_2 = \tfrac{1}{7}$
   $\tfrac{7}{4}x_1 - \tfrac{23}{2}x_2 = \tfrac{3}{4}$

e) $-2y - 1 = -5x + 30 - 3y$
   $2y + x - 2 = 5x - 24$

f) $3x + y = 11$
   $2y - 11 = -2x + 3$

g) $15y - 2 = 3x + 8$
   $y + \tfrac{1}{3} = \tfrac{1}{5}x + 1$

h) $2x - 5y - 15 = 0$
   $\tfrac{5}{2}y = x - \tfrac{1}{2}$

05* Bestimmen Sie die Lösungsmenge der folgenden Gleichungssysteme.

a) $\dfrac{2x-1}{2x-5} = \dfrac{3y-1}{3y-3}$

$\dfrac{5y-2}{5x-3} = \dfrac{2}{3}$

b) $\dfrac{x-2}{2y+2} = \dfrac{x+1}{2y-3}$

$\dfrac{2y-3}{x+1} = \dfrac{2y+2}{x-2}$

c) $\dfrac{3x+2}{y+1} = \dfrac{6x+5}{2y+1}$

$-2x+3 = 4x+2y+1$

06 Bestimmen Sie die Lösungsmenge folgender Gleichungssysteme durch **Substitution**. Ersetzen Sie z.B. $\dfrac{1}{x}$ durch u und $\dfrac{1}{y}$ durch v. Lösen Sie zuerst nach u und v und anschließend nach x und y auf.

a) $\dfrac{2}{x} - \dfrac{1}{y} = 2$

$\dfrac{1}{x} + \dfrac{1}{y} = 10$

b) $\dfrac{3}{x-2} - \dfrac{7}{y} = 19$

$\dfrac{4}{x-2} - \dfrac{1}{y} = 17$

c) $\dfrac{2}{x-1} + \dfrac{1}{y+2} = 0$

$\dfrac{9}{x-1} + \dfrac{-1}{y+2} = -11$

07 Welche Werte müssen a und b annehmen, wenn das Gleichungssystem

a) $y = 2ax - 2ab$
$y = -3bx + (4 - 4a)$

b) $y = 2ax + 4b + 8,5$
$y = (3bx + 8,5) \cdot x - 3a$

unendlich viele Lösungen haben soll?

08 Geben Sie ein lineares Gleichungssystem mit zwei Variablen an, dessen Lösungsmenge

a) leer ist,   b) unendlich viele Elemente enthält.

09 Bestimmen Sie die Lösungsmenge der linearen Gleichung $a_1 x + b_1 y = c_1$ wenn gilt

a) $a_1 = 0$, $b_1 = 0$ und $c_1 \neq 0$ b) $a_1 = 0$, $b_1 = 0$ und $c_1 = 0$

10 Addiert man jeweils das Dreifache einer natürlichen Zahl und der nächstgrößeren ganzen Zahl ergibt sich 15. Wie lauten die beiden Zahlen?

11 Vermindert man zwei Zahlen jeweils um 1, verhalten sie sich wie 4 zu 5. Vermehrt man beide Zahlen jeweils um 1, ist ihr Verhältnis 5 zu 6. Wie lauten die beiden Zahlen?

12 Die Summe zweier Zahlen beträgt 87. Dividiert man die erste durch die zweite, so erhält man 5 Rest 9. Wie heißen die beiden Zahlen?

13 Für 30,00 € bekommt man 20 Nelken und 8 Rosen oder 10 Nelken und 16 Rosen. Was kostet eine Nelke und was eine Rose?

14 Aus 40%igem und 75%igem Spiritus sollen 250 l 65%iger Spiritus hergestellt werden. Wie viel Liter von jeder Sorte werden gebraucht?

15 Zwei Liter Salzsäure von unbekannter Konzentration (angegeben in Prozent) werden mit 70%iger Salzsäure vermischt. Es ergibt sich eine Säure von 58%. Nimmt man von der ersten Säure die doppelte Menge, von der zweiten die dreifache, so erhält an eine Säure von 60%. Wieviel prozentig ist die erste Säure?

16 Ein Motorboot fährt auf der Donau gegen die Strömung 9,5 km/h über Grund und mit der Strömung 15,8 km/h über Grund. Welche Geschwindigkeit hat die Strömung? Welche Geschwindigkeit hätte das Boot in stehendem Wasser?

17 Eine Autokolonne auf einer Autobahn wird von einem Hubschrauber zweimal überflogen. Bei einer mittleren Geschwindigkeit von 144 km/h benötigt er $6\frac{2}{3}$ min, um die Kolonne in Fahrtrichtung zu überfliegen, und 4 min in der Gegenrichtung. Wie lang ist die Kolonne und mit welcher mittleren Geschwindigkeit ist sie unterwegs?

18 Ein Supermarkt bezieht Lebensmittel und Non-Food-Artikel zum Nettopreis von zusammen 1000,00 €. Für die Lebensmittel sind 7 %, für die Non-Food-Artikel 19 % Mehrwertsteuer zu bezahlen. Der Endpreis beträgt 1 100,48 €.
Für welchen Betrag (ohne MwSt) wurden Lebensmittel, für welchen Non-Food-Artikel gekauft?

19 Ein Kaufmann hat zwei Darlehen vergeben, von denen das eine mit 7 % und das andere mit 7,5 % verzinst wird. Er erhält am Ende des Jahres 365,00 € Zinsen. Hätte er jeweils einen um 1 % höheren Zinssatz verlangt, würde er 50,00 € mehr Zinsen bekommen. Wie hoch sind die beiden Darlehen?

20 Für eine Sportveranstaltung wurden von den zur Verfügung stehenden 1 000 Sitz- und 5 000 Stehplätzen 600 Sitz- und 2 000 Stehplätze im Vorverkauf verkauft. Die Einnahme betrug 20 600,00 €. Am Tag der Veranstaltung, an dem jede Karte 1,00 € mehr kostet, werden 19 600,00 € eingenommen. 100 Sitz- und 1 000 Stehplätze bleiben unverkauft.
Was kosten die Karten im Vorverkauf?

3.9 Lineare Gleichungssysteme mit drei und mehr Variablen

In diesem Abschnitt soll ein Verfahren entwickelt werden, das das Lösen von linearen Gleichungssystemen mit drei und mehr Variablen ermöglicht. Es soll dabei aber vorausgesetzt werden, dass das Gleichungssystem stets eine Lösungsmenge mit genau einem Element hat. Das entspricht bei linearen Gleichungssystemen mit zwei Variablen dem Fall der beiden sich schneidenden Geraden.

Im Prinzip könnte man umfangreiche lineare Gleichungssysteme (z.B. solche mit 2 000 und mehr Gleichungen und ebenso vielen Variablen) mit dem Einsetzungsverfahren lösen. Nur wird die Rechnung meist langwieriger, so dass man davon Abstand nimmt. Das Additionsverfahren dagegen lässt sich sehr gut auf lineare Gleichungssysteme mit mehreren Variablen übertragen. Es ist auch für Computer geeignet.

Wir bezeichnen die Lösungsvariablen mit x, y und z. Hat man das Gleichungssystem durch Äquivalenzumformungen auf nachstehende Form gebracht, lässt sich seine Lösungsmenge gut bestimmen.

$$
\begin{aligned}
x + \quad y + 5z &= 13 \quad &(1) \\
-4y - 2z &= 10 \quad &(2) \\
3z &= 9 \quad &(3)
\end{aligned}
$$

Man nennt diese Form eines Gleichungssystems **Dreiecksform**[1]. Beim linearen Gleichungssystem mit zwei Variablen ergab sich am Ende ebenfalls Dreiecksform, nachdem aus einer Gleichung eine Lösungsvariable herausgefallen war.

---

1 Ausführlich müsste man schreiben:

$$
\begin{aligned}
x + \quad y + 5z &= 13 \quad &(1) \\
0 \cdot x - 4y - 2z &= 10 \quad &(2) \\
0 \cdot x + 0 \cdot y + 3z &= 9 \quad &(3)
\end{aligned}
$$

Da aus dem Zusammenhang hervorgeht, dass in den Gleichungen drei Variable auftreten, wird auf das Mitführen der Summanden $0 \cdot x$ und $0 \cdot y$ verzichtet.

Aus Gleichung (3) folgt sofort: $\qquad z = 3$

Setzt man diese Lösung in (2) ein, erhält man eine Gleichung mit einer Unbekannten:

$$-4\,y - 6 = 10$$
$$y = -4$$

Nachdem z und y bekannt sind, lässt sich x aus (1) berechnen:

$$x - 4 + 15 = 13$$
$$x = 2$$

Die Lösung des LGS ist $x = 2$, $y = -4$, $z = 3$.

Man sagt auch: Die Lösungsmenge des Gleichungssystems ist $L = \{(2/-4/3)\}$.

Die Lösung eines Gleichungssystems in Dreiecksform ist **eindeutig bestimmt** (d.h. es gibt genau eine Lösung), wenn der Koeffizient von x in der ersten Gleichung, von y in der zweiten Gleichung und von z in der dritten Gleichung ungleich null ist.

Leider liegen Gleichungssysteme nur selten in Dreiecksform vor. Sie müssen erst durch Äquivalenzumformungen auf Dreiecksform gebracht werden.

Satz 3.4[1] (*Äquivalenzumformungen*)

Folgende drei Umformungen eines Gleichungssystems sind **Äquivalenzumformungen:**

1. Die Reihenfolge der Gleichungen des Systems kann geändert werden.
2. Gleichungen können mit Zahlen ungleich null multipliziert werden.
3. Zu einer Gleichung kann ein Vielfaches einer anderen Gleichung addiert werden.

MUSTERAUFGABE

Mithilfe der genannten Äquivalenzumformungen soll nachstehendes Gleichungssystem auf Dreiecksform gebracht werden. Die Nummern im Text und **vor** den Gleichungen beziehen sich jeweils auf das unmittelbar vorangehende System.

$$
\begin{aligned}
x + y + 5z &= 13 \quad (1)\\
-2x - 6y - 12z &= -16 \quad (2)\\
3x - 13y + 13z &= 97 \quad (3)
\end{aligned}
$$

Man wählt eine Gleichung aus, die **Eliminationsgleichung**[2], und eliminiert damit aus den übrigen Gleichungen eine Unbekannte. Als Eliminationsgleichung wählen wir die erste Gleichung und addieren ihr

1. 2faches zur Gleichung (2);
2. −3faches zur Gleichung (3).

Diese verbalen Handlungsvorschriften schreiben wir jetzt und später in Kurzform als Hinweis (grün unterlegt) vor die neuen Gleichungen. Es hat sich bewährt, die Nummern der Gleichungen unverändert zu lassen, die Nummern in den Hinweisen beziehen sich immer auf das unmittelbar vorangehende System.

---

1 Dieser Satz gilt selbstverständlich auch für lineare Gleichungssysteme mit zwei Variablen. Wir hatten ihn auch verwendet, aber nicht ausdrücklich formuliert.

2 von eliminare (lat), hinauswerfen

$$
\begin{aligned}
& & x + \quad y + 5z &= 13 & (1)\\
2\cdot(1)+(2) & & -\ 4y - 2z &= 10 & (2)\\
-3\cdot(1)+(3) & & -\ 16y - 2z &= 58 & (3)
\end{aligned}
$$

Aus den Gleichungen (2) und (3) ist die Lösungsvariable x herausgefallen. Wir wählen aus diesen beiden Gleichungen eine neue Eliminationsgleichung. Gleichung (1) kommt nicht infrage, da nach der Addition eines Vielfachen von ihr wieder die Variable x auftauchen würde. Hier bietet es sich an, das -4fache von Gleichung (2) zu Gleichung (3) zu addieren.

$$
\begin{aligned}
& & x + \quad y + 5z &= 13 & (1)\\
& & -\ 4y - 2z &= 10 & (2)\\
-4\cdot(2)+(3) & & 6z &= 18 & (3)
\end{aligned}
$$

Multipliziert man Gleichung (3) noch mit 0,5, erhält man das Gleichungssystem, dessen Lösung bereits berechnet wurde.

Dieses Verfahren zur Lösung von linearen Gleichungssystemen heißt **Gauß'sches Eliminationsverfahren** oder **Gauß'scher Algorithmus**[1].

Carl Friedrich Gauß (1777–1855), genialer dt. Mathematiker, Astronom und Physiker. Gauß wurde bereits zu Lebenszeiten als Princeps mathematicorum (Fürst der Mathematik) bezeichnet. Er war auf dem letzten 10-DM-Schein abgebildet.

Die Vorgehensweise ist beim Gauß'schen Eliminationsverfahren nicht eindeutig bestimmt. Es wäre möglich gewesen, andere Gleichungen als Eliminationsgleichungen zu wählen. Die Wahl der Eliminationsgleichung versucht man so vorzunehmen, dass das Ergebnis der jeweiligen Umformung, d.h. die Gleichung des neuen Systems, möglichst einfach ist.

Das Gauß'sche Eliminationsverfahren kann selbstverständlich auch zur Lösung von linearen Gleichungssystemen mit mehr Gleichungen und mehr Variablen verwendet werden. Wir werden uns in den nächsten beiden Jahren noch ausführlich damit beschäftigen.

AUFGABEN

01 Bestimmen Sie die Lösungsmenge des linearen Gleichungssystems.

a)
$$
\begin{aligned}
x_1 - x_2 - 12x_3 \qquad\qquad &= 3\\
\tfrac{1}{8}x_2 + \tfrac{3}{4}x_3 - \tfrac{1}{16}x_4 &= 2\\
-3x_3 + 7x_4 &= 9\\
2x_4 &= 0
\end{aligned}
$$

b)
$$
\begin{aligned}
9x_1 + 2x_2 - x_3 + 3x_4 - 4x_5 &= 15\\
3x_2 + 4x_3 - 7x_4 + 6x_5 &= 17\\
\tfrac{1}{4}x_5 &= \tfrac{1}{2}\\
-x_3 + x_5 &= 0\\
2x_4 - 5x_5 &= -10
\end{aligned}
$$

---

1 Schematisches Rechenverfahren zur Lösung eines bestimmten Problems (nach dem Namen des persisch-arabischen Schriftstellers Ibn Musa Al-Chwarizmi, um 825).

02   Bestimmen Sie die Lösungsmenge des linearen Gleichungssystems.

a)
$$2x_1 + 4x_2 + 3x_3 = 1$$
$$4x_1 + 6x_2 + 7x_3 = -5$$
$$-6x_1 - 10x_2 - 6x_3 = -8$$

b)
$$2x_1 + 3x_2 - 5x_3 = -4$$
$$4x_1 + 8x_2 - 5x_3 = -12$$
$$x_1 - 2,5x_2 + 5,5x_3 = 6$$

c)
$$3x_1 + 5x_2 + 4x_3 = 2$$
$$-x_1 + 10x_2 + 6x_3 = -8$$
$$6x_1 - 5x_2 + 2x_3 = 10$$

d)
$$5x_1 - x_2 + 11x_3 + x_4 = 115$$
$$2x_1 + x_2 - 2x_3 = -23$$
$$5x_1 + 3x_2 + 16x_3 - 2x_4 = 174$$
$$4x_1 - x_2 + 2x_4 = -5$$

e)
$$4x_1 + 6x_2 + 8x_3 = 28$$
$$2x_1 + 2x_2 + 2x_3 = 10$$
$$3x_1 - 2x_2 - 3x_3 = 7$$

f)
$$-3x_2 + 5x_4 = -31$$
$$-x_1 + x_2 + 4x_3 = 14$$
$$x_1 + 2x_2 - 2x_3 + 4x_4 = 5$$
$$2x_1 - 4x_2 + 4x_3 - 11x_4 = -4$$

g)
$$12x_1 - 9x_2 + 12x_3 = 36$$
$$-2x_1 - x_2 + 2x_3 = -2$$
$$-8x_1 + 4x_2 - 8x_3 = -24$$

03*   Neun ganze Zahlen, die alle verschieden sind, kann man in drei Zeilen und drei Spalten anordnen. Ist die Summe der Zahlen in jeder der drei Zeilen und in jeder der drei Spalten und in jeder der beiden Diagonalen gleich, nennt man die Anordnung ein magisches Quadrat. Ergänzen Sie die fehlenden Zahlen so, dass sich ein magisches Quadrat ergibt.

8	1	
	5	7
4		

04   Teilt man eine dreiziffrige Zahl durch 7, ist das Ergebnis um 12 größer als die Quersumme dieser Zahl. Die erste Ziffer ist um 2 kleiner als die zweite, während die dritte Ziffer das 3fache der ersten ist.
Wie heißt die dreiziffrige Zahl?

05   Willi Weiß besitzt Bundesanleihen, deren Nennwert zusammen 20 000,00 € beträgt. Sie werden mit 4 %, 5 % und 6,5 % jährlich verzinst. Pro Jahr erhält er 995,00 € Zinsen. Er besitzt für 1 000,00 € mehr 6,5 %ige Bundesanleihen als 4 %ige.
Wie groß ist der Nominalwert der drei Arten von Bundesanleihen, die er besitzt!

06   An der Schokoladenfabrik Schwarz OHG sind neben Othello Schwarz noch sein Vater Egon Schwarz und Wunibald Wunder beteiligt. Zur Verteilung des Gewinns haben sie folgende Regelung getroffen: Othello Schwarz erhält dreimal so viel wie Wunibald Wunder und 60 % mehr als sein Vater.
Im Jahr 2006 beträgt der Gewinn 120 000,00 €. Wie viel erhält jeder?

07   Zwei Beträge zu 50 000,00 € und 30 000,00 € sind zu verschiedenen Zinssätzen geliehen und erfordern jährlich 3 850,00 € Zinsen. Später werden die Darlehen von einer Hypothekenbank übernommen. Dabei wird für beide Darlehen ein gemeinsamer neuer Zinssatz festgelegt. Dadurch werden jährlich 650,00 € Zinsen eingespart. Der alte Zinssatz für die 50 000,00 € lag 0,5 % über dem neuen der Hypothekenbank.
Wie hoch sind die Zinssätze?

08 In der Rätselecke einer Zeitschrift stand die Aufgabe:

a) Welcher Zahl entsprechen die Symbole Fahne, Fahrrad und Sonne?

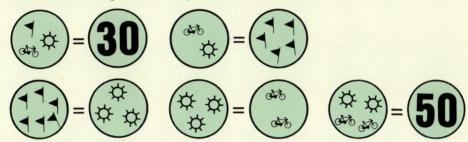

b) Könnte man auch Gleichungen weglassen?

3.10 Abschnittsweise definierte Funktionen

Nicht jede Funktion kann durch Angabe **einer** Funktionsgleichung und des Definitionsbereichs beschrieben werden. Ist eine Funktion auf Teilmengen des Definitionsbereiches durch unterschiedliche Funktionsvorschriften erklärt, heißt sie **abschnittsweise definierte Funktion**.

BEISPIELE

1. Eine Wetterstation misst an den sieben Tagen einer Woche die tägliche Sonnenscheindauer (in Stunden):

Tag der Woche x	Sonnenscheindauer $f(x)$ (in Stunden)
1 (Montag)	7
2 (Dienstag)	6
3 (Mittwoch)	7
4 (Donnerstag)	0
5 (Freitag)	4
6 (Samstag)	9
7 (Sonntag)	5

oder

$$f(x) = \begin{cases} 7 & \text{für } x = 1 \\ 6 & \text{für } x = 2 \\ 7 & \text{für } x = 3 \\ 0 & \text{für } x = 4 \\ 4 & \text{für } x = 5 \\ 9 & \text{für } x = 6 \\ 5 & \text{für } x = 7 \end{cases}$$

2. Das Briefporto ist abhängig von der Masse des Briefes:

Die wichtigsten Postgebühren

Inland	€
Standardbrief bis 20 g	0,55
Kompaktbrief	
über 20 bis 50 g ...	0,95
Großbrief über 50 bis 500 g ...	1,45
Maxibrief über 500 bis 1000 g ...	2,20

$$\text{oder } f(x) = \begin{cases} 0{,}55,\ € & \text{für} & 0\ g < x \le 20\ g \\ 0{,}95,\ € & \text{für} & 20\ g < x \le 50\ g \\ 1{,}45,\ € & \text{für} & 50\ g < x \le 500\ g \\ 2{,}20,\ € & \text{für} & 500\ g < x \le 1000\ g \end{cases}$$

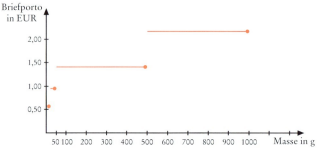

3. Schokoladenfabrikant Othello Schwarz bietet im Sonderangebot Mohrenköpfe an. Bei Abnahme von mehr als 1 000 Kartons gibt er 20 % Naturalrabatt[1], bei Abnahme von mehr als 300 und höchstens 1 000 Kartons 10 % Naturalrabatt. Wie viel Kartons $M(x)$ bekommt ein Großhändler geliefert, wenn er x Kartons bezahlt?

$$M(x) = \begin{cases} x & \text{für} & 0 \le x \le 300 \\ x + 0{,}1\,x & \text{für} & 300 < x \le 1000 \\ x + 0{,}2\,x & \text{für} & 1000 < x \end{cases}$$

1 Der Rabatt wird nicht in bar, sondern durch die kostenlose Draufgabe einer zusätzlichen Menge der bestellten Artikel gegeben.

4. $f(x) = \begin{cases} x + 3 & \text{für} & x < -2 \\ -x^2 + 5 & \text{für} & -2 \le x \le 1 \\ 5x - 1 & \text{für} & 1 < x \end{cases}$

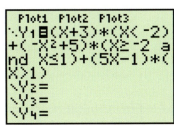 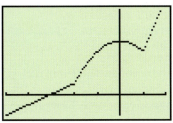

Die Eingabe einer abschnittsweise definierten Funktion ist entsprechend dem Beispiel vorzunehmen. Als Grafikstil sollte „Punkt (·.)" gewählt werden.

5. Die **Signumfunktion** (Vorzeichenfunktion)
   Die Vorschrift der Signumfunktion ist

   $f(x) = \text{sgn}(x) = \begin{cases} -1 & \text{für} & x < 0 \\ 0 & \text{für} & x = 0 \\ 1 & \text{für} & x > 0 \end{cases}$

   (gelesen: Signum von x)

6. Die **Gaußklammer** $[x]$
   $[x]$ bedeutet die größte ganze Zahl, die kleiner oder gleich x ist.
   Zum Beispiel ist $[3] = 3$; $[2{,}6] = 2$; $[-3] = -3$; $[-3{,}2] = -4$.
   Beispiel aus dem Alltag sind Altersangaben.

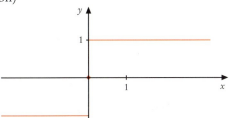

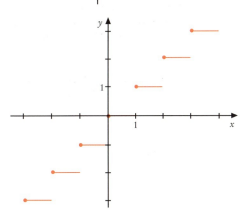

7. Die **Nachkommastellen-Funktion**
   Die nicht einheitlich bezeichnete Funktion (fpart auf dem TI-83/84) ordnet jeder Zahl x ihren Nachkommawert fpart(x) mit dem gleichen Vorzeichen zu,
   z.B. ist fpart(3,6845) = 0,6845 und fpart(−2,314) = −0,314.

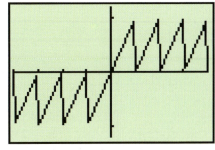

8. **Die Betragsfunktionen**

Die Funktion f mit

$$f(x) = |x| \text{ bzw. } f(x) = \begin{cases} -x & \text{für } x < 0 \\ x & \text{für } x \geq 0 \end{cases}$$

heißt **Betragsfunktion**.

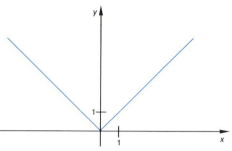

Betragsfunktionen wie f mit $f(x) = |x - 2| + 1$ können abschnittsweise definiert werden, indem man
- Betragsstriche durch Klammern () ersetzt, wenn ihr Inhalt nichtnegativ ist;
- Betragsstriche durch Klammern mit vorangehendem Minuszeichen $-$ () ersetzt, wenn ihr Inhalt negativ ist.

BEISPIEL

$$\begin{aligned} f(x) &= |x - 2| + 1 \\ &= \begin{cases} -(x - 2) + 1 & \text{für } x - 2 < 0 \\ (x - 2) + 1 & \text{für } x - 2 \geq 0 \end{cases} \\ &= \begin{cases} -x + 3 & \text{für } x < 2 \\ x - 1 & \text{für } x \geq 2 \end{cases} \end{aligned}$$

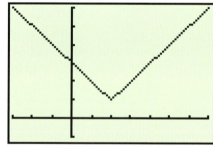

Die Betragsfunktion wird auf dem GTR abs (von absoluter Betrag) genannt. Man findet sie z. B. im Katalog.

AUFGABEN

01   Zeichnen Sie den Graphen der Funktion f für $-4 \leq x \leq 5$. Berechnen Sie seine Schnittpunkte mit der x-Achse. Kontrollieren Sie das Ergebnis anhand der Zeichnung.

a) $f(x) = \begin{cases} \frac{1}{2}x & \text{für } x \leq 2 \\ x - 1 & \text{für } x > 2 \end{cases}$

b) $f(x) = \begin{cases} \frac{1}{2}x & \text{für } x \leq 2 \\ x - 2 & \text{für } x > 2 \end{cases}$

c) $f(x) = \begin{cases} x & \text{für } x \leq 1 \\ \frac{1}{x} & \text{für } x > 1 \end{cases}$

d) $f(x) = \begin{cases} -\frac{1}{2}x & \text{für } x < -2 \\ 1 & \text{für } -2 \leq x \leq 2 \\ x - 1 & \text{für } x > 2 \end{cases}$

e) $f(x) = \begin{cases} 2x - 4 & \text{für } x \leq -2 \\ x^3 & \text{für } -2 < x \leq 1 \\ -x + 2 & \text{für } x > 1 \end{cases}$

f) $f(x) = \begin{cases} -x^2 & \text{für } x \leq 0 \\ x^2 & \text{für } x > 0 \end{cases}$

02 Zeichnen Sie den Graphen der Funktion f mit

a) $f(x) = |x| + x$ im Intervall $[-2; 3]$ 　　 b) $f(x) = x \cdot |x|$ im Intervall $[-4; 2]$

c) $f(x) = \begin{cases} 1 & \text{für } x \le 5 \\ -1 & \text{für } x > 5 \end{cases}$ 　　 d) $f(x) = \text{sgn}(|x|)$ im Intervall $[-5; 5]$

e) $f(x) = \begin{cases} x^2 & \text{für } -3 \le x \le 1 \\ \frac{1}{x} & \text{für } 1 < x \le 4 \end{cases}$ 　　 f) $f(x) = \frac{1}{2} \cdot |x^3| + 1$ im Intervall $[-2{,}5; 2]$

g) $f(x) = \dfrac{1}{|x|}$ für $x \ne 0$ 　　 h) $f(x) = (|x|)^3$ im Intervall $[-2{,}5; 2{,}5]$

03 Geben Sie die Funktionsvorschrift der Funktion f in der abschnittsweise definierten Schreibweise an, bestimmen Sie die Nullstellen und zeichnen Sie den Graphen.

Hinweis: Lösen Sie geschachtelte Beträge von innen nach außen auf.

a) $f(x) = |x + 1|$ 　　　　　　　　　 b) $f(x) = |-x| + 2$

c) $f(x) = -|x - 2| - 1$ 　　　　　　 d) $f(x) = \frac{1}{2} \cdot |-x - 1|$

e) $f(x) = 2|x - 2| + 3$ 　　　　　　 f) $f(x) = -|3x + 4| - 1$

g)* $f(x) = |x + 1 + |x|| - 1$ 　　　　 h) $f(x) = |x| + |x|$

i)* $f(x) = |x + 2| + |x - 2|$ 　　　　 j) $f(x) = |x| \cdot x + x^2$

04 Bestimmen Sie zeichnerisch und rechnerisch die Schnittpunkte der Graphen der Funktionen f und g.

a) $f(x) = |x|$ 　　　　　　　　　　 b) $f(x) = |x - 3| + 1$
　 $g(x) = -\frac{1}{2}x + 2$ 　　　　　　 $g(x) = -2 \cdot |x - 2| + 4$

c) $f(x) = \begin{cases} -x^3 & \text{für } x < -1 \\ -\frac{1}{3}x + \frac{2}{3} & \text{für } x \ge -1 \end{cases}$ und $g(x) = x^2 - 2x$.

05 Lassen Sie den GTR den Graphen zeichnen und bestimmen Sie mit der TRACE-Funktion die Schnittpunkte mit den Achsen.

a) $f(x) = ||x| \cdot |x - 4||$ 　　　　　　 b) $f(x) = |x| \cdot |x - 1| \cdot \frac{1}{x}$

c) $f(x) = |2(x + 1) - 3|x|| + 2$ 　　 d) $f(x) = -|x + 3 + |2x - 1|| + 1$

e) $f(x) = -|x + 1| + |2x - 4| + 2$ 　 f) $f(x) = 2||x - 2| + 1| + |x - 3| + 4$

06 Wie groß muss $a \in \mathbb{R}$ sein, damit f eine Funktion ist? Zeichnen Sie den Graphen.

a) $f(x) = \begin{cases} x + 9 & \text{für } x \le 2a \\ x + 2 & \text{für } x > 3a - 2 \end{cases}$ 　　 b) $f(x) = \begin{cases} x + a & \text{für } x < 4a - 2 \\ ax + 4 & \text{für } x \ge -a + 3 \end{cases}$

07 Das Reisebüro Südseetraum GmbH bietet während des ganzen Jahres Flugreisen nach Mallorca an. Zwei Wochen Übernachtung einschließlich Frühstück kosten für zwei Personen im Hotel „Edelweiß" bei Abflug vom

01.01.–31.03.	€ 900,00	01.04.–20.04.	€ 1050,00
21.04.–31.05.	€ 950,00	01.06.–30.06.	€ 1000,00
01.07.–31.08.	€ 1150,00	01.09.–30.09.	€ 1050,00
01.10.–31.10.	€ 1000,00	01.11.–31.12.	€ 900,00

Zeichnen Sie den Graphen dieser so definierten Funktion.

08 Für ein Ferngespräch im Inland bezahlt man werktags für die Zeit von 21:00–02:00 Uhr 2,8 ct./angefangener Minute, von 02:00–05:00 Uhr nur noch 2,2 ct./angefangener Minute.
Zeichnen Sie den Graphen dieser Kosten-Zeit-Funktion für eine Sprechdauer bis 6 min. Der Gesprächsbeginn ist
a) 22:00 Uhr   b) 01:57 Uhr   c) 03:00 Uhr

09 Bis zum 31. März kostete eine Ware 87,00 €, am 1. April wurde der Preis um 4 % erhöht, am 1. September verteuerte sie sich um weitere 5,00 €, während durch ein Überangebot am 1. Oktober der Preis um 6 % sank. Sechs Monate später stieg er wieder um 9 %.
a) Berechnen Sie den Preis der Ware (in €) für die einzelnen Zeitabschnitte, geben Sie die Vorschrift der Preis-Zeit-Funktion in abschnittsweise definierter Form. Zeichnen Sie den Graphen.
b) Setzen Sie den Ausgangspreis von 87,00 € gleich 100 %, und berechnen Sie den jeweiligen Preis in Prozent vom Ausgangspreis, schreiben Sie auch diese Funktionsvorschrift abschnittsweise definiert. Zeichnen Sie den Graphen.

10 Ein rechteckiges Schwimmbecken (Breite 20 m) hat folgenden Querschnitt. Das leere Becken wird mit Wasser gefüllt.
a) Geben Sie das Volumen (in m³) des zugeflossenen Wassers in Abhängigkeit von der Füllhöhe an.
b) In das Becken fließen 20 l Wasser pro Sekunde. Geben Sie die Füllhöhe in Abhängigkeit von der Zeit t (in min) an.

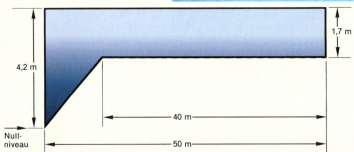

4,2 m

1,7 m

Null-niveau

40 m

50 m

11 Geben Sie eine mögliche Vorschrift der Funktionenschar an.

12 Der Graph zeigt die Tankfüllung eines Pkws während einer Autobahnfahrt an.

a) Geben Sie an, wie viele Liter Diesel beim ersten Tankstopp (nach 100 km) gekauft wurden

b) Berechnen Sie den Dieselverbrauch pro 100 km zwischen dem ersten und zweiten Tankstopp.

c) Begründen Sie ohne Rechnung mit Hilfe des Graphen auf welcher Teilstrecke der Dieselverbrauch pro 100 km am größten ist.

d) Berechnen Sie den Dieselverbrauch pro 100 km für die Gesamtstrecke.

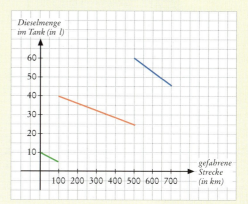

13 Zeichnen Sie mit dem GTR die Graphen für $t \in \{-2; -1; 0; 1\}$. Bestimmen Sie t so, dass die beiden Teile des Graphen zusammenhängen.

a) $f(x) = \begin{cases} 0{,}5\,x & \text{für } x \leq 2 \\ x + t & \text{für } x > 2 \end{cases}$

b) $f(x) = \begin{cases} x^2 & \text{für } x \leq 1 \\ -x + t & \text{für } x > 1 \end{cases}$

c) $f(x) = \begin{cases} x^2 & \text{für } x \leq t \\ 2\,x - 1 & \text{für } x > t \end{cases}$

d) $f(x) = \begin{cases} x^2 & \text{für } x \leq 1 \\ t \cdot x^2 - 1 & \text{für } x > 1 \end{cases}$

3.11 Regression und Korrelationskoeffizient

Zwischen Seitenlänge und Flächeninhalt eines Quadrates besteht ein streng funktionaler Zusammenhang. Jeder Seitenlänge ist **genau ein** Flächeninhalt zugeordnet und umgekehrt. Vergleicht man Körpergröße und Gewicht einer Person, lässt sich das nicht sagen. Es gibt gleich große, aber verschieden schwere Personen und umgekehrt. Dennoch lehrt die Erfahrung, dass im Großen und Ganzen die Regel „je größer, desto schwerer" zutrifft. Eine Vorschrift, die Größe und Gewicht einer Person verbindet, kann deshalb immer nur eine **Tendenz** ausdrücken.

Körpergröße in cm	183	179	178	190	168	172	174	188	169	167	185	183
Gewicht in kg	72	68	69	85	71	78	76	92	70	72	78	76
Körpergröße in cm	180	172	179	185	175	173	184	179	176	178	169	167
Gewicht in kg	76	74	88	73	74	69	77	77	84	75	68	65

Man überträgt die Daten in ein Koordinatensystem, z. B. die Körpergröße auf der x-Achse und das Gewicht auf der y-Achse. Zu jeder Person gehört dann genau ein Punkt in einer **Punktwolke** im Koordinatensystem.

Dieses Streudiagramm lässt oft schon einen funktionalen Zusammenhang (linear, quadratisch, exponentiell usw.) vermuten.

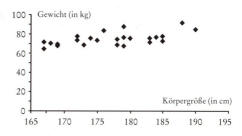

Das Zeichnen des Diagramms kann der GTR übernehmen.

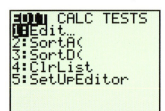

Man gibt Körpergröße und Gewicht in jeweils eine Liste ein und lässt den GTR die Punktwolke darstellen (vgl. Seite 52).

Impuls

Gegeben sind folgende einfache Messwerte:

x	0	1	2	3	4	5	6
y	$-1,9$	0,8	1,1	2,2	3,9	5,1	7,4

a) Übertragen Sie die Werte in ein Koordinatensystem und zeichnen Sie eine Gerade g, die diese Punkte gut annähert.
b) Wie lautet die Gleichung dieser Geraden g?

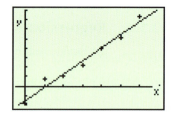

Schon bei diesen wenigen Punkten ist es eher unwahrscheinlich, dass jemand anders die gleiche Gerade zeichnet wie Sie. Mehr oder weniger geringe Abweichungen wird es immer geben. Der GTR hält die Gerade mit der Gleichung (auf zwei Stellen nach dem Komma gerundet)
$g(x) = 1,40 \cdot x - 1,55$ für die beste.

Wenn wir vergleichen wollen, welche Gerade die gegebenen Punkte am besten annähert, müssen wir zuerst festlegen, wie wir diesen gefühlsmäßigen Begriff mathematisch klar definieren wollen. Es ist sicher sinnvoll zu sagen, dass diejenige Gerade die Punkte am besten annähert, deren Abstand von allen Punkten am kleinsten ist. Dabei soll unter dem Abstand von allen Punkten die **Summe der Abstände** der einzelnen Punkte von der Geraden verstanden werden.

Der Abstand eines Punktes P von einer Geraden g ist normalerweise die Länge des Lotes vom Punkt auf die Gerade. Die Bestimmung dieser Lotlänge ist sehr rechenintensiv und deshalb ihre Verwendung hier nicht praktikabel. Rechnerisch einfacher zu handhaben ist die Differenz der y-Werte des Messpunktes P und des Geradenpunktes Q mit demselben x-Wert. Da die Messpunkte sowohl unter als auch über der

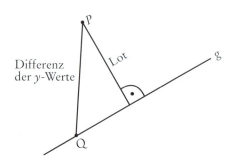

Geraden liegen können, ergeben sich sowohl positive als auch negative Differenzen. Damit sich positive und negative Differenzen nicht gegenseitig aufheben, quadriert man die Differenzen.

Diese Vorgehensweise bei der Anpassung der Kurve an die Punktwolke, die man **Methode der kleinsten Quadrate** nennt, geht auf Gauß zurück[1].

BEISPIEL

x	0	1	2	3	4	5	6
y	$-1,9$	$0,8$	$1,1$	$2,2$	$3,9$	$5,1$	$7,4$
$g(x)$	$-1,55$	$-0,15$	$1,25$	$2,65$	$4,05$	$5,45$	$6,85$
$y - g(x)$	$-0,35$	$0,95$	$-0,15$	$-0,45$	$-0,15$	$-0,35$	$0,55$
$(y - g(x))^2$	$0,1225$	$0,9025$	$0,0225$	$0,2025$	$0,0225$	$0,1225$	$0,3025$

Die Summe der Abstandsquadrate beträgt bei der Geraden des GTR 1,6975.

Impuls

Überprüfen Sie, ob die Summe der Abstandsquadrate Ihrer Geraden den GTR schlägt.

Um die beste Gerade zu finden, müssen wir obige Überlegungen mit der Geradengleichung $g(x) = m \cdot x + b$ allgemein durchführen.

x	0	1	2	3	4	5	6
y	$-1,9$	$0,8$	$1,1$	$2,2$	$3,9$	$5,1$	$7,4$
$g(x)$	b	$m + b$	$2 \cdot m + b$	$3 \cdot m + b$	$4 \cdot m + b$	$5 \cdot m + b$	$6 \cdot m + b$
$(y - g(x))^2$	$(-1,9 - b)^2$	$(0,8 - m - b)^2$	$(1,1 - 2m - b)^2$	$(2,2 - 3m - b)^2$	$(3,9 - 4m - b)^2$	$(5,1 - 5m - b)^2$	$(7,4 - 6m - b)^2$

Addiert man die Abstandsquadrate in der letzten Zeile und fasst zusammen, ergibt sich

$$91\,m^2 + 7b^2 - 190,2m - 37,2b + 42\,m \cdot b + 106,28.$$

---

1 Am Neujahrstag des Jahres 1801 entdeckte der italienische Astronom Giuseppe Piazzi den Asteroiden Ceres. Vierzig Tage lang konnte er dessen Bahn verfolgen, dann verschwand Ceres hinter der Sonne. Im Laufe des Jahres versuchten viele Wissenschaftler seine Bahnkurve anhand von Piazzis Beobachtungen zu bestimmen. Die meisten Rechnungen waren unbrauchbar; als einzige war diejenige des 24jährigen Carl Friedrich Gauß genau genug, um dem deutschen Astronomen Franz Xaver von Zach zu ermöglichen, im darauf folgenden Dezember den Asteroiden wieder zu finden. Gauß erlangte dadurch Weltruhm. Sein Verfahren, die Methode der kleinsten Quadrate, publizierte er erst 1809 im zweiten Band seines himmelsmechanischen Werkes *Theoria motus corporum coelestium in sectionibus conicis solem ambientium* (Theorie der Bewegung der Himmelskörper, die die Sonne in Kegelschnitten umkreisen). Unabhängig von Gauß entwickelte der Franzose Adrien-Marie Legendre 1806 dieselbe Methode.

Gauß konnte 1829 eine Begründung liefern, wieso sein Verfahren im Vergleich zu den anderen so erfolgreich war. Die genaue Aussage ist als der Satz von Gauß-Markov bekannt.

Dieser Ausdruck lässt sich als Funktionsterm einer Funktion D mit zwei Variablen auffassen:

$$D(m, b) = 91m^2 + 7b^2 - 190{,}2m - 37{,}2b + 42m \cdot b + 106{,}28$$

Für jede Wahl von m und b ergibt sich ein anderer Wert für D. Beispielsweise ist dem Paar $m = 0{,}4$ und $b = -1{,}1$ der Wert $D = 75{,}67$ zugeordnet (in der Tabelle rot). Überträgt man diese Werte in eine zweidimensionale Tabelle[1], sieht man, dass durch die Zahlenebene ein Tal läuft. Die tiefste Stelle dieses Tals gehört dem Paar $m = 1{,}4$ und $b = -1{,}55$. Das Ergebnis stimmt mit dem vom GTR gefundenen (siehe oben) überein.

m\b	−1,9	−1,8	−1,7	−1,6	−1,55	−1,5	−1,4	−1,3	−1,2	−1,1	−1,0	−0,9	−0,8
0,2	151,87	146,40	141,07	135,88	133,34	130,83	125,92	121,15	116,52	112,03	107,68	103,47	99,40
0,3	129,42	124,37	119,46	114,69	112,36	110,06	105,57	101,22	97,01	92,94	89,01	85,22	81,57
0,4	108,79	104,16	99,67	95,32	93,20	91,11	87,04	83,11	79,32	75,67	72,16	68,79	65,56
0,5	89,98	85,77	81,70	77,77	75,86	73,98	70,33	66,82	63,45	60,22	57,13	54,18	51,37
0,6	72,99	69,20	65,55	62,04	60,34	58,67	55,44	52,35	49,40	46,59	43,92	41,39	39,00
0,7	57,82	54,45	51,22	48,13	46,64	45,18	42,37	39,70	37,17	34,78	32,53	30,42	28,45
0,8	44,47	41,52	38,71	36,04	34,76	33,51	31,12	28,87	26,76	24,79	22,96	21,27	19,72
0,9	32,94	30,41	28,02	25,77	24,70	23,66	21,69	19,86	18,17	16,62	15,21	13,94	12,81
1,0	23,23	21,12	19,15	17,32	16,46	15,63	14,08	12,67	11,40	10,27	9,28	8,43	7,72
1,1	15,34	13,65	12,10	10,69	10,04	9,42	8,29	7,30	6,45	5,74	5,17	4,74	4,45
1,2	9,27	8,00	6,87	5,88	5,44	5,03	4,32	3,75	3,32	3,03	2,88	2,87	3,00
1,3	5,02	4,17	3,46	2,89	2,66	2,46	2,17	2,02	2,01	2,14	2,41	2,82	3,37
1,4	2,59	2,16	1,87	1,72	1,70	1,71	1,84	2,11	2,52	3,07	3,76	4,59	5,56
1,5	1,98	1,97	2,10	2,37	2,56	2,78	3,33	4,02	4,85	5,82	6,93	8,18	9,57
1,6	3,19	3,60	4,15	4,84	5,24	5,67	6,64	7,75	9,00	10,39	11,92	13,59	15,40
1,7	6,22	7,05	8,02	9,13	9,74	10,38	11,77	13,30	14,97	16,78	18,73	20,82	23,05
1,8	11,07	12,32	13,71	15,24	16,06	16,91	18,72	20,67	22,76	24,99	27,36	29,87	32,52
1,9	17,74	19,41	21,22	23,17	24,20	25,26	27,49	29,86	32,37	35,02	37,81	40,74	43,81
2,0	26,23	28,32	30,55	32,92	34,16	35,43	38,08	40,87	43,80	46,87	50,08	53,43	56,92

Die Tabelle wurde mit dem Tabellenkalkulationsprogramm Excel erstellt. Der Wert 151,87 in der ersten Zeile und Spalte wurde mit der Formel
=91*A2^2+7*B1^2−190,2*A$2−37,2*$B1+42*A$2*$B1+106,28
berechnet. Danach wurde diese Formel in die übrigen Zellen der Tabelle kopiert.

Impuls

Stellen Sie die Funktion D im Dreidimensionalen dar. Zeichnen Sie dazu auf einer Styroporplatte ein zweidimensionales Koordinatensystem (waagrechte b-Achse, senkrechte m-Achse) und stecken Sie entsprechend obiger Tabelle an die jeweiligen Stellen Stäbe (Strohhalme, Schaschlik-Spieße usw.) der Länge D. Überlegen Sie sich zuvor einen geeigneten Maßstab.

---

1 Eine zweidimensionale Tabelle ist eine Tabelle, bei der man Werte an Schnittpunkten von Zeilen und Spalten abliest.

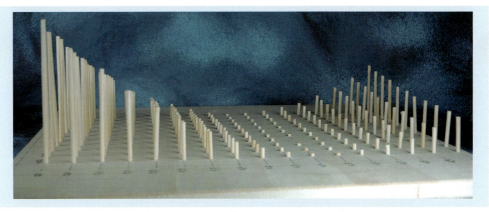

In diesem Modell, das als GFS angefertigt wurde, sehen Sie den tiefsten Punkt des Tals mit der minimalen Summe der Abstandsquadrate plastisch vor sich.

Im Internet findet man Programme für den TI 83/84, die ihm ermöglichen, dreidimensionale Zeichnungen zu simulieren.

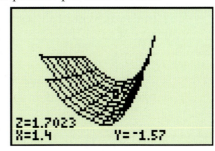

Das beschriebene Verfahren heißt **Regression**, ein Begriff, der auf Francis Galton[1] zurückgeht. Er beobachtete, dass große Väter zwar immer noch überdurchschnittlich große Söhne haben, die aber in der Tendenz nicht mehr ganz so groß wie ihre Väter sind. Entsprechendes gilt für die Söhne kleiner Väter. Galton sprach von einer Rückentwicklung (lat. regressus) zur Mitte hin.

Es existieren mathematische Verfahren, um das Minimum einer Funktion mit zwei Variablen rechnerisch zu bestimmen. Allerdings würde ihre Behandlung den Rahmen dieses Buches sprengen. Wir beschränken uns daher darauf die Formel zur Berechnung der Regressionsgeraden anzugeben, normalerweise bestimmt der GTR deren Gleichung.

Satz 3.5

Die **Regressionsgerade**, die die Abhängigkeit des Merkmals y vom Merkmal x beschreibt, hat die Gleichung

$$y = a_x \cdot x + b_x$$

mit

$$a_x = \frac{(x_1 - \overline{x}) \cdot (y_1 - \overline{y}) + (x_2 - \overline{x}) \cdot (y_2 - \overline{y}) + \ldots + (x_n - \overline{x}) \cdot (y_n - \overline{y})}{(x_1 - \overline{x})^2 + (x_2 - \overline{x})^2 + \ldots + (x_n - \overline{x})^2}$$

und

$b_x = \overline{y} - a_x \cdot \overline{x}.$

$\overline{x}$ und $\overline{y}$ sind die arithmetischen Mittel.

1 Sir Francis Galton (1822–1911), engl. Naturforscher, Vetter von Charles Darwin.

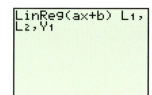

In dem Beispiel auf Seite 107 können wir mit der Vorschrift
$y = 0{,}57577681 \cdot x - 26{,}740783$ zur Körpergröße x das Gewicht y bestimmen:

Körpergröße x (in cm)	176	184
Gewicht y (in kg)	74,60	79,20

Man könnte natürlich auch umgekehrt eine Vorschrift aufstellen, mit Hilfe derer man zum Gewicht die Körpergröße berechnen kann. Leider kann man dazu nicht einfach obige Vorschrift nach x auflösen. Das wäre nur möglich, wenn alle Punkte im Koordinatensystem auf der Regressionsgeraden liegen würden. Normalerweise ist das nicht der Fall, das Verfahren muss deshalb von vorne durchlaufen werden.

Satz 3.6

Die **Regressionsgerade**, die die Abhängigkeit des Merkmals x vom Merkmal y beschreibt, hat die Gleichung
$$x = a_y \cdot y + b_y$$
mit
$$a_y = \frac{(x_1 - \bar{x}) \cdot (y_1 - \bar{y}) + (x_2 - \bar{x}) \cdot (y_2 - \bar{y}) + \ldots + (x_n - \bar{x}) \cdot (y_n - \bar{y})}{(y_1 - \bar{y})^2 + (y_2 - \bar{y})^2 + \ldots + (y_n - \bar{y})^2}$$
und
$$b_y = \bar{x} - a_y \cdot \bar{y}.$$

Stellt man bei unseren Daten die Körpergröße x in Abhängigkeit vom Gewicht y dar, erhält man als Vorschrift der Regressionsgeraden
$x = 0{,}60396286 \cdot y + 131{,}734962$ und damit:

Gewicht y (in kg)	74,60	79,20
Körpergröße x (in cm)	176,79	179,57

Die beiden Regressionsgeraden stimmen genau dann überein, wenn sämtliche Punkte auf einer Geraden liegen. Liegen die Punkte (x_i/y_i) nicht auf einer Geraden, so schneiden sich die beiden Regressionsgeraden im Punkt $(\bar{x}/\bar{y})$. Dieser Punkt heißt der **Schwerpunkt** der gemeinsamen Häufigkeitsverteilung der Merkmale x und y.

Wenn die beiden Regressionsgeraden nur wenig voneinander abweichen, wird man einen linearen Zusammenhang zwischen den beiden Merkmalen unterstellen. Ein Extremfall liegt vor, wenn alle Punkte auf einer Geraden liegen. Dann besteht eine vollständige lineare Abhängigkeit zwischen den beiden Merkmalen.

Der andere Extremfall liegt vor, wenn die beiden Regressionsgeraden senkrecht aufeinander stehen. Dann ist keine „lineare Tendenz" erkennbar.
Rechnerisch beschreibt der so genannte **Korrelationskoeffizient** r diesen Zusammenhang: Für ihn gilt: $-1 \le r \le 1$.

Er nimmt den Wert +1 an, wenn sämtliche Punkte auf einer Geraden mit positiver Steigung liegen: Je stärker das eine Merkmal ausgeprägt ist, desto stärker auch das andere. Ist $r = -1$, hat die Gerade eine negative Steigung. In beiden Fällen spricht man von vollständiger Korrelation. Selbst hier ist Vorsicht angebracht. Es wird lediglich festgestellt, dass eine gewisse „Gleichläufigkeit" zwischen den beobachteten Ausprägungen besteht. So steht etwa der Rückgang der Storchenpaare in keinem Zusammenhang mit dem Rückgang der Kinderzahl, obwohl sich wahrscheinlich ein hoher Wert für den Korrelationskoeffizient ergibt.

Je näher $|r|$ bei 1 liegt, desto näher liegen die Punkte an der Regressionsgeraden. Liegt der Betrag des Korrelationskoeffizient näher bei 0 als bei 1, ist die Regressionskurve wahrscheinlich keine Gerade, sondern eine andere Kurve, z.B. eine Exponential-, Logarithmus- oder Sinuskurve.

Bei $r = 0$ ist keine „lineare Tendenz" erkennbar.

BEISPIEL[1]

Das Streudiagramm zeigt den **Zusammenhang zwischen der Arbeitslosenquote** der abhängig Beschäftigten im Jahresdurchschnitt 2002 **und dem Nichtwähleranteil.** Jeder Kreis im Diagramm repräsentiert einen Landkreis bzw. eine kreisfreie Stadt, die **roten** Kreise stehen für Westdeutschland, die **grünen** für Ostdeutschland. Auf der x-Achse ist die Arbeitslosenquote abgetragen, auf der y-Achse der Nichtwähleranteil.

Dieses Streudiagramm ist ein Musterbeispiel für eine ausgeprägt positive Korrelation. Die Punktwolke ist klar strukturiert und verläuft von links unten nach rechts oben. Der Korrelationskoeffizient r nimmt den Wert von +0,86 an.

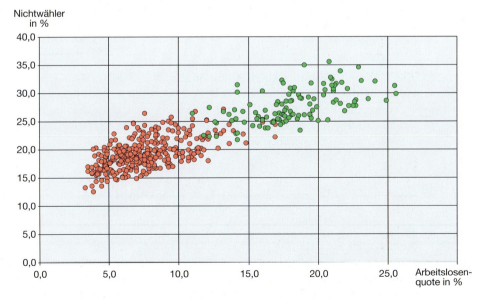

2 Nach Eichhorn, Lothar: Arbeitslosigkeit und Wahlbeteiligung in regionaler Sicht. In: Statistisches Monatsheft Baden-Württemberg 3/2005.

AUFGABEN

Formulieren Sie bei den folgenden Aufgaben zuerst Ihre Erwartungen an den Verlauf der Regressionskurve.

Ermitteln Sie mit dem GTR alle Funktionsgraphen, die dort angeboten werden. Fertigen Sie eine Skizze an und vergleichen Sie die verschiedenen Ansätze mit Ihren Erwartungen.

01   Besteht ein Zusammenhang zwischen dem Gewicht des Vaters und des ältesten, erwachsenen Sohnes?

Gewicht des Vaters (kg)	65	63	67	64	68	62	70	71	88	66	68	67	69	71
Gewicht des Sohnes (kg)	68	66	68	65	69	66	68	74	92	65	71	67	68	70

02   Die wöchentliche Arbeitszeit der Beamten des Landes Baden-Württemberg betrug:

Stichtag	Stunden
01.01.1950	48
bis 30.09.1958	48
bis 31.03.1964	45
bis 31.12.1968	44
bis 31.12.1970	43
bis 30.09.1974	42
bis 31.12.1984	40
bis 31.03.1990	39
bis 31.08.2003	38,5
ab 01.09.2003	41

Stellen Sie zuerst die Entwicklung der Wochenarbeitszeit im Koordinatensystem dar.

03   Ein Unternehmer muss einen prozentualen Anteil seines Umsatzes an den Staat abführen, die Umsatzsteuer. Diese Umsatzsteuer berechnet er seinen Kunden. Da er von seiner Steuerschuld die gezahlte Vorsteuer abziehen kann, versteuert er letzten Endes nur seinen Wertschöpfungsanteil am Umsatz. Man nennt diese Umsatzsteuer deshalb auch Mehrwertsteuer.

Neben dem Normalsatz der Umsatzsteuer gibt es noch einen ermäßigten Steuersatz, z.B. auf Lebensmittel, den wir hier nicht betrachten.

Dieser Normalsatz wurde seit der Einführung der Mehrwertsteuer am 1.1.1968 mehrmals erhöht.

Wann wird der Normalsatz der Mehrwertsteuer 22%, 28%, 100% betragen?

in Kraft getreten am	Normalsatz
1.1.1968	10%
1.7.1968	11%
1.1.1978	12%
1.7.1979	13%
1.7.1983	14%
1.1.1993	15%
1.4.1998	16%
1.1.2007	19%

04 Der Wasserverbrauch hängt weltweit vom Wasserpreis ab. Im Folgenden einige Beispiele:

Land	Preis ($€/m^3$)	jährl. Verbrauch (m^3/Einwohner)
USA	0,4	110
Kanada	0,3	95
Australien	0,4	95
Italien	0,7	78
Schweden	0,55	70
Finnland	0,63	55
Großbritannien	1,05	56
Frankreich	1,1	58
Niederlande	1,13	48
Belgien	1,4	45
Dänemark	1,45	53
Deutschland	1,7	47

05 Ein Großhändler beobachtete Angebotspreise x (in €) und Absatzmenge y (in kg).

x	1,54	1,55	1,55	1,56	1,57	1,58	1,59	1,60	1,60	1,62	1,63	1,63	1,64	1,65	1,65	1,66	1,66	1,70	1,70	1,72
y	325	300	375	350	400	300	325	350	300	325	275	350	300	325	300	250	275	250	225	200

06 Im physikalischen Praktikum wird die Bewegung verschiedener Körper aufgezeichnet. Geben Sie den Weg s (in cm) in Abhängigkeit von der Zeit t (in sec) an.

Weg	0	10	10	20	20	30	30	40	40	50	50	60	60	70	70	80	80	90	90
a) Zeit	0	0,31	0,30	0,45	0,45	0,59	0,62	0,68	0,69	0,78	0,78	0,87	0,90	0,91	0,90	0,94	0,96	1,02	1,01
b) Zeit	0	0,30	0,30	0,46	0,45	0,53	0,55	0,60	0,59	0,71	0,71	0,74	0,77	0,82	0,81	0,86	0,85	0,92	0,91
c) Zeit	0	0,02	0,03	0,05	0,05	0,08	0,09	0,11	0,12	0,14	0,15	0,18	0,18	0,23	0,22	0,27	0,29	0,29	0,30
d) Zeit	0	0,08	2,42	0,17	0,15	0,24	2,27	2,17	2,19	0,42	2,09	0,50	1,97	0,60	0,62	1,76	1,75	0,89	1,59

07   Fritz Schwarz ärgert sich, dass sich unter seinen E-Mails zunehmend mehr Spams[1] befinden und installiert einen Filter, der die Spams im Ordner „Unerwünscht" speichert. Im Abstand von einigen Tagen kontrolliert er abends gegen 20.00 Uhr den Inhalt dieses Ordners, ohne ein Spam zu löschen.

Tag	1	3	6	7	10	12	16
Anzahl der Spams	12	54	108	120	173	206	304

Wie lautet die Gleichung der Regressionsgeraden? Wie viele Spams bekommt Fritz pro Tag?

---

1 Der Name „Spam" ist dem Dosenfleisch SPAM (Spiced Porc and Ham) der Firma Hormel Foods entliehen. In einem Sketch von Monty Python sang ein Wikingerchor zunehmend lauter „spam, spam, spam …" und übertönte damit jede andere Unterhaltung.

4.1 Quadratische Funktionen

4.1.1 Parabelgleichungen

Definition 4.1

Eine Funktion f, deren Vorschrift die Form $f(x) = a\,x^2 + b\,x + c$ mit $a, b, c, \in \mathbb{R}$ und $a \neq 0$ hat, heißt **quadratische Funktion**.

Das Schaubild einer quadratischen Funktion wird **Parabel** (zweiter Ordung) genannt.

Parabeln haben eine charakteristische Form:

BEISPIEL

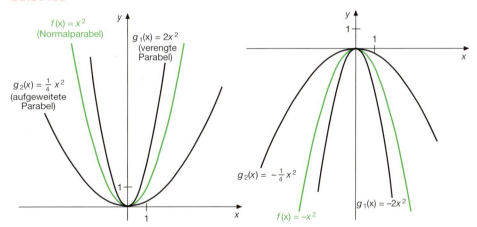

Das Schaubild einer Funktion g mit $g(x) = a\,x^2$ geht aus dem Schaubild der Funktion f mit $f(x) = x^2$ (**Normalparabel**) durch Streckung ($a > 1$) oder Stauchung ($0 < a < 1$) parallel zur y-Achse hervor.

Die Parabel mit der Gleichung $g(x) = a\,x^2$ ist nach oben geöffnet, wenn $a > 0$ ist. Ist $a < 0$, ist sie nach unten geöffnet.

Den tiefsten Punkt einer nach oben geöffneten bzw. höchsten Punkt einer nach unten geöffneten Parabel nennt man ihren **Scheitelpunkt** (kurz auch nur Scheitel).

Addiert man 1 zu allen y-Werten der Normalparabel, erhält man eine neue Parabel, die um 1 nach oben verschoben ist.

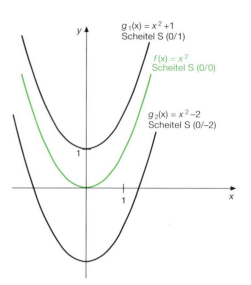

Allgemein gilt:

Das Schaubild der Funktion g mit $g(x) = a\,x^2 + y_s$ entsteht aus demjenigen der Funktion f mit $f(x) = a\,x^2$ durch Verschieben um y_s parallel zur y-Achse (nach oben, falls $y_s > 0$; nach unten, falls $y_s < 0$).
Der Scheitel ist $S(0/y_s)$.

BEISPIEL

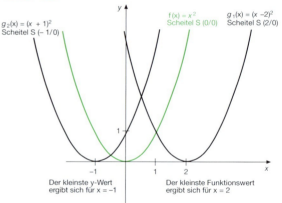

Das Schaubild der Funktion g mit $g(x) = a \cdot (x - x_s)^2$ entsteht aus demjenigen der Funktion f mit $f(x) = a\,x^2$ durch Verschieben um x_s parallel zur x-Achse (nach rechts, falls $x_s > 0$; nach links, falls $x_s < 0$).
Der Scheitel ist $S(x_s/0)$.

BEISPIEL

Das Schaubild der Funktion g mit $g(x) = a \cdot (x - x_s)^2 + y_s$ entsteht aus dem Schaubild der Funktion f mit $f(x) = a\,x^2$ durch Verschieben um x_s parallel zur x-Achse (nach rechts, falls $x_s > 0$; nach links, falls $x_s < 0$) und durch Verschieben um y_s parallel zur y-Achse (nach oben, falls $y_s > 0$; nach unten, falls $y_s < 0$).
Der Scheitel ist $S(x_s/y_s)$.

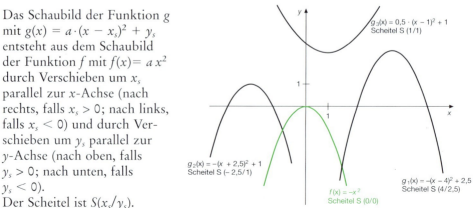

Eine Funktion f mit $f(x) = a \cdot (x - x_s)^2 + y_s$ ist auch eine quadratische Funktion, denn durch Ausmultiplizieren erhält man:

$$f(x) = a\,x^2 + \underbrace{(-2\,a\,x_s)}_{b}\,x + \underbrace{(a\,x_s^2 + y_s)}_{c}$$

BEISPIEL

$$f(x) = -1,5 \cdot (x - 3)^2 + 6 = -1,5 \cdot (x^2 - 6x + 9) + 6 = -1,5\,x^2 + 9x - 7,5$$

Aus einer Funktionsvorschrift der Form

$$f(x) = a \cdot (x - x_s)^2 + y_s$$

kann man sofort die Koordinaten (x_s/y_s) des Scheitels der Parabel entnehmen. Man nennt diese Form der Gleichung einer quadratischen Funktion daher auch **Scheitelform der Parabelgleichung.**

Umgekehrt lässt sich jede Funktionsvorschrift einer quadratischen Funktion auf Scheitelform bringen.

MUSTERAUFGABE

$$
\begin{aligned}
f(x) &= 2\,x^2 + 4x + 3 \\
&= 2\,[x^2 + 2x] + 3 && \text{Zahl vor } x^2 \text{ ausklammern} \\
&= 2\,[x^2 + 2x + 1 - 1] + 3 && \text{quadratische Ergänzung} \\
&= 2\,[(x + 1)^2 - 1] + 3 \\
&= 2\,(x + 1)^2 - 2 + 3 && \text{äußere Klammern auflösen} \\
&= 2\,(x - (-1))^2 + 1
\end{aligned}
$$

Der Scheitel der Parabel ist $S(-1/1)$.

Hat eine Parabel Schnittpunkte mit der x-Achse, lässt sich die Gleichung der Parabel noch in einer weiteren Form darstellen.
Eine Parabel hat die Gleichung $y = ax^2 + bx + c$ und die Schnittpunkte $N_1(x_1|0)$ und $N_2(x_2|0)$ mit der x-Achse. Dann gilt nach Satz 1.17

$$
\begin{aligned}
y &= a\,x^2 + bx + c \\
&= a \cdot \left(x^2 + \frac{b}{a}x + \frac{c}{a}\right) \\
&= a \cdot (x - x_1) \cdot (x - x_2)
\end{aligned}
$$

Man nennt

$$y = a \cdot (x - x_1) \cdot (x - x_2)$$

die **Faktorform** der Parabelgleichung.
$N_1(x_1|0)$ und $N_2(x_2|0)$ sind die Schnittpunkte der Parabel mit der x-Achse.

AUFGABEN

01 Die folgenden Parabelgleichungen liegen in der Scheitelform vor. Nennen Sie die Koordinaten des Scheitels und überführen Sie die Gleichung in die Form $f(x) = a x^2 + b x + c$. Entnehmen Sie der Zeichnung, wo die Parabel die x-Achse schneidet.

a) $f(x) = (x - 2)^2 - 2$ b) $f(x) = 2(x + 1)^2 + \frac{1}{2}$ c) $f(x) = \frac{1}{4}(x - 3)^2 - \frac{3}{2}$

d) $f(x) = -\frac{1}{2}(x + 1)^2 + 3$ e) $f(x) = -2(x - 3)^2 + 4$ f) $f(x) = \frac{1}{8}(x - \frac{1}{2})^2 - 2$

02 Geben Sie den Scheitel der Parabel an und skizzieren Sie sie.

a) $f(x) = x^2 - 12 x + 34$ b) $f(x) = -2 x^2 + 4 x$ c) $f(x) = x^2 - 14 x + 44$

d) $f(x) = x^2 + 6 x + 12$ e) $f(x) = 2 x^2 - 16 x + 37$ f) $f(x) = x^2 + x + 1$

g) $f(x) = 3 x^2 - 2 x + \frac{7}{12}$ h) $f(x) = \frac{1}{4} x^2 + x - 2$ i) $f(x) = -x^2 + 4 x - 6$

j) $f(x) = -\frac{1}{5} x^2 + \frac{3}{10} x + \frac{7}{80}$ k) $f(x) = \frac{1}{3} x^2 - \frac{2}{3} x + \frac{4}{9}$ l) $f(x) = x^2 - 1,6 x + 0,9$

03 Bestimmen Sie die Gleichung der verschobenen **Normal**parabel mit dem Scheitel S.

a) $S(-1|2)$ b) $S(3|4)$ c) $S(-2|-6)$

d) $S(0|1)$ e) $S(-2|-3)$ f) $S(4|-1)$

04 Wie lautet die Gleichung?

a) Eine Normalparabel wird um 5 nach rechts und 2 nach unten verschoben.

b) Die Parabel mit $f(x) = 3 x^2$ wird um 5 nach rechts und 2 nach unten verschoben.

c) Die Achse der Parabel ist eine Parallele zur y-Achse und geht durch den Punkt $P(1/4)$, der Graph besitzt genau einen gemeinsamen Punkt mit der x-Achse.

d) Der Scheitelpunkt der Parabel liegt im 2. Quadranten, sie schneidet die x-Achse nicht.

e) Der Wertebereich der quadratischen Funktion ist $W = [-2; \infty[$, der Scheitelpunkt der Parabel liegt im 4. Quadranten.

05 Welche Funktionsvorschrift ($a, b \in \mathbb{R}^{*}_{+}$) gehört zu welchem Graphen?

a) $f(x) = x^2 + b$ b) $f(x) = (x - a)^2$

c) $f(x) = x^2$ d) $f(x) = (x + a)^2 + b$

e) $f(x) = (x + a)^2$ f) $f(x) = (x + a)^2 - b$

g) $f(x) = x^2 - b$ h) $f(x) = (x - a)^2 - b$

i) $f(x) = (x - a)^2 + b$ j) $f(x) = x^2 + 2 a x + a^2$

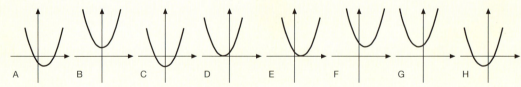

A   B   C   D   E   F   G   H

06 Bestimmen Sie den größten Funktionswert der quadratischen Funktion f.

a) $f(x) = -x^2 + 4 x - 1$ b) $f(x) = x^2 + 4 x + 8$

07 Mit einer vorhandenen Rolle Maschendrahtzaun (darauf sind 50 m) soll ein möglichst großes rechteckiges Stück Land eingezäunt werden. Bestimmen Sie die Länge und Breite dieses Rechtecks.

4.1.2 Aufstellen von Parabelgleichungen

Die Gleichung einer Geraden kann angegeben werden, wenn zwei Punkte bekannt sind, durch die sie verläuft, oder wenn ihre Steigung und ein Punkt der Geraden gegeben sind. Zur Bestimmung der Gleichung einer Geraden sind immer zwei Bedingungen erforderlich, da in der allgemeinen Geradengleichung $g(x) = mx + b$ die beiden unbekannten Parameter m und b auftreten.

In der allgemeinen Parabelgleichung $f(x) = ax^2 + bx + c$ treten die drei unbekannten Parameter a, b und c auf. Folglich müssen drei Bedingungen gegeben sein, um sie eindeutig zu bestimmen.

MUSTERAUFGABEN

01 Gesucht ist die Gleichung der Parabel durch die Punkte $A(1/-2)$, $B(2/1)$ und $C(3/8)$.

Die allgemeine Gleichung einer Parabel ist	$f(x) = ax^2 + bx + c.$	(1)
Da die Parabel durch A verlaufen soll, muss	$f(1) = -2$	(2)
gelten und entsprechend auch	$f(2) = 1,$	(3)
	$f(3) = 8$	(4)
Da $f(1) = a + b + c$ ist, hat man	$a + b + c = -2$	
	bzw. $c = -2 - a - b$	(5)

Setzt man (5) in (1) ein, lautet die Parabelgleichung

$$f(x) = ax^2 + bx - 2 - a - b. \qquad (6)$$

Machen Sie die Probe und setzen Sie $x = 1$ in (6) ein. Es ergibt sich -2.

Aus (3) und (6) erhält man

$$4a + 2b - 2 - a - b = 1$$
$$3a + b = 3$$
$$b = 3 - 3a \qquad (7)$$

(7) in (6) eingesetzt ergibt $f(x) = ax^2 + (3 - 3a) \cdot x - 2 - a - (3 - 3a)$

$$= ax^2 + (3 - 3a) \cdot x - 5 + 2a \qquad (8)$$

Aus (4) und (8) wiederum folgt

$$9a + (3 - 3a) \cdot 3 - 5 + 2a = 8$$
$$4 + 2a = 8$$
$$a = 2 \qquad (9)$$

Setzt man (9) in (8) ein, erhält man die Gleichung der Parabel durch A, B und C:

$$f(x) = 2x^2 - 3x - 1.$$

02 Wie lautet die Gleichung der Parabel durch die Punkte $P(-1/-6)$, $Q(1/0)$ und $R(3/-2)$?

Wie im ersten Beispiel setzen wir in die allgemeine Parabelgleichung $f(x) = ax^2 + bx + c$ ein und erhalten:

$$
\begin{array}{rrrrl}
f(-1) = & a - & b + & c = -6 & (1)\\
f(1) = & a + & b + & c = 0 & (2)\\
f(3) & -9a + & 3b + & c = -2 & (3)
\end{array}
$$

Dieses LGS lösen wir mit dem Gauß'schen Algorithmus:

$$
\begin{array}{lrrrrl}
& a - & b + & c = -6 & (1)\\
-(1) + (2) & & 2b & = 6 & (2)\\
-9 \cdot (1) + (3) & & 12b - & 8c = 52 & (3)
\end{array}
$$

Aus (2) folgt: $b = 3$.

Mit diesem Ergebnis und (3) ergibt sich:
$36 - 8c = 52$ bzw. $-8c = 16$ bzw. $c = -2$.
Beide Ergebnisse in (1) eingesetzt führen zu: $a + 3 - 2 = 0$ bzw. $a = -1$.
Die Funktionsvorschrift lautet: $f(x) = -x^2 + 3x - 2$.

03 Gelegentlich kann es schneller zum Ziel führen, wenn man von der Scheitel- oder Faktorform der Parabelgleichung ausgeht. Verläuft die Parabel durch $A(-5/0)$, $B(3/0)$ und $C(4/1)$, lautet der Ansatz $f(x) = k \cdot (x + 5) \cdot (x - 3)$.
Mithilfe des Punktes C bestimmt man k: $f(4) = k \cdot (4 + 5) \cdot (4 - 3) = 1$ bzw. $k = \frac{1}{9}$.
Die Funktionsvorschrift lautet: $f(x) = \frac{1}{9} \cdot (x + 5) \cdot (x - 3)$.

AUFGABEN

01 Die Vorschrift einer quadratischen Funktion lautet $f(x) = a x^2 + b x + c$. Bestimmen Sie die unbekannten Koeffizienten, wenn bekannt ist:

a) $a = 3$; $b = 4$; $P(0/-1)$　　　　　b) $a = 2$; $c = -2$; $P(2/4)$

c) $P(2/2)$; $Q(-1/5)$; $b = 1$　　　　d) $P(-3/6)$; $Q(1/-2)$; $c = -3$

e) $A(3/4)$; $B(2/4)$; $C(0/2)$　　　　f) $P(1/1)$; $Q(-2/-2)$; $R(-3/1)$

g) $b = -0{,}5$; Scheitel $S(1|0{,}25)$　　h) $c = 3$; Scheitel $S(2|1)$

i) $b = 4$; Scheitel $S(-1/-3)$　　　　j) $A(1/0{,}25)$; $B(2/0{,}5)$; $C(-1/1{,}25)$

k) $A(1/1)$; $B(2/0)$; $C(0/8)$; $D(-1/21)$　l) $P(1/-13)$; $Q(2/-14)$; $R(5/7)$; $T(-1/1)$

02 Bestimmen Sie die Parabelgleichung.

a) Eine Parabel schneidet die x-Achse in $N_1(-2/0)$ und $N_2(4/0)$. Ihr Scheitel ist $S(x_s/-6)$.

b) Eine Parabel schneidet die x-Achse in $N_1(3/0)$ und hat den Scheitel $S(1/2)$.

c) Eine Parabel ist zur Geraden mit der Gleichung $x = 2$ symmetrisch und verläuft durch die Punkte $P(1/3{,}5)$ und $Q(0/3)$.

d) Eine Parabel schneidet die Achsen in $N_1(-3/0)$, $N_2(5/0)$ und $P(0/6)$.

e)* Durch die drei Geraden mit den Gleichungen
$$y = x + 1; \qquad y = -\frac{1}{5} - \frac{7}{5}; \qquad y = -2x + 4$$
ist ein Dreieck gegeben. Die Eckpunkte dieses Dreiecks liegen auf einer Parabel.

f)* Eine Parabel hat die Gleichung $y = x^2 - 2x + 3$. Eine zweite Parabel schneidet die erste in $S_1(2/y_1)$ und $S_2(-1/y_2)$. S_1 ist gleichzeitig der Scheitel der zweiten Parabel.

03 Überführen Sie die Parabelgleichung in die Faktorform und skizzieren Sie anschließend die Parabel.

a) $y = x^2 + x - 6$　　　b) $y = x^2 - 3x + \frac{5}{4}$　　　c) $y = x^2 - 2x - \frac{5}{4}$

d) $y = x^2 - 5x + 6$　　　e) $y = 2x^2 + 6x + 4$　　　f) $y = (x + 2)^2 - \frac{1}{4}$

04 a) Bestimmen Sie den Scheitel und die Schnittpunkte der Parabel mit der x-Achse, wobei $y = -x^2 + 6x - 5$.

b) Zeichnen Sie diese Parabel in ein Koordinatensystem.

c) Verbindet man die Schnittpunkte mit der x-Achse und den Scheitel der Parabel, entsteht ein Dreieck. Berechnen Sie den Umfang des Dreiecks.

05   Beweisen Sie:
Sind $N_1(x_1|0)$ und $N_2(x_2|0)$ die Schnittpunkte einer Parabel mit der x-Achse, liegt
der Scheitel der Parabel auf der Parallelen zur y-Achse mit der Gleichung
$x = \frac{1}{2} \cdot (x_1 + x_2)$.

06   Das Smiley besteht aus Geraden und Parabelstü-
cken, die Ohren sind Kreise. Lassen Sie Ihren
GTR das Smiley zeichnen.

07

Die Hängebrücke über den Tejo bei Lissabon hat eine Spannweite von 1013 m,
die Höhe der oberen Befestigungspunkte über der Fahrbahn beträgt 70 m. Die
Fahrbahn ist an zwei Haupttrageseilen aufgehängt.

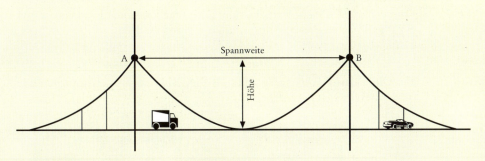

a) Die Haupttrageseile im mittleren Abschnitt haben annähernd die Form einer Parabel. Bestimmen Sie ihre Gleichung.

b) Die Fahrbahn ist in regelmäßigen Abständen mit senkrechten Stahltrageseilen an
den Hauptseilen befestigt. Im mittleren Bereich der Brücke befinden sich auf jeder
Fahrbahnseite sechs Trageseile. Bestimmen Sie rechnerisch die *Gesamtlänge* der
Stahltrageseile, die für den mittleren Brückenabschnitt für beide Fahrbahnseiten
benötigt werden.

c) In der nebenstehenden Abbildung ist eine Eisenbahn-
brücke dargestellt, die über eine Straße führt. Der
Bogen der Brücke bildet eine Parabel mit der Vorschrift $f(x) = -0,16x^2$.
Bestimmen Sie rechnerisch, wie breit ein 3,19 m hoher
Lkw sein darf, damit er gerade noch unter der Brücke
hindurch fahren kann. Dabei darf erentsprechend den
Verkehrsregeln nur auf der 5 m breiten rechten Fahrbahnseite fahren.

d) Eine andere Brücke hat die Form
einer Parabel mit den folgenden
Eigenschaften (Längen in m):
Der Scheitelpunkt der Parabel ist
$S(0/45)$.
Der Stützpfeiler p_2 trifft den Para-
belbogen im Punkt $P(-50/20)$.
Bestimmen Sie die Gleichung der Parabel.
Wie weit sind die Fußpunkte der Pfeiler p_1 und p_4 voneinander entfernt?

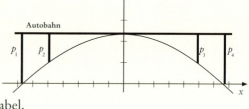

4.1.3 Quadratische Ungleichungen

Impuls

In einer Kleinstadt möchte man den Nahverkehr verbessern und beschließt die
Anschaffung eines Kleinbusses, der mehrere Linien in der Stadt bedienen soll.
Benutzen ihn zu wenige Personen, wird diese Einrichtung defizitär sein. Aber
auch, wenn er zu großen Zuspruch findet, rechnet man mit einem Defizit, da der
Bus dann häufiger fahren, ein zweiter Fahrer angestellt und eventuell ein zweites
Fahrzeug angeschafft werden muss.

Eine Prognose hat ergeben, dass die Differenz zwischen Einnahmen und Ausgaben
bei x Fahrgästen pro Tag durch die quadratische Funktion D beschrieben werden
kann:

$$D(x) = -0,01x^2 + 7x - 1\,000.$$

Bei wie vielen Fahrgästen pro Tag ist der Busverkehr gewinnbringend? Wie groß
ist der maximale Gewinn?

Die Parabel mit der Gleichung
$y = \frac{1}{2}x^2 + x - \frac{3}{2}$
schneidet die x-Achse in den Punkten
$N_1(-3/0)$ und $N_2(1/0)$ und ist nach
oben geöffnet, da der Koeffizient von
x^2 positiv ist.

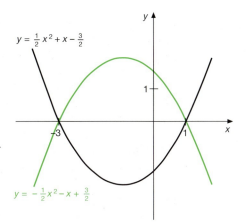

Für welche x-Werte liegen die y-Werte
über der x-Achse?
Der Skizze entnehmen wir die Antwort: $x < -3$ oder $x > 1$.
Wir könnten diese Frage auch anders
formulieren:

- Welche reellen Zahlen muss man für x einsetzen,
  damit $y > 0$ bzw. $\frac{1}{2}x^2 + x - \frac{3}{2} > 0$ gilt?

- Wie lautet die Lösungsmenge der **quadratischen Ungleichung** $\frac{1}{2}x^2 + x - \frac{3}{2} > 0$?

Die Antwort auf diese Frage hieße dann
$$L = \{x \mid x < -3 \text{ oder } x > 1\} = \;]-\infty; -3[\;\cup\;]1; \infty[\; = \mathbb{R}\backslash[-3; 1].$$

Mithilfe der obigen Skizze kann man
auch die Lösungsmengen anderer quad-
ratischer Ungleichungen angeben, z. B.

$\frac{1}{2}x^2 + x - \frac{3}{2} < 0: L = \;]-3; 1[$

$-\frac{1}{2}x^2 - x + \frac{3}{2} > 0: L = \;]-3; 1[$

$-\frac{1}{2}x^2 - x + \frac{3}{2} < 0: L = \mathbb{R}\backslash[-3; 1]$

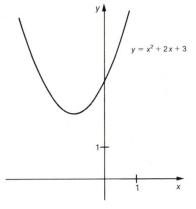

Es kann auch vorkommen, dass die
Lösungsmenge einer quadratischen Un-
gleichung leer ist oder dass sie alle Zah-
len umfasst:
Gesucht ist die Lösungsmenge der
Ungleichung
$$x^2 + 2x + 3 > 0.$$

Die dazugehörende Parabel mit der Gleichung $y = x^2 + 2x + 3$ hat den Scheitel
$S(-1/2)$ und ist nach oben geöffnet (vgl. die Skizze oben). Sie schneidet die
x-Achse nicht, da sie immer oberhalb von ihr verläuft.

Somit ist y bzw. $x^2 + 2x + 3$ für alle $x \in \mathbb{R}$ größer null, die gesuchte Lösungsmenge ist $L = \mathbb{R}$.

Umgekehrt ist $L = \{\,\}$ die Lösungsmenge von $x^2 + 2x + 3 < 0$.

ZUSAMMENFASSUNG

Ist eine quadratische Ungleichung weder allgemein gültig noch unlösbar, so ist
ihre Lösungsmenge entweder ein Intervall oder $\mathbb{R}$ ohne ein Intervall.

BEISPIEL

$$-3x^2 - 4,5x + 3 < 0$$

Die Ungleichung wird auf die normierte Form (d.h. Koeffizient von x^2 ist 1) gebracht: Division durch die negative Zahl -3. Dadurch dreht sich das „kleiner"-Zeichen um.

$$x^2 + 1,5x - 1 > 0$$

In einer *Nebenrechnung* bestimmen wir die Schnittpunkte der Parabel mit der Gleichung $y = x^2 + 1,5x - 1$ mit der x-Achse. Dazu lösen wir die quadratische Gleichung

$$x^2 + 1,5x - 1 = 0$$

Deren Lösungen sind $x_{1/2} = -0,75 \pm \sqrt{0,5625 + 1}$
$$x_1 = -0,75 + 1,25 = 0,5$$
$$x_2 = -2$$

Die Parabel mit der Gleichung $y = x^2 + 1,5x - 1$ schneidet die x-Achse an den Stellen -2 und $0,5$. Sie ist nach oben geöffnet. Die Lösungsmenge der Ungleichung $x^2 + 1,5x - 1 > 0$ und auch der ursprünglichen Ungleichung $-3x^2 - 4,5x + 3 < 0$ ist $L = \{x \mid x < -2 \text{ oder } x > 0,5\} = \mathbb{R} \setminus [-2; 0,5]$

AUFGABEN

01   Bestimmen Sie die Definitions- und Lösungsmenge.

a) $x^2 - 1 > 0$

b) $-x^2 + 2x < 49 + 2x$

c) $2x^2 + 7 > -5$

d) $\dfrac{x^2 + 2x - 2}{x} > 2 - x$

e) $2x^2 - 4x \geq x^2 + x$

f) $\frac{1}{3}x^2 + 2x > 0$

g) $-4x^2 + 8x \leq 0$

h) $x^2 - 3x - 4 > 0$

i) $7x^2 + 13x - 4 < x^2 + x - 14$

j) $-x^2 - 8x + 30 < 2x^2 + 4x - 6$

k) $-2x^2 + 8x - 6 \geq 2x - 2$

l) $x^2 + 14x + 49 > 0$

m) $x^2 - x + 1 < 0$

n) $-4x^2 + x + \frac{1}{2} \leq 0$

o) $-24x^2 - 5x + 1 \geq 0$

p) $2x^2 + x - \frac{7}{2} \leq -x + x^2 - \frac{19}{2}$

q) $12x^2 - 5x + 4 \leq 6 + 2x^2 + 3$

r)* $x^2 + ax < \frac{3}{4}a^2 \ (a \in \mathbb{R})$

s) $\dfrac{x^2 + x}{x - 1} > x - 2$

t) $\dfrac{11x - 10}{2x - 3} > -x$

u) $\dfrac{3x - 2}{x - 1} > \dfrac{4}{x + 1} + 3$

v)* $\dfrac{5x}{x - 3} \leq -\dfrac{4}{x}$

w)* $\dfrac{5x}{x - 3} \leq \dfrac{4}{x}$

x)* $\dfrac{2}{x^2 - 5x + 6} > 1$

y)* $\dfrac{x + 4}{x - 1} + \dfrac{x - 4}{2x} < \dfrac{64}{2x^2 - 2x}$

z)* $\dfrac{2x^2 - 6x + 2}{x^2 - 5x + 4} > 1$

02 Wie muss t gewählt werden, damit die Gleichung keine, eine oder zwei Lösungen hat?

a) $2x^2 + 4x - t = 0$ b) $-3x^2 - 9x + \frac{t}{2} = 0$

c) $3x^2 + tx + 2 = 0$ b) $t^2 x^2 - 3tx + 2 = 0$

e) $(t - 1)x^2 + 4tx + 5t = 0$ f) $-2x^2 - 8tx + 16 + 8t - 16t^2 = 0$

g) $2(x + 4) + tx(1 + x) = 2(x^2 + 4)$ h) $\dfrac{4x}{t} + 8x^2 + 2 = 0$ $(t \neq 0)$

i) $-4x^2 + 12tx - 5 = 4t$ j) $x^2 + 2tx + \frac{3}{4} = t$

4.2 Steigung und Änderungsrate

Impuls

Welche Steigung hat die Parabel mit der Vorschrift $f(x) = 0{,}8x^2$?

Eine Gerade[1] kann eine Parabel entweder zweimal oder einmal oder gar nicht schneiden.

 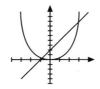

Damit gleichen sich die Verhältnisse beim Kreis und bei der Parabel.

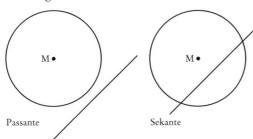 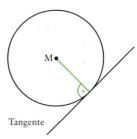

Passante   Sekante   Tangente

Während allerdings die Kreistangente im Kreispunkt Q leicht zu konstruieren ist, da sie dort senkrecht auf dem Kreisradius steht, lässt sich ein ähnlich einfaches Kriterium für Parabeltangenten nicht finden. Wenn wir aber verwenden, dass **die Tangente mit der Parabel genau einen gemeinsamen Punkt hat**[1], können wir die Gleichungen von Parabeltangenten relativ einfach bestimmen.

BEISPIEL

Wie muss t gewählt werden, damit die Parabel mit der Vorschrift $f(x) = 0{,}8x^2$ und die Gerade mit der Vorschrift $g(x) = 2{,}4x + t$ genau einen gemeinsamen Punkt haben?

---

1 Vom Sonderfall der Parallelen zur y-Achse sehen wir ab.

Wir setzen gleich und lösen nach x auf:

$$f(x) = g(x)$$
$$0{,}8x^2 = 2{,}4x + t$$
$$0{,}8x^2 - 2{,}4x - t = 0$$
$$x^2 - 3x - 1{,}25t = 0$$
$$x_{1/2} = 1{,}5 \pm \sqrt{2{,}25 + 1{,}25t}$$

Die beiden Schaubilder haben genau einen gemeinsamen Punkt, wenn die Diskriminante null ist:

$$2{,}25 + 1{,}25t = 0$$
$$t = -1{,}8$$

Die Gerade mit der Vorschrift
$g(x) = 2{,}4x - 1{,}8$ und die Parabel mit
$f(x) = 0{,}8x^2$ haben genau einen gemeinsamen Punkt. Der x-Wert dieses Punktes ist 1,5. Seinen y-Wert 1,8 erhält man durch Einsetzen in eine der beiden Gleichungen.

Diese Gerade g mit der Vorschrift
$g(x) = 2{,}4x - 1{,}8$ ist die **Tangente** der Parabel im Punkt $P(1{,}5/1{,}8)$.

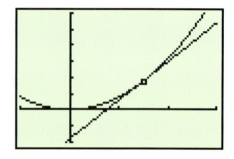

In jedem Punkt der Kreisbahn ist die Geschwindigkeit des Schleuderballs tangential zur Kreisbahn gerichtet. Genauso stimmt die Steigung der Parabel in jedem ihrer Punkte mit der Steigung der Tangente dort überein. Da die Parabeltangente im Punkt $P(1{,}5/1{,}8)$ die Steigung 2,4 hat, ist im Punkt P auch die Steigung der Parabel 2,4.

Ein Schleuderball, der auf einer Kreisbahn herumgeschleudert wird, fliegt **tangential** weiter, wenn er losgelassen wird.

Wir bestätigen dieses Ergebnis durch eine zweite, völlig andere Überlegung.

Ein Wagen mit der Masse 1 kg wird gemäß nebenstehender Skizze über einen langen Faden mit einem Gewicht mit 0,25 kg Masse verbunden.

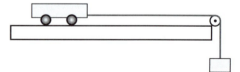

Dann wird das Gewicht losgelassen, der Wagen setzt sich in Bewegung, erst langsam, dann immer schneller. Alle 0,5 s wird die Entfernung des Wagens von seinem Startpunkt gemessen.

Zeit x	0 s	0,5 s	1,0 s	1,5 s	2,0 s	2,5 s
zurückgelegte Strecke y	0 m	0,2 m	0,8 m	1,8 m	3,2 m	5,0 m

Überprüfen Sie es selbst, der Zusammenhang zwischen der zurückgelegten Strecke y und der dazu notwendigen Zeit x lässt sich mit der quadratischen Funktion s mit

$$s(x) = 0{,}8 \cdot \tfrac{m}{s^2} \cdot x^2$$

beschreiben.

Häufig nennt man die Funktion s statt f, wenn die Funktionswerte Strecken sind. Da die Funktionswerte die Maßeinheit „Meter (m)" und die Argumente die Maßeinheit „Sekunden (s)" haben, muss die Maßeinheit des konstanten Faktors dazu passen. Somit ist der Unterschied zur Funktion f mit der Vorschrift $f(x) = 0{,}8 \cdot x^2$ letzten Endes nur formaler Natur (Name der Funktion, Einheiten) und die Funktionen s und f haben für $x \geq 0$ dieselben Schaubilder.

Welche Änderungsrate hat die Funktion s? Die Änderungsrate war bei der linearen Funktion g das Verhältnis zweier Differenzen (dafür ist auch das Wort **Differenzenquotient** üblich), die z. B. mit einem Steigungsdreieck ermittelt wurde:

$$m = \frac{\Delta y}{\Delta x} = \frac{y_2 - y_1}{x_2 - x_1} = \frac{g(x_2) - g(x_1)}{x_2 - x_1}.$$

Entsprechend müssen wir hier zur Bestimmung der Änderungsrate den Differenzenquotienten $\dfrac{s(x_2) - s(x_1)}{x_2 - x_1}$ bilden. Suchen wir also aus obiger Wertetabelle zwei Wertepaare aus und berechnen den Differenzenquotienten:

$$\frac{s(1{,}5\,\text{s}) - s(0\,\text{s})}{1{,}5\,\text{s} - 0\,\text{s}} = \frac{1{,}8\,\text{m} - 0\,\text{m}}{1{,}5\,\text{s} - 0\,\text{s}} = \frac{1{,}8\,\text{m}}{1{,}5\,\text{s}} = 1{,}2\,\tfrac{m}{s}.$$

Die Änderungsrate hat in diesem Beispiel nicht nur die Einheit $\tfrac{m}{s}$ der Geschwindigkeit, sondern ist eine Geschwindigkeit. Sie gibt an, welche Strecke in einer Sekunde zurückgelegt werden muss, um 1,8 m nach 1,5 s zurückzulegen.

Zu Beginn hatten wir festgestellt, dass die Geschwindigkeit des Wagens nach dem Start ständig zunimmt. Was bedeutet somit die berechnete Geschwindigkeit von $1{,}2\,\tfrac{m}{s}$? Es eine so genannte durchschnittliche Geschwindigkeit bzw. **durchschnittliche Änderungsrate.** Würde der Wagen 1,5 s lang mit dieser Durchschnittsgeschwindigkeit $1{,}2\,\tfrac{m}{s}$ fahren, wäre er nach dieser Zeit 1,8 m weit gekommen. In Wirklichkeit fährt der Wagen anfangs langsamer und später schneller als $1{,}2\,\tfrac{m}{s}$.

Stellen wir uns vor, ein zweiter Wagen, der von einem Elektromotor angetrieben wird und deshalb immer mit der **konstanten** Geschwindigkeit $1{,}2\,\tfrac{m}{s}$ fährt, startet an derselben Stelle gleichzeitig mit dem ersten Wagen, der von dem Gewicht **beschleunigt** wird. Anfangs ist der zweite Wagen schneller und gewinnt einen Vorsprung, später wird der erste Wagen schneller und der Vorsprung des zweiten Wagens verringert sich. Nach 1,5 s hat der erste Wagen den zweiten eingeholt. Zu diesem Zeitpunkt sind beide Wagen 1,8 m vom Startpunkt entfernt.

Impuls

Beschreiben Sie die Bewegung der beiden Wagen nach 1,5 s.

Tragen wir die Bewegung beider Wagen in ein Koordinatensystem ein, dann wird die beschleunigte Bewegung durch die Parabel beschrieben, zur Bewegung mit der Durchschnittsgeschwindigkeit gehört eine Gerade, die die Parabel bei 0 s und bei 1,5 s schneidet. Diese Gerade nennt man – wie beim Kreis – eine **Sekante**.

Wenn Sie mit einem Auto fahren und in einem bestimmten Moment auf den Tachometer schauen, dann können Sie die Geschwindigkeit ablesen, die das Auto in diesem Moment hat. Diese Geschwindigkeit nennt man die **Momentange-schwindigkeit** bzw. allgemein die **momentane Änderungsrate**. Wie groß ist die Momentangeschwindigkeit des Wagens, der von dem Gewicht beschleunigt wird, 1,5 s nach dem Start?

Dazu zwei Gedanken:

Ihnen werden 100 Megachip-Aktien zum Preis von je 6,30 € angeboten. Kaufen Sie die Aktien? Bevor Sie eine Entscheidung treffen, werden Sie sich wahrscheinlich die Entwicklung des Aktienkurses anschauen. Kostete eine Aktie vor 30 Tagen erst 2,80 €, vor 10 Tagen 4,70 € und gestern 6,10 €, werden Sie interessiert sein. War sie dagegen vor 30 Tagen noch 15,40 € wert, vor 15 Tagen 8,90 € und vorgestern 7,00 €, werden Sie wahrscheinlich die Finger vom Kauf lassen. Wichtig für eine Entscheidung ist die **Entwicklung des Preises**.

Die Polizei hat zwei Lichtschranken, ähnlich denen bei Aufzugstüren, zur Verfügung. Die erste startet eine Stopp-uhr, die zweite hält sie an. Wie soll die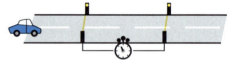
Polizei die Lichtschranken aufstellen, um Temposünder zu ertappen? Ein Abstand von 100 m zwischen der ersten und zweiten Lichtschranke ist völlig inakzeptabel; entdeckt ein Fahrer, der mit überhöhter Geschwindigkeit die erste Lichtschranke passiert, die Messvorrichtung, kann er bremsen, sogar halten und so seine Durchschnittsgeschwindigkeit senken. Für 50 m Abstand gilt vermutlich dasselbe. Bei 1 m Abstand zwischen den beiden Lichtschranken, kann der Auto-fahrer die Durchschnittsgeschwindigkeit nur noch wenig beeinflussen. Man kann festhalten: Je kleiner der Abstand zwischen den beiden Lichtschranken ist, desto weniger unterscheidet sich die Durchschnittsgeschwindigkeit von der wahren, der Momentangeschwindigkeit.

Diese beiden Gedanken greifen wir auf und bestimmen die Durchschnittsge-schwindigkeit des Wagens, der von dem Gewicht beschleunigt wird, in immer kleineren Intervallen und betrachten dann die Entwicklung der Durchschnittsge-schwindigkeit.

In dem 1,0 s langen Zeitintervall Δx zwischen 1,5 s und 2,5 s ändert sich der Abstand zum Startpunkt um $\Delta y = 5,0\ \text{m} - 1,8\ \text{m} = 3,2\ \text{m}$, die **durchschnittliche Änderungsrate** (bzw. Geschwindigkeit) in diesem Zeitintervall beträgt also

$$\frac{\Delta y}{\Delta x} = \frac{3,2\ \text{m}}{1,0\ \text{s}} = 3,2\ \tfrac{\text{m}}{\text{s}}.$$

Wie weit fährt der Wagen in dem 0,1 s langen Zeitintervall zwischen 1,5 s und 1,6 s? Obiger Tabelle mit den Messwerten können wir nicht entnehmen, wie weit der Wagen nach 1,6 s gekommen ist. Das macht aber nichts, da wir inzwischen die Vorschrift kennen, mit deren Hilfe man berechnen kann, welche Strecke der Wagen nach 1,6 s zurückgelegt hat:

$$s(1,6\ s) = 0,8 \cdot \tfrac{m}{s^2} \cdot (1,6\ s)^2 = 0,8 \cdot \tfrac{m}{s^2} \cdot 2,56\ s^2 = 2,048\ m.$$

Damit gilt für die durchschnittliche Änderungsrate:

$$\frac{\Delta y}{\Delta x} = \frac{s(1,6\ s) - s(1,5\ s)}{1,6\ s - 1,5\ s} = \frac{2,048\ m - 1,8\ m}{0,1\ s} = \frac{0,248\ m}{0,1\ s} = 2,48\ \tfrac{m}{s}.$$

Die Tabelle enthält weitere durchschnittliche Änderungsraten $\frac{\Delta y}{\Delta x}$ in Zeitintervallen unterschiedlicher Länge:

Zeitintervall	1,5 s bis 2,5 s	1,5 s bis 1,6 s	1,5 s bis 1,51 s	1,5 s bis 1,501 s	1,5 s bis 1,5001 s	1,5 s bis 1,50001 s
Wegunterschied Δy in m	$5,0 - 1,8$ $= 3,2$	$2,048 - 1,8$ $= 0,248$	$1,82408 - 1,8$ $= 0,02408$	$1,8024008 - 1,8$ $= 0,0024008$	$1,800240008 - 1,8$ $= 0,000240008$	$1,80002400008 - 1,8$ $= 0,00002400008$
$\frac{\Delta y}{\Delta x}$ in $\frac{m}{s}$	3,2	2,48	2,408	2,4008	2,40008	2,400008

Bisher war 1,5 s immer die linke Grenze des Zeitintervalls, in dem die durchschnittliche Änderungsrate berechnet wurde. Wie verändert sich die Folge von Durchschnittsgeschwindigkeiten, wenn 1,5 s die rechte Grenze des Zeitintervalls ist?

In dem 1,0 s langen Zeitintervall zwischen 0,5 s und 1,5 s berechnet man die durchschnittliche Änderungsrate wie folgt:

$$\frac{\Delta y}{\Delta x} = \frac{s(0,5\ s) - s(1,5\ s)}{0,5\ s - 1,5\ s} = \frac{0,2\ m - 1,8\ m}{-1,0\ s} = \frac{-1,6\ m}{-1,0\ s} = 1,6\ \tfrac{m}{s}.$$

Wenn man die Berechnung der durchschnittlichen Änderungsrate zwischen 0,5 s und 1,5 s anschaut, würde man wahrscheinlich intuitiv bei den Differenzen die umgekehrte Reihenfolge wählen, damit sie nicht negativ werden. Da sich aber dadurch das Endergebnis nicht ändern würde, verwenden wir obige Reihenfolge, die sich eingebürgert hat.

Zeitintervall	1,0 s bis 1,5 s	1,4 s bis 1,5 s	1,49 s bis 1,5 s	1,499 s bis 1,5 s	1,4999 s bis 1,5 s	1,49999 s bis 1,5 s
Wegunterschied Δy in m	$0,8 - 1,8$ $= -1,0$	$1,568 - 1,8$ $= -0,232$	$1,77608 - 1,8$ $= -0,02392$	$1,7976008 - 1,8$ $= -0,0023992$	$1,799760008 - 1,8$ $= -0,000239992$	$1,79997600008 - 1,8$ $= -0,00002399992$
$\frac{\Delta y}{\Delta x}$ in $\frac{m}{s}$	2,0	2,32	2,392	2,3992	2,39992	2,399992

Da sich nicht nur die Differenz Δx, sondern auch die Differenz Δy immer weniger von 0 unterscheiden, kann sich das **Verhältnis** $\frac{\Delta y}{\Delta x}$ dem Wert $2,4\ \tfrac{m}{s}$ annähern. Diesen Grenzwert nennt man **momentane Änderungsrate** (allgemein den Differenzialquotienten) zur Zeit 1,55. Würde der Wagen weiter so fahren wie in diesem Moment, wäre er 1 Sekunde später 2,4 m weiter gefahren.

Wir haben durch diese zweite Überlegung das Ergebnis bestätigt, das wir am Anfang auf einem völlig anderen Weg erhielten.

ZUSAMMENFASSUNG

Die **momentane Änderungsrate** an einer Stelle x_0 ist mit der **Steigung der Tangente** bzw. des Schaubildes im Kurvenpunkt $P(x_0/f(x_0))$ identisch. Beide sind **Differenzialquotienten**. Die **durchschnittliche Änderungsrate** in einem Intervall entspricht der **Steigung der Sekante** über diesem Intervall. Verallgemeinernd nennt man beide auch **Differenzenquotienten**.

Welche Steigung hat die Parabel mit der Vorschrift $f(x) = x^2 + 2$ im Punkt $P(3/11)$?

Wie im ersten Beispiel bestimmen wir eine Folge von Sekantensteigungen

$$\frac{f(x) - f(3)}{x - 3},$$

wobei wir x immer näher an 3 wählen: 4; 3,1; 3,01; 3,001; 3,0001; … und 2; 2,9; 2,99; 2,999; 2,9999; … Man sagt, die beiden Folgen von Zahlen **konvergieren**[1] gegen 3.
Das Rechnen soll dieses Mal der GTR übernehmen.

Plot1 Plot2 Plot3
\Y1◼X²+2
\Y2◻(Y1(X)-Y1(3)
)/(X-3)
\Y3=
\Y4=
\Y5=
\Y6=

X	Y1	Y2
4	18	7
3.1	11.61	6.1
3.01	11.06	6.01
3.001	11.006	6.001
3.0001	11.001	6.0001

X=

X	Y1	Y2
2	6	5
2.9	10.41	5.9
2.99	10.94	5.99
2.999	10.994	5.999
2.9999	10.999	5.9999

X=

Die Funktion f ist die erste Funktion, der Differenzenquotient die zweite.

Je näher die x-Werte bei der 3 liegen, desto weniger unterscheiden sich die Werte des Differenzenquotienten, also die Sekantensteigungen, von 6.

Die Steigung der Parabel im Punkt $P(3/11)$ ist also 6. Da die Tangente der Parabel in diesem Punkt P ebenfalls die Steigung 6 hat, können wir ihre Gleichung bestimmen: $t(x) = 6x - 7$.
Der GTR kann die Tangente zwar nicht exakt berechnen, aber eine sehr gute Näherung, und diese dann zeichnen (DRAW -5:Tangent).

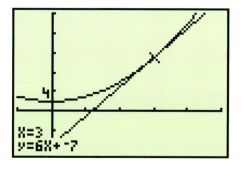

1 convergere (lat.), zusammenlaufen.

AUFGABEN

01   Für welche Werte von t haben die Parabel f und die Gerade g keinen, einen oder zwei Schnittpunkte?
Lassen Sie den GTR die Parabel und die Gerade für den Wert von t zeichnen, für den Sie genau einen gemeinsamen Punkt haben.
a) $f(x) = x^2 - tx + 2t$ und $g(x) = 2x - 1$
b) $f(x) = 2x^2 + tx + 2$ und $g(x) = 2x - \frac{5}{2}$
c) $f(x) = 2x^2 + 2tx - 4t$ und $g(x) = 6x$
d) $f(x) = 2x^2 + x + t$ und $g(x) = x + 2$
e) $f(x) = -3x^2 + 2x + 1$ und $g(x) = 2x + t$
f) $f(x) = x^2 - 2x - t$ und $g(x) = -x - 3$
g) $f(x) = 2x^2 + tx + 2$ und $g(x) = t \cdot (x + 2)$
h) $f(x) = 2x^2 + 2tx - 4t$ und $g(x) = 6x - \frac{1}{2} \cdot t^2$

02   Bestimmen Sie die Gleichung der Schar von Geraden, die genau einen Schnittpunkt mit dem Graphen von f haben und die nicht parallel zur y-Achse sind!
a) $f(x) = x^2 + 2x + 1$ b) $f(x) = -2x^2 + x - 5$

03   Zeichnen Sie das Schaubild der Funktion $f(x)$ im Intervall $x \in [-3; 3]$. Legen Sie in den angegebenen Punkten nach Augenmaß Tangenten an das Schaubild. Lesen Sie die Steigungen der Tangenten ab.
Lassen Sie den GTR Tangenten in denselben Punkten einzeichnen und vergleichen Sie mit Ihren Ergebnissen.
a) $f(x) = x^2$, $P(2/f(2))$, $Q(-2/f(-2))$, $R(2,5/f(2,5))$
b) $f(x) = 0,5 \cdot x^2$, $P(2/f(2))$, $Q(-2/f(-2))$, $R(2,5/f(2,5))$
c) $f(x) = x^2 + 2x + 1$, $P(1/f(1))$, $Q(-1/f(-1))$, $R(1,5/f(1,5))$
d) $f(x) = -x^2 + 3$, $P(1/f(1))$, $Q(-0,5/f(-0,5))$, $R(-2/-1)$

04   Entlang einer 100 m langen Strecke wurden alle 10 m Messstellen installiert. Ein Auto startet am Anfang der Strecke und durchfährt zu den angegebenen Zeiten die Messstellen.

Zeit in s	0	1,2	2,0	2,4	2,6	2,8	3,0	3,6	4,1	4,5	4,7
Weg in m	0	10	20	30	40	50	60	70	80	90	100

a) Bestimmen Sie die Vorschrift der quadratischen Regressionskurve.
Berechnen Sie die Durchschnittsgeschwindigkeiten in den Zeitintervallen
b) 2 s bis 4 s;   2 s bis 2,5 s;   2 s bis 2,01 s;
  2 s bis 3 s;   2 s bis 2,1 s;   2 s bis 2,001 s.
c) 0 s bis 2 s;   1,5 s bis 2 s;   1,99 s bis 2 s;
  1 s bis 2 s;   1,9 s bis 2 s;   1,999 s bis 2 s.
d) Wie groß ist die Momentangeschwindigkeit 2 s nach dem Start?

05 In der nebenstehenden Abbildung ist ein Wassertank dargestellt. Der leere Tank wird gleichmäßig mit Wasser gefüllt. Begründen Sie, welcher der folgenden Graphen zeigt, wie sich die Höhe des Wasserspiegels mit der Zeit ändert. Begründen Sie für die anderen Graphen, warum sie **nicht** die Änderung beschreiben.

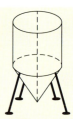

Zeichnen Sie ein Gefäß, das zu dem jeweiligen Füllgraphen passen könnte.

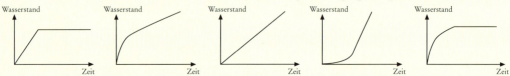

06 Jeder der abgebildeten Behälter wird gleichmäßig mit der gleichen Wassermenge pro Zeiteinheit gefüllt.

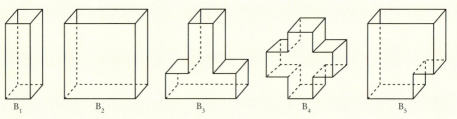

Die folgenden Füllgraphen geben die Höhe h des Wasserstandes in Abhängigkeit von der Öffnungszeit t der Wasserleitungen an.

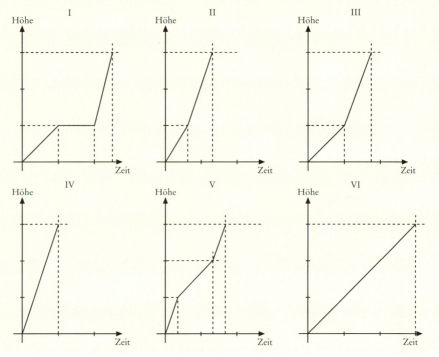

a) Begründen Sie, welches Schaubild zu welchem der Behälter B_1, B_2, B_3 bzw. B_4 gehört.

b) Zeichnen Sie das entsprechende Diagramm, das die Füllhöhe des Behälters B_5 in Abhängigkeit von der Füllzeit beschreibt.

07   Ein Niederschlagmessgerät besteht aus einem nach oben offenen zylinderförmigen Gefäß mit einer Grundfläche von 1 m².

a) Die Niederschlagsmenge wird in Millimeter pro Quadratmeter angegeben. Wie groß ist die Niederschlagsmenge, wenn das Gerät 5 l Wasser auffängt?

b) In einer Wetterstation wird die Aufzeichnung eines Niederschlagmessgeräts vom Vortag (0 Uhr bis 20 Uhr) ausgewertet.
Wann hat es geregnet? In welchem Zeitraum hat es stark, in welchem Zeitraum schwach geregnet?

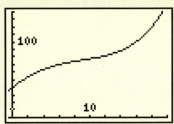

c) Skizzieren Sie die Aufzeichnung eines Niederschlagmessgeräts, das folgende Wettersituation beschreibt:
Wolkenbruch – Nieselregen – Sonnenschein bei wolkenlosem Himmel.

4.3   Allgemeine Potenzfunktionen

Definition 4.2
Ist n eine ganze Zahl ungleich 0, dann heißt eine Funktion f mit der Vorschrift
$$f(x) = x^n$$
Potenzfunktion.

a) Aus den vorangehenden Abschnitten kennen wir bereits folgende Potenzfunktionen mit **positiven ganzen Exponenten.**

Funktionsvorschrift	Name	Graph
$f(x) = x$	lineare Funktion	Ursprungs-gerade
$f(x) = x^2$	quadratische Funktion	(Normal-) Parabel

Wie bei allen Potenzfunktionen mit positiven Exponenten kann für x jede reelle Zahl eingesetzt werden, d.h. ihr maximaler Definitionsbereich ist $D = \mathbb{R}$.

Für $n = 3$ erhalten wir die **kubische Funktion** mit der Vorschrift $f(x) = x^3$. Ihr Graph heißt **kubische Parabel**.

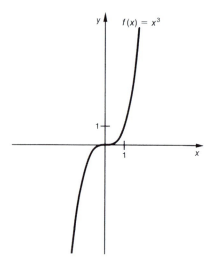

Die Graphen der übrigen Potenzfunktionen mit der Vorschrift $f(x) = x^n$ und $n \in \mathbb{N}^*$ ähneln jeweils einem der obigen Schaubilder:

- $f(x) = x^n$; $n \in \mathbb{N}^*$ und **n gerade**

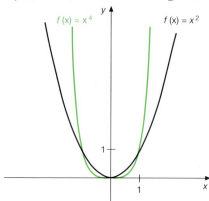

Alle Graphen verlaufen durch $P_1(-1/1)$ und $P_2(1/1)$. Je größer n ist, desto flacher verlaufen die Graphen zwischen -1 und 1 und desto steiler sonst.

Die Schaubilder sind symmetrisch zur y-Achse.

- $f(x) = x^n$; $n \in \mathbb{N}^*$ und **n ungerade**

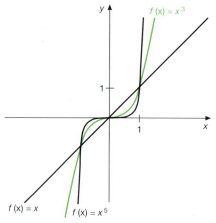

Alle Graphen verlaufen durch $P_1(-1/-1)$ und $P_2(1/1)$. Je größer n ist, desto flacher verlaufen die Graphen zwischen -1 und 1 und desto steiler sonst.

Die Schaubilder sind punktsymmetrisch zum Ursprung des Koordinatensystems.

b) Der Definitionsbereich der Potenzfunktionen mit **negativen ganzen Hochzahlen** darf 0 nicht enthalten, da eine Division durch 0 nicht definiert ist. Ihre Graphen sind zu den vorangehenden sehr unterschiedlich, weisen untereinander aber wieder Ähnlichkeiten auf.

Für $n = -1$ erhält man die Kehrwertfunktion mit der Vorschrift $f(x) = x^{-1}$ $= \dfrac{1}{x}$, ihr Graph heißt **Hyperbel**.

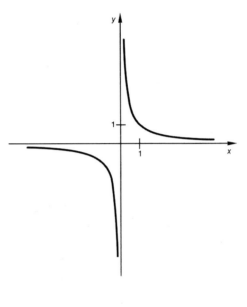

Die beiden Teile (Äste) des Schaubildes hängen nicht zusammen. Nähert man sich auf der x-Achse der Null von rechts, werden die Funktionswerte beliebig groß.

Nähert man sich der Null von links, werden die Funktionswerte immer kleiner („stärker negativ"). Man sagt, die Kehrwertfunktion hat an der Stelle 0 einen **Pol** (Unendlichkeitsstelle), ihr Graph hat dort eine **senkrechte Asymptote**[1] (d.h. senkrechte Gerade, der sich das Schaubild immer mehr nähert).

Außerdem kommt der Graph obiger Funktion der x-Achse beliebig nahe, da die Funktionswerte immer näher bei null liegen, wenn die x-Werte größer werden.

Man nennt die x-Achse eine **waagrechte Asymptote** des Funktionsgraphen. Er erreicht die x-Achse aber nie, da $\dfrac{1}{x}$ für positive x-Werte immer größer als 0 bleibt. Entsprechendes gilt, wenn die x-Werte immer „stärker negativ" werden.

Für $n = -2$ heißt die Vorschrift $f(x) = x^{-2} = \dfrac{1}{x^2}$, ihr Graph wird ebenfalls **Hyperbel** genannt. Aufgrund des Quadrates sind alle y-Werte positiv, das Schaubild liegt vollständig oberhalb der x-Achse.

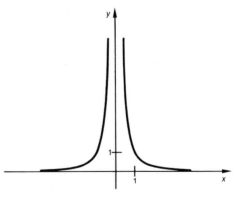

Die Graphen der übrigen Potenzfunktionen mit negativen ganzen Hochzahlen ähneln jeweils einem der obigen Schaubilder.

---

1 Von asymptotos (griech.), nicht zusammenfallend.

- $f(x) = \dfrac{1}{x^n}$; $n \in \mathbb{N}^*$ und **n ungerade**, $x \neq 0$.

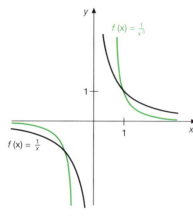

Alle Graphen verlaufen durch $P_1(-1/-1)$ und $P_2(1/1)$.

Die Gerade mit der Gleichung $x = 0$ ist senkrechte, die Gerade mit der Gleichung $y = 0$ waagrechte Asymptote der Graphen.

Die Graphen nähern sich der waagrechten Asymptote umso schneller an, je größer n ist; sie nähern sich der senkrechten Asymptote umso schneller an, je kleiner n ist.

Die Schaubilder sind punktsymmetrisch zum Ursprung des Koordinatensystems.

- $f(x) = \dfrac{1}{x^n}$; $n \in \mathbb{N}^*$ und **n gerade**, $x \neq 0$

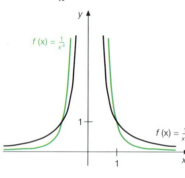

Alle Graphen verlaufen durch $P_1(-1/1)$ und $P_2(1/1)$.

Die Gerade mit der Gleichung $x = 0$ ist senkrechte, die mit der Gleichung $y = 0$ waagrechte Asymptote der Graphen.

Die Graphen nähern sich der waagrechten Asymptote umso schneller an, je größer n ist; sie nähern sich der senkrechten Asymptote umso schneller an, je kleiner n ist.

Die Schaubilder sind symmetrisch zur y-Achse.

Um die Steigung der Hyperbel mit $f(x) = \dfrac{1}{x^2}$ im Punkt $P(1/1)$ zu bestimmen, verwenden wir dasselbe Verfahren wie im vorangehenden Abschnitt: Wir wählen zwei Folgen von Punkten, die auf der Hyperbel liegen und $P(1/1)$ immer näher kommen:

$L_1(0,5/4)$, $L_2(0,95/1,1080)$, $L_3(0,995/1,0101)$, $L_4(0,9995/1,0010)$, $L_5(0,99995/1,0001)$, …

sowie

$R_1(2/0,25)$, $R_2(1,2/0,69444)$, $R_3(1,02/0,96117)$, $R_4(1,002/0,99601)$, $R_5(1,0002/0,99960)$, …

Dann lassen wir den GTR die Steigungen $\dfrac{f(x) - f(1)}{x - 1}$ der Sekanten durch P und diese Punkte berechnen (Y_2-Spalte):

X	Y₁	Y₂
.5	4	⁻6
.95	1.108	⁻2.161
.995	1.0101	⁻2.015
.9995	1.001	⁻2.002
.99995	1.0001	◼

$Y_2 = {}^-2.00015001$

X	Y₁	Y₂
2	.25	⁻.75
1.2	.69444	⁻1.528
1.02	.96117	⁻1.942
1.002	.99601	⁻1.994
1.002	.99601	⁻1.994
1.0002	.9996	⁻1.999
1	.99996	◼

$Y_2 = {}^-1.9999400015$

Je näher die Punkte L und R dem Punkt P kommen, desto näher kommen die Steigungen der Sekanten dem Wert -2. Die Steigung der Hyperbeltangente im Punkt $P(1/1)$ ist deswegen -2.

Mithilfe der Punkt-Steigungs-Form der Geradengleichung finden wir die Gleichung der Tangente in P:

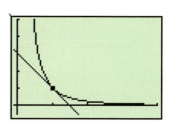

$$y - 1 = -2 \cdot (x - 1) \text{ bzw. } y = -2x + 3.$$

AUFGABEN

01 Die Kantenlänge eines Würfels wird mit a bezeichnet. Stellen Sie das Würfelvolumen V in Abhängigkeit von der Kantenlänge a grafisch dar.
Lesen Sie ab, welche Kantenlänge ein Würfel vom Volumen $V = 3 \text{ m}^3$ (6 m^3) hat und welches Volumen ein Würfel mit der Kantenlänge $a = 1,5 \text{ m}$ ($0,7 \text{ m}$) besitzt.

02 Durch welchen Punkt verlaufen die Graphen **aller** Potenzfunktionen?

03 Bei einem Rechteck (Flächeninhalt 2 cm^2) sind die Seitenlängen mit x und y bezeichnet. Wie groß ist y bei gegebenem x? Stellen Sie den Zusammenhang zwischen x und y im Bereich $0 < x \leq 10$ grafisch dar, und lesen Sie ab, wie groß y sein muss, wenn $x = 2,5 \text{ cm}$ ($3,75 \text{ cm}$) ist.

04 Ein Wasserhahn gibt x Liter Wasser in der Minute in einen Behälter von $10\ l$ Fassungsvermögen ab. Die Zeit t zum Füllen hängt von x ab.

a) Wie lange dauert es, bis der Behälter gefüllt ist, wenn der Hahn $2,7\ l/\text{min}$ abgibt? Geben Sie die Funktionsvorschrift $t(x)$ an, und zeichnen Sie ein Schaubild für $1 \leq x \leq 10$.

b) An der Unterseite des Behälters befindet sich ein Leck, durch das $1,5\ l/\text{min}$ ausfließen. T sei die neue Füllzeit. Wie groß ist T für $x = 2,7$? Ermitteln Sie die Funktionsvorschrift $T(x)$, und zeichnen Sie für $2,5 \leq x \leq 10$ das Schaubild.

05 Eine Druckerei druckt unter anderem auch Postkarten und berechnet die Kosten für das Drucken von Postkarten mit folgender Vorschrift

$$K(n) = \frac{20000}{n} + 6.$$

Dabei ist n die Anzahl der zu druckenden Postkarten, K die Kosten pro Postkarte in Cent.

a) Die Druckerei erhält einen Druckauftrag für (genau) 5000 Postkarten. Berechnen Sie den Preis einer Postkarte.

b) Wie viele Postkarten müssen gedruckt werden, damit eine Karte 8 Cent kostet?

c) Untersuchen Sie, ob eine Postkarte 6 Cent kosten kann. Interpretieren Sie, welche Bedeutung in der angegebenen Vorschrift die 6 (Cent) haben könnten.

06   Bestimmen Sie mit dem GTR die Steigung der Tangente an das Schaubild von f im Punkt $P(2 \mid f(2))$.

a) $f(x) = \dfrac{1}{x}$ b) $f(x) = \dfrac{1}{x^2}$ c) $f(x) = \dfrac{1}{x^3}$

07   Bestimmen Sie die Steigung der Tangente an das Schaubild von f im Punkt $P(2 / f(2))$. Formulieren Sie Ihr Ergebnis allgemein.

a) $f(x) = x^3$ b) $f(x) = x^3 + 2$ c) $f(x) = x^3 - 4$
d) $f(x) = 2 \cdot x^3$ e) $f(x) = 0{,}25 \cdot x^3$ f) $f(x) = -x^3$

08   Auch **Wurzelfunktionen** gehören zu den Potenzfunktionen. Zeichnen Sie das Schaubild der Funktion f mit $D = \mathbb{R}_+$. Vergleichen Sie die Graphen und formulieren Sie Ihr Ergebnis.

a) $f(x) = x^{\frac{3}{2}}$ b) $f(x) = x^{\frac{4}{5}}$ c) $f(x) = x^{\frac{99}{100}}$ d) $f(x) = x^{\frac{1}{2}}$

09   Bestimmen Sie den maximalen Definitionsbereich und zeichnen Sie den Graphen von f:

a) $f(x) = \sqrt{x}$ b) $f(x) = \sqrt{x - 2}$ c) $f(x) = \sqrt{x + 1}$ d) $f(x) = \sqrt[3]{x}$

10   Übertragen Sie die folgende Tabelle in Ihr Heft und ergänzen Sie.
Lassen Sie dazu Ihren GTR das Schaubild der Funktion f und die Tangente in verschiedenen Punkten zeichnen und lesen Sie jeweils ihre Steigung ab.

x	-3	-2	-1	0	1	2	3
Punkte	$(-3/f(-3))$	$(-2/f(-2))$					
Steigung m der Tangente							

Tragen Sie in ein Koordinatensystem die x-Werte ein und auf der senkrechten Achse die zugehörigen m-Werte.
Wie heißt die Vorschrift der Funktion, auf deren Graph die eingetragenen Punkte liegen?
Man nennt diese Funktion die **Ableitungsfunktion f'** zur Funktion f. Mit ihrer Hilfe kann man die Steigung der Tangente bzw. des Graphen von f in jedem Punkt $P(x_0 / f(x_0))$ oder die momentane Änderungsrate der Funktion f an der Stelle x_0 berechnen.
Überprüfen Sie diese Aussage, indem Sie die Steigung der Tangente in den Punkten genau zwischen den oben angegebenen sowohl mit dem GTR als auch durch Einsetzen in die gefundene Vorschrift von f' bestimmen.

a) $f(x) = x^2$ b) $f(x) = \frac{1}{2}x^2$ c) $f(x) = x^2 + 2$ d) $f(x) = x^2 + 2x$
e) $f(x) = -x^2$ f) $f(x) = -x^2 + 3x$ g) $f(x) = (x - 2)^2$ h) $f(x) = \frac{1}{3}x^3$
i) $f(x) = \frac{1}{3}x^3 + 2$ j) $f(x) = \frac{1}{3}x^3 + x$ k) $f(x) = \frac{1}{3}x^3 - 4x$ l) $f(x) = \frac{1}{3}x^3 + x^2$

Die Eigenschaften, die in diesem Kapitel behandelt werden, treten bei sehr vielen Funktionen und ihren Graphen auf. Sie werden verwendet, um die Eigenschaften der Schaubilder zu beschreiben und die Funktionen nach einfachen Kriterien einzuteilen.

5.1 Abbildungen von Kurven

5.1.1 Verschiebungen

Verschiebt man eine Kurve **parallel zur y-Achse** (d.h. nach oben oder unten) und/oder **parallel zur x-Achse** (d.h. nach rechts oder links), so verändert sich ihre Form nicht. Es ändert sich aber die Gleichung der Kurve.

Wir wollen in diesem Abschnitt überlegen, wie sich durch Schiebungen die Gleichung einer Kurve ändert.

Die Normalparabel hat die Vorschrift $f_1(x) = x^2$. Verschiebt man die Normalparabel um 3 nach unten, ist an jeder Stelle x der Funktionswert $f_2(x)$ um 3 kleiner als vor dem Verschieben:

$$f_2(x) = f_1(x) - 3$$
$$= x^2 - 3$$

Die Parabel mit der Vorschrift $f_3(x) = x^2 + 1$ ist aus demselben Grund eine um 1 nach oben verschobene Normalparabel:

$$f_3(x) = f_1(x) + 1.$$

$f_4(x) = (x - 2)^2$ ist die Vorschrift einer um 2 nach rechts verschobenen Normalparabel.

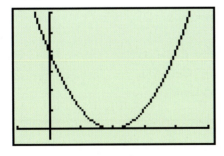

Erfahrungsgemäß bereitet hier das Minuszeichen Schwierigkeiten. Machen Sie sich klar, dass die um 2 nach rechts verschobene Normalparabel den Scheitelpunkt (2/0) hat. Setzt man 2 in ihre Funktionsvorschrift ein, muss 0 herauskommen. Das klappt beim Scheitel und bei jedem anderen Punkt nur mit dem Minuszeichen! Deswegen muss in der Funktionsvorschrift x durch $x - 2$ ersetzt werden:

$$f_4(x) = f_1(x - 2).$$

Bei der Verschiebung nach links, z.B. um 4, muss x durch $x - (-4)$ bzw. $x + 4$ ersetzt werden:

$$f_5(x) = f_1(x + 4).$$

$f_5(x) = (x + 4)^2$ ist die Vorschrift der um 4 nach links verschobenen Normalparabel.

Der GTR arbeitet genauso:

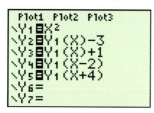 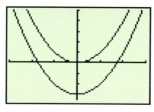 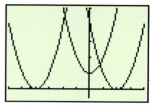

Y1 ist die Grundfunktion, ihr Schaubild die Normalparabel in der mittleren Abbildung. Die um 3 nach unten verschobene Parabel hat die Vorschrift Y2. Die Parabeln in der rechten Abbildung haben die Vorschriften Y5, Y3 und Y4 (von links nach rechts).
Den Name Y1 in den folgenden Zeilen erhält man durch die Tastenfolge
VARS – ▶ – 1 – 1 – ENTER.
Was ändert sich, wenn wir eine andere Grundfunktion nehmen?

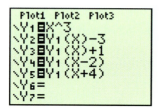 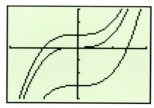 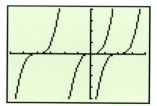

Grundsätzlich ändert sich nichts. Die kubische Parabel wird durch den Summanden -3 um 3 nach unten verschoben:

$$f_2(x) = f_1(x) - 3$$
$$= x^3 - 3$$

Um 1 nach oben verschoben: $$f_3(x) = f_1(x) + 1$$
$$= x^3 + 1$$

Um 2 nach rechts verschoben: $$f_4(x) = f_1(x - 2)$$
$$= (x - 2)^3$$

Um 4 nach links verschoben: $$f_5(x) = f_1(x + 4)$$
$$= (x + 4)^3$$

Man kann die Ergebnisse zusammenfassen:

Regel 5.1 (Verschiebung)

a) Verschiebt man das Schaubild einer Funktion f um c_1 **parallel zur y-Achse** ($c_1 > 0$ nach oben, $c_1 < 0$ nach unten), erhält man das Schaubild einer Funktion $\bar{f}$ mit

$$\bar{f}(x) = f(x) + c_1.$$

Der Definitionsbereich ändert sich beim Verschieben parallel zur y-Achse nicht, beim Wertebereich ist die Verschiebung zu berücksichtigen.

b) Bei einer Verschiebung des Schaubildes von f um c_2 **parallel zur x-Achse** ($c_2 > 0$ nach rechts, $c_2 < 0$ nach links) erhält man das Schaubild einer Funktion $\bar{f}$. Die Vorschrift dieser Funktion $\bar{f}$ erhält man, indem man in der Vorschrift der Funktion f alle x durch $x - c_2$ ersetzt:

$$\bar{f}(x) = f(x - c_2).$$

Beim Definitionsbereich von $\bar{f}$ ist die Verschiebung zu berücksichtigen, die Wertebereiche stimmen überein.

Natürlich kann man eine horizontale und eine vertikale Schiebung kombinieren.

BEISPIELE

1. Der Graph der Betragsfunktion f mit $f(x) = |x|$ wird um 2 nach rechts und um 1 nach oben verschoben. Man erhält die Funktion $\bar{f}$ mit
$$\bar{f}(x) = f(x - 2) + 1$$
$$= |x - 2| + 1.$$

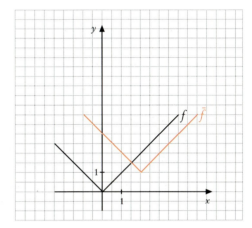

2. Das Schaubild der Funktion $\bar{f}$ mit $\bar{f}(x) = \frac{1}{x + 2} + 3$ ist die um 2 nach links und 3 nach oben verschobene Hyperbel.
Die waagrechte Asymptote des Graphen von $\bar{f}$ ist jetzt eine Parallele zur x-Achse durch 3, die senkrechte die Parallele zur y-Achse durch -2.

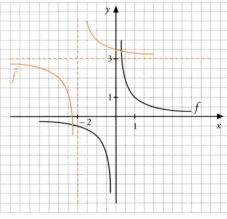

5.1.2   Streckungen an Achsen

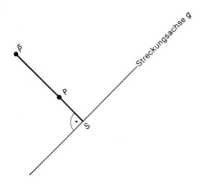

Um bei einer **Streckung** den Bildpunkt $\overline{P}$ eines Punktes P zu finden, wird von P das Lot auf die Streckungsachse g gefällt. Der Fußpunkt des Lotes ist S. Dann wird die Länge der Strecke $\overline{SP}$ mit $|k|$ multipliziert, das Ergebnis ist die Länge der Strecke $\overline{S\overline{P}}$, d. h.

$$|k| = \frac{|S\overline{P}|}{|SP|}.$$

$\overline{P}$ liegt auf derselben Seite der Achse g wie P, wenn $k > 0$ ist, sonst liegt $\overline{P}$ auf der anderen Seite.

Eine Streckung, bei der der Bildpunkt $\overline{P}$ näher an der Streckungsachse g liegt als der ursprüngliche Punkt P, wird auch gelegentlich Stauchung genannt. Es gilt dann $|k| < 1$.

BEISPIELE

1. **Streckung parallel zur y-Achse** bzw. senkrecht zur x-Achse, Streckfaktor $k_1 = -3$

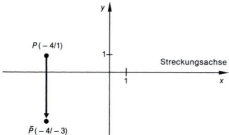

Der Punkt $P(-4/1)$ hat die Entfernung 1 Einheit von der Streckungsachse (x-Achse). Diese Zahl wird mit $k_1 = -3$ multipliziert. Das Ergebnis ist die y-Koordinate von $\overline{P}$.
Die x-Koordinate bleibt unverändert.

2. **Streckung parallel zur x-Achse** bzw. senkrecht zur y-Achse, Streckfaktor $k_2 = 1,5$

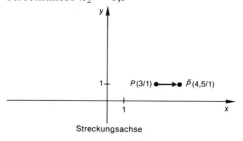

Der Punkt P hat die Entfernung 3 Einheiten von der Streckungsachse (y-Achse). Diese Zahl wird mit $k_2 = 1,5$ multipliziert. Der Punkt $\overline{P}$ hat also die Entfernung 4,5 Einheiten von der y-Achse. Da $k_2 > 0$ ist, liegen P und $\overline{P}$ auf derselben Seite der y-Achse.
Die y-Koordinate von P und $\overline{P}$ ist dieselbe.

Streckung parallel zur y-Achse

Bei der Streckung einer Kurve parallel zur y-Achse ist im Allgemeinen die x-Achse die Streckungsachse. Am Beispiel der kubischen Parabel wollen wir untersuchen, welche Auswirkungen die Streckung eines Funktionsgraphen parallel zur y-Achse auf die Funktionsvorschrift hat.

Die kubische Parabel mit der Gleichung $f(x) = x^3$ wird mit dem Streckfaktor $k_1 = \frac{1}{2}$ parallel zur y-Achse gestreckt. Die Bildkurve ist der Graph einer Funktion, die wir $\bar{f}$ nennen.

Ist P ein Punkt auf dem Graphen von f und $\bar{P}$ der zugehörige Bildpunkt auf dem Graphen von $\bar{f}$, so gilt: Die x-Koordinaten von P und $\bar{P}$ stimmen überein und die y-Koordinate von $\bar{P}$ ist halb so groß wie die von P.

Beispielsweise ist $f(1) = 1$ und $\bar{f}(1) = \frac{1}{2}$, $f(2) = 8$ und $\bar{f}(2) = 4$ usw.

Die Funktionsvorschrift von $\bar{f}$ erhält man durch

$$\bar{f}(x) = \frac{1}{2} \cdot f(x)$$
$$= \frac{1}{2}x^3$$

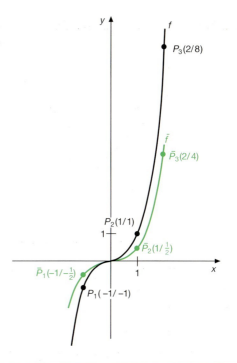

Regel 5.2 (Streckung)

Streckt man den Graphen einer Funktion f mit dem Faktor $k_1 (k_1 \neq 0)$ **parallel zur y-Achse**, ist der gestreckte Graph das Schaubild einer Funktion $\bar{f}$. Die Vorschrift dieser Funktion $\bar{f}$ erhält man durch Multiplikation von $f(x)$ mit k_1:

$$\bar{f}(x) = k_1 \cdot f(x)$$

Der Definitionsbereich ändert sich durch die Streckung parallel zur y-Achse nicht, während der Wertebereich anzupassen ist.

BEISPIELE

1. Der Graph der Betragsfunktion wird mit 1,5 parallel zur y-Achse gestreckt:

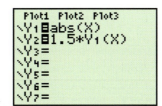

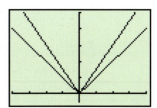

2. $g(x) = 16 x^3 - 2 x^2 + 5$
   Streckung mit -2 parallel zur y-Achse: $k_1 = -2$
   $$\bar{g}(x) = -2 \cdot g(x) = -2 \cdot (16 x^3 - 2 x^2 + 5)$$
   $$= -32 x^3 + 4 x^2 - 10$$

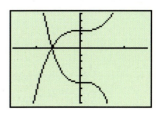

Streckung parallel zur *x*-Achse

Bei der Streckung parallel zur *x*-Achse ist im Allgemeinen die *y*-Achse die Streckungsachse.

Der Graph der Funktion f mit $f(x) = 2x - 4$ ist eine Gerade. Strecken wir diese Gerade mit $k_2 = 3$ parallel zur *x*-Achse, erhalten wir wiederum eine Gerade, den Graphen der Funktion $\bar{f}$.

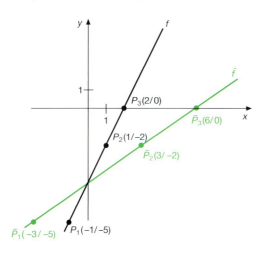

Wie man aus der Skizze ersieht, sind die *y*-Werte eines Punktes P und seines Bildpunktes $\bar{P}$ gleich, der *x*-Wert des Bildpunktes $\bar{P}$ ist aber das Dreifache des *x*-Wertes des Urbildpunktes P. Beispielsweise ist $P_1(-1/-5)$ und $\bar{P}_1(-3/-5)$, $P_3(2/0)$ und $\bar{P}_3(6/0)$ usw.

Anders ausgedrückt: Setzt man in die Funktionsvorschrift $f(x) = 2x - 4$ einen bestimmten *x*-Wert ein, muss sich dasselbe ergeben, als wenn man in die Funktionsvorschrift von $\bar{f}$ das Dreifache dieses Wertes, also $3x$, einsetzt. Es gilt somit

$$\bar{f}(3x) = f(x)$$

oder

$$\bar{f}(x) = f\left(\frac{x}{3}\right)$$

Die Vorschrift der Funktion $\bar{f}$ erhält man somit aus der von f, indem man x durch $\frac{x}{3}$ ersetzt:

$$\bar{f}(x) = f(\tfrac{x}{3})$$
$$= 2 \cdot \tfrac{x}{3} - 4$$
$$= \tfrac{2}{3}x - 4$$

Regel 5.3

Streckt man den Graphen einer Funktion f mit dem Faktor k_2 ($k_2 \neq 0$) parallel zur *x*-Achse, ist der gestreckte Graph das Schaubild einer Funktion $\bar{f}$. Die Vorschrift dieser Funktion $\bar{f}$ erhält man, indem man in der Funktionsvorschrift von f alle x durch $\dfrac{x}{k_2}$ ersetzt:

$$\bar{f}(x) = f\left(\frac{x}{k_2}\right)$$

Der Definitionsbereich der Funktion $\bar{f}$ muss angepasst werden.
Der Wertebereich ändert sich nicht.

BEISPIELE

1. $g(x) = 16\,x^3 - 2\,x^2 + 5$ (dicke Kurve)
   Streckung mit -2 parallel zur x-Achse: $k_2 = -2$

   $$\overline{g}(x) = g\left(\frac{x}{-2}\right) = 16 \cdot \left(\frac{x}{-2}\right)^3 - 2 \cdot \left(\frac{x}{-2}\right)^2 + 5$$

   $$= 16 \cdot \left(\frac{x^3}{-8}\right) - 2 \cdot \left(\frac{x^2}{4}\right) + 5 = -2\,x^3 - \frac{1}{2}x^2 + 5$$

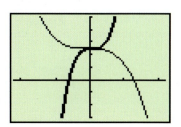

2. $h(x) = x + \dfrac{1}{x}$ mit $x > 0$

   Streckung mit 3 parallel zur x-Achse: $k_2 = 3$

   $$\overline{h}(x) = h\left(\frac{x}{3}\right) = \frac{x}{3} + \frac{1}{\frac{x}{3}}$$

   $$= \frac{1}{3}x + \frac{3}{x} \text{ mit } x > 0$$

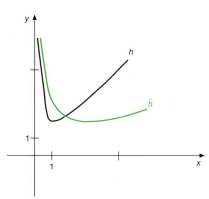

Spiegelung

Die Spiegelung ist ein Sonderfall der Streckung.

Die **Spiegelung an der x-Achse** ist eine Streckung parallel zur y-Achse mit dem Streckfaktor $k_1 = -1$. Die Vorschrift der Funktion $\overline{f}$ lautet daher:
$$\overline{f}(x) = -f(x)$$
Dabei bleibt der Definitionsbereich unverändert, während der Wertebereich anzupassen ist.

BEISPIELE

1. $g(x) = \dfrac{1}{x^2}$ mit $x > 0$

   $$\overline{g}(x) = -g(x) = -\frac{1}{x^2} \text{ mit } x > 0$$

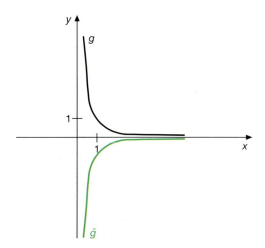

2. $h(x) = \sqrt{x} + 1$; $D_h = \mathbb{R}_+^*$

   $\bar{h}(x) = -h(x) = -(\sqrt{x} + 1) = -\sqrt{x} - 1$; $D_{\bar{h}} = \mathbb{R}_+^*$

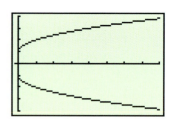

Die **Spiegelung an der y-Achse** ist eine Streckung parallel zur x-Achse mit dem Streckfaktor $k_2 = -1$. Für die Funktion $\bar{f}$ gilt:

$$\bar{f}(x) = f(-x)$$

Der Definitionsbereich von f muss angepasst werden, der Wertebereich verändert sich nicht.

BEISPIELE

1. $f(x) = x^2 - 4x + 3$

   $\bar{f}(x) = f(-x)$
   $= (-x)^2 - 4 \cdot (-x) + 3$
   $= x^2 + 4x + 3$

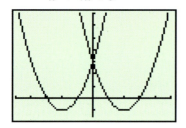

2. $h(x) = |x + 1|$

   $\bar{h}(x) = h(-x) = |-x + 1|$

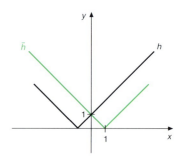

Die **(Punkt-)Spiegelung am Ursprung** setzt sich aus einer Spiegelung an der y-Achse und einer Spiegelung an der x-Achse zusammen. Deshalb lautet die Vorschrift der Funktion $\bar{f}$:

$$\bar{f}(x) = -f(-x)$$

Sowohl der Definitions- als auch der Wertebereich von f sind anzupassen.

BEISPIELE

1. $g(x) = x^2 - 4x + 3$

   $\bar{g}(x) = -g(-x)$
   $= -[(-x)^2 - 4(-x) + 3]$
   $= -[x^2 + 4x + 3]$
   $= -x^2 - 4x - 3$

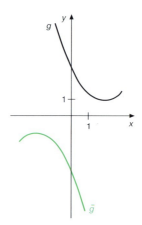

2. $h(x) = \begin{cases} 5x - 3 & \text{für } x \le 1 \\ -x^2 + 3 & \text{für } 1 < x \end{cases}$

$\bar{h}(x) = -h(-x) = \begin{cases} -(5(-x) - 3) & \text{für } -x \le 1 \\ -(-(-x)^2 + 3) & \text{für } 1 < -x \end{cases}$

$\qquad\qquad = \begin{cases} -(-5x - 3) & \text{für } x \ge -1 \\ -(-x^2 + 3) & \text{für } -1 > x \end{cases}$

$\qquad\qquad = \begin{cases} x^2 - 3 & \text{für } x < -1 \\ 5x + 3 & \text{für } -1 \le x \end{cases}$

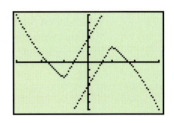

ZUSAMMENFASSUNG

Abbildung	Änderung der Funktionsvorschrift	Änderung des Definitions- und Wertebereichs
Schiebung um c_1 parallel zur y-Achse (nach oben, wenn $c_1 > 0$; nach unten, wenn $c_1 < 0$)	c_1 addieren: $\bar{f}(x) = f(x) + c_1$	Wertebereich um c_1 parallel zur y-Achse verschieben
Schiebung um c_2 parallel zur x-Achse (nach rechts, wenn $c_2 > 0$; nach links, wenn $c_2 < 0$)	x durch $x - c_2$ ersetzen: $\bar{f}(x) = f(x - c_2)$	Definitionsbereich um c_2 parallel zur x-Achse verschieben
Streckung mit k_1 ($k_1 \neq 0$) parallel zur y-Achse	Mit k_1 multiplizieren: $\bar{f}(x) = k_1 \cdot f(x)$	Wertebereich mit k_1 parallel zur y-Achse strecken
Streckung mit k_2 ($k_2 \neq 0$) parallel zur x-Achse	x durch $\dfrac{x}{k_2}$ ersetzen: $\bar{f}(x) = f\left(\dfrac{x}{k_2}\right)$	Definitionsbereich mit k_2 parallel zur x-Achse strecken
Spiegelung an der x-Achse	$\bar{f}(x) = -f(x)$	Wertebereich an der x-Achse spiegeln
Spiegelung an der y-Achse	x durch $-x$ ersetzen: $\bar{f}(x) = f(-x)$	Definitionsbereich an der y-Achse spiegeln
Spiegelung an Ursprung	$\bar{f}(x) = -f(-x)$	Definitionsbereich an der y-Achse und Wertebereich an der x-Achse spiegeln

AUFGABEN

01   Bestimmen Sie den Bildpunkt $\bar{P}$, wenn Sie den Punkt P mit k_1 an der x-Achse strecken. Fertigen Sie eine Skizze.

a) $P(2/3)$, $k_1 = \frac{1}{2}$ b) $P(-1/2)$, $k_1 = -2$ c) $P(0/\frac{1}{2})$, $k_1 = 4$

02   Verschieben Sie den Graphen der Funktion f um c_1 parallel zur y-Achse. Wie lautet die Funktionsvorschrift von $\bar{f}$? Skizzieren Sie mithilfe des GTR die Graphen von f und $\bar{f}$ für $-4 \leq x \leq 4$.

a) $f(x) = \frac{1}{2}x^2 + 2x + 4; \quad c_1 = -3$ b) $f(x) = 2|x - 1| + x; \quad c_1 = 1$

c) $f(x) = \begin{cases} 2x \text{ für } x < 0 \\ 3x \text{ für } x \geq 0 \end{cases}; \quad c_1 = 4$ d) $f(x) = \text{sgn}(x - 1); \qquad c_1 = -5$

03   Verschieben Sie den Graphen der Funktion f um c_2 parallel zur x-Achse. Vereinfachen Sie die Vorschrift der Funktion $\bar{f}$, deren Schaubild der verschobene Graph ist, so weit wie möglich. Zeichnen Sie mithilfe des GTR beide Graphen in einem sinnvollen Bereich.

a) $f(x) = 2|x + 1| - 2; \; c_2 = \frac{1}{2}$ b) $f(x) = \begin{cases} -4x + 8 \text{ für } x \leq -2 \\ \frac{1}{2}x + 1 \text{ für } x > -2 \end{cases}; c_2 = 2$

c) $f(x) = x^2 - 5x + 5; \; c_2 = -\frac{3}{2}$ d) $f(x) = \begin{cases} \frac{1}{x} \qquad\quad \text{ für } x < -1 \\ x^2 + 2x \text{ für } x \geq -1 \end{cases}; \quad c_2 = -\frac{1}{4}$

04   Strecken Sie den Graphen der Funktion f mit k_1 parallel zur y-Achse. Skizzieren Sie mithilfe des GTR beide Graphen zwischen -3 und 3. Geben Sie die Funktionsvorschrift von $\bar{f}$ an.

a) $f(x) = -\frac{1}{2}x + 1; \qquad\quad k_1 = 3$ b) $f(x) = x^2 - x; \quad k_1 = \frac{1}{4}$

c) $f(x) = \begin{cases} x^2 - 1 \text{ für } x < -1 \\ x^3 + 1 \text{ für } x \geq -1 \end{cases}; \quad k_1 = -2$ d) $f(x) = \sqrt{x + 3}; \quad k_1 = -1$

05   Strecken Sie den Graphen der Funktion f mit k_2 parallel zur x-Achse. Vereinfachen Sie die Vorschrift der Funktion $\bar{f}$ so weit wie möglich. Zeichnen Sie beide Graphen.

a) $f(x) = -3x - 1; \; k_2 = \frac{1}{2}$ b) $f(x) = \begin{cases} 2 \qquad\qquad\; \text{ für } x < -1 \\ \frac{3}{4}x + \frac{11}{4} \text{ für } -1 \leq x \leq 3; k_2 = -\frac{1}{4} \\ 5 \qquad\qquad\; \text{ für } x > 3 \end{cases}$

c) $f(x) = x^2 - x; \quad k_2 = 2$ d) $f(x) = \begin{cases} \frac{1}{x^2} \qquad\quad\; \text{ für } |x| \geq 1 \\ -x^2 + 2 \text{ für } |x| < 1 \end{cases}; \quad k_2 = -3$

06   Geben Sie in Worten an, wie der Graph der Funktion $\bar{f}$ aus dem der Funktion f hervorgeht.

a) $\bar{f}(x) = \frac{1}{3} \cdot f(x)$ b) $\bar{f}(x) = f(\frac{1}{3}x)$ c) $\bar{f}(x) = f(x) + 1$

d) $\bar{f}(x) = f(x - 1)$ e) $\bar{f}(x) = 2 \cdot f(x + 1)$ f) $\bar{f}(x) = 2 \cdot (f(x) + 1)$

g) $\bar{f}(x) = f(0,5x + 3) + 2$ h) $\bar{f}(x) = 5 \cdot f(2x) - 7$ i) $\bar{f}(x) = -(f(x) + 1)$

j) $\bar{f}(x) = f(x) + f(x)$ k) $\bar{f}(x) = \dfrac{f(x + 2)}{3} - 2$ l) $\bar{f}(x) = 3 \cdot f(-x) - 2$

07   a) Die Spiegelung einer Kurve an der 2. Winkelhalbierenden kann ersetzt werden durch die Spiegelung der Kurve an der 1. Winkelhalbierenden und einer anschließenden Punktspiegelung am Ursprung.

Spiegeln Sie den Graphen der Funktion g mit $g(x) = \frac{1}{2}x + 1$ einmal an der 2. Winkelhalbierenden und ein zweites Mal an der 1. Winkelhalbierenden und anschließend am Ursprung. Wie heißt die neue Funktionsvorschrift?

    b) Wie lautet die Vorschrift des Graphen, der durch die Spiegelung der rechten Parabelhälfte mit $f(x) = x^2 + 1$ an der 2. Winkelhalbierenden entsteht?

08 Durch die Gleichung $x^2 + y^2 = r^2$ mit $r > 0$ ist ein **Kreis mit dem Mittelpunkt $M((0/0)$ und dem Radius r** gegeben. Dieser Kreis soll parallel zur y-Achse mit dem Streckfaktor k_1 gestreckt werden.
Zeichnen Sie den Kreis und den gestreckten Kreis für $r = 4$ und $k_1 = \frac{3}{4}$ in ein Koordinatensystem.

09 Der Graph der Funktion f mit $f(x) = x^2 - 4x + 6$ wird um 2 Einheiten nach unten und 2 Einheiten nach links verschoben. Danach wird er mit dem Streckfaktor 2 parallel zur x-Achse und $\frac{1}{2}$ parallel zur y-Achse gestreckt.

a) Wie lautet die Vorschrift der Funktion, zu der das so entstandene Schaubild gehört?

b) Wie lautet die Vorschrift der Funktion, zu der das Schaubild gehört, das entsteht, wenn zuerst die Streckungen und danach die Schiebungen durchgeführt werden?

c) Welche Vorschrift hat die Funktion, die entsteht, wenn wie in a) zuerst verschoben und dann gestreckt wird, aber die Reihenfolge der Schiebung und die Reihenfolge der Streckungen vertauscht wird.

10 Schieben Sie das Schaubild der Funktion f um 3 Einheiten nach unten und 1 Einheit nach rechts.

Zeichnen Sie das ursprüngliche und das verschobene Schaubild in ein Koordinatensystem. Wie lautet die Funktionsvorschrift von $\bar{f}$?

a) $f(x) = \begin{cases} x^2 & \text{für } x < 0 \\ x & \text{für } x \geq 0 \end{cases}$
b) $f(x) = \begin{cases} -x^2 + 2x & \text{für } x < 1 \\ \frac{1}{x} & \text{für } x \geq 1 \end{cases}$

11 Der Graph der Funktion $\bar{f}$ geht durch die angegebene Kombination von Abbildungen aus dem von f hervor. Lassen Sie den GTR den Graphen von f im angegebenen Bereich zeichnen. Deaktivieren Sie den Graphen von f und lassen Sie den GTR das Schaubild von $\bar{f}$ zeichnen. Welches Fenster muss eingestellt werden?
Wie lautet die Funktionsvorschrift von $\bar{f}$?
Wie lässt sich die Reihenfolge der Abbildungen ändern, ohne die Funktion $\bar{f}$ zu verändern?

a) $f(x) = |x - 2| + 3x + 1$ und $-2 \leq x \leq 5$
Streckung mit -3 parallel zur y-Achse; Spiegelung an der y-Achse; Schiebung um 2 parallel zur y-Achse

b) $f(x) = x^2 + 2x - 4$ und $x > 0$
Schiebung um $\frac{3}{2}$ parallel zur x-Achse; Streckung mit $\frac{1}{4}$ parallel zur y-Achse; Spiegelung an der x-Achse

c) $f(x) = \dfrac{2x}{x - 2}$ und $x \neq 2$
Schiebung mit 2 nach links; Streckung mit $-\frac{1}{2}$ parallel zur x-Achse; Schiebung um 3 nach unten; Schiebung um 1 nach rechts

d) $f(x) = \begin{cases} 1 & \text{für } |x| \geq 1 \\ |x| & \text{für } |x| < 1 \end{cases}$
Streckung mit 2 parallel zur x-Achse; Streckung mit $\frac{1}{3}$ parallel zur x-Achse; Schiebung um 1 parallel zur y-Achse; Streckung mit $\frac{1}{2}$ parallel zur y-Achse

12   Verschieben Sie die Parabel so, dass ihr Scheitel im Ursprung des Koordinatensystems liegt. Wie lautet die Vorschrift der verschobenen Parabel?

a) $f(x) = x^2 - 4x + 5$ 　　　　　　　　　b) $f(x) = \frac{1}{3}x^2 + 2x + 6$

c) $f(x) = 2x^2 - 2x + 1$ 　　　　　　　　d) $f(x) = 2x^2 - 4x$

13   Aus dem Graphen der Funktion f gehen die Graphen der Funktionen f_1, f_2 und f_3 durch Schiebungen und Streckungen parallel zu den Koordinatenachsen hervor. Geben Sie an, wie verschoben und gestreckt werden muss und bestimmen Sie die Vorschriften der Funktionen f_1, f_2 und f_3.

a) $f(x) = \frac{1}{2}x + 1$ 　　　　　　　　　　　　　　　　b) $f(x) = x^2 + 1$

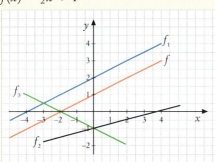 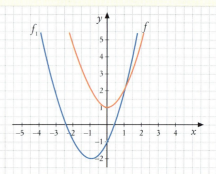

c) $f(x) = |x - 3| + 1$ 　　　　　　　　　　　　d) $f(x) = x^2 - 6x + 7$

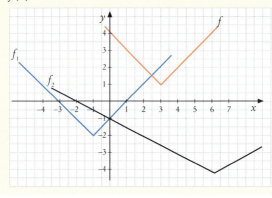 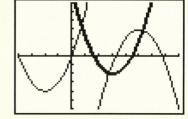

5.2 Symmetrie

Impuls

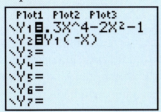 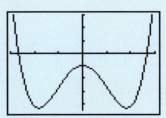

Begründen Sie, warum der GTR nur ein Schaubild zeichnet, obwohl zwei Funktionen aktiviert sind.

Definition 5.4

Das Schaubild einer Funktion heißt **symmetrisch zur y-Achse,** wenn es bei der Spiegelung an der y-Achse in sich selbst übergeht; es heißt **punktsymmetrisch zum Ursprung,** wenn es bei der Spiegelung am Ursprung des Koordinatensystems in sich selbst übergeht.

Eine Funktion heißt **gerade,** wenn ihr Graph symmetrisch zur y-Achse ist. Eine Funktion heißt **ungerade,** wenn ihr Graph punktsymmetrisch zum Ursprung ist.

BEISPIELE

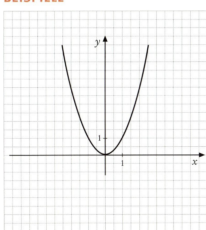 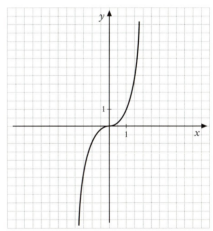

Gerade Funktion f mit $f(x) = x^2$ · Ungerade Funktion f mit $f(x) = x^3$

Satz 5.5

a) Eine Funktion f ist genau dann gerade (d. h. ihr Graph symmetrisch zur y-Achse), wenn für alle $x \in D$ gilt:
$$f(x) = f(-x)$$

b) Eine Funktion f ist genau dann ungerade (d. h. ihr Graph punktsymmetrisch zum Ursprung), wenn für alle $x \in D$ gilt:
$$f(x) = -f(-x)$$

Beweis[1]

a)

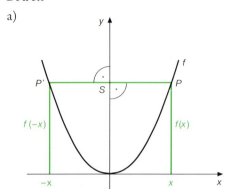

⇒) Folgt aus der Definition der Achsenspiegelung.

⇐) Zu jedem beliebigen Punkt $P(x/f(x))$ auf dem Funktionsgraphen gibt es einen Punkt $P'(-x/f(x))$ auf dem Graphen. Aus $|\overline{P'S}| = |\overline{SP}|$ folgt die Behauptung; der Graph ist achsensymmetrisch zur y-Achse.

b)

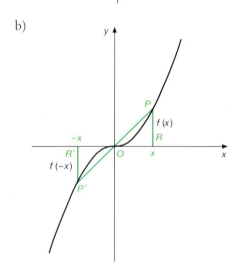

⇒) Spiegelt man einen Punkt P, der auf dem Funktionsgraphen liegt, am Ursprung, erhält man einen Punkt P', der ebenfalls auf dem Graphen liegt.

Da zwei Winkel und eine Seite gleich groß sind, ist $\triangle ORP$ kongruent ($\cong$) zu $\triangle OR'P'$. Somit ist $|\overline{R'O}| = |\overline{OR}|$ und $|\overline{R'P'}| = |\overline{RP}|$. Daraus ergibt sich $f(x) = -f(-x)$.

⇐) Da $|f(x)| = |f(-x)|$ und $|x| = |-x|$ gilt, ist $\triangle ORP \cong \triangle OR'P'$ (2 Seiten und eingeschlossener Winkel). Daraus folgt, dass $|\overline{P'O}| = |\overline{OP}|$. Da P, O und P' auf einer Geraden liegen ($\sphericalangle POP' = 180°$), folgt, dass P durch Spiegelung an O in P' übergeht.

Bemerkung

Eine Funktion kann nur dann gerade oder ungerade sein, wenn ihr Definitionsbereich punktsymmetrisch zu 0 ist. Das ist natürlich der Fall, wenn $D = \mathbb{R}$ gilt.

BEISPIELE

1. Die Funktion f mit $f(x) = x^3 + x$; $D = \mathbb{R}$ ist ungerade, ihr Graph punktsymmetrisch zum Ursprung.

$$f(-x) = (-x)^3 + (-x) = -x^3 - x$$
$$-f(-x) = -(-x^3 - x) = x^3 + x$$

also ist $\quad f(x) = -f(-x)$.

---

1 Durch „genau dann" wird eine Äquivalenz ausgedrückt, z. B.

$\qquad f$ gerade $\Leftrightarrow f(x) = f(-x)$ für alle $x \in D$

„⇒)" bedeutet dann, dass z. B. f gerade $\Rightarrow f(x) = f(-x)$ für alle $x \in D$ bewiesen wird.

„⇐)" heißt, dass z. B. f gerade $\Leftarrow f(x) = f(-x)$ für alle $x \in D$ gezeigt wird.

2. Die Funktion f mit $f(x) = |x|$; $D = \mathbb{R}$ ist gerade.

$$f(-x) = |-x| = |x| = f(x)$$

3. Die Funktion f mit

$$f(x) = \begin{cases} 6x + 13 & \text{für } x \leq -3 \\ -x^2 + 4 & \text{für } |x| < 3 \\ -6x + 13 & \text{für } x \geq 3 \end{cases}$$

ist gerade.

$$f(-x) = \begin{cases} 6(-x) + 13 & \text{für } (-x) \leq -3 \\ -(-x)^2 + 4 & \text{für } |-x| < 3 \\ -6(-x) + 13 & \text{für } (-x) \geq 3 \end{cases} = \begin{cases} -6x + 13 & \text{für } -x \leq -3 \\ -x^2 + 4 & \text{für } |-x| < 3 \\ 6x + 13 & \text{für } -x \geq 3 \end{cases}$$

$$= \begin{cases} -6x + 13 & \text{für } x \geq 3 \\ -x^2 + 4 & \text{für } |x| < 3 \\ 6x + 13 & \text{für } x \leq -3 \end{cases} = f(x)$$

4. Untersuchung, ob der Graph der Funktion f mit $f(x) = x^2 - 6x + 10$; $D = \mathbb{R}$ symmetrisch ist.

$$f(-x) = (-x)^2 - 6(-x) + 10 = x^2 + 6x + 10$$
$$-f(-x) = -(x^2 + 6x + 10) = -x^2 - 6x - 10$$

Man stellt fest: $f(x) \neq f(-x)$ und $f(x) \neq -f(-x)$.

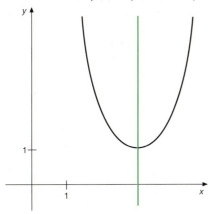

Das Schaubild ist daher weder symmetrisch zur y-Achse noch punktsymmetrisch zum Ursprung. Es wäre aber nicht korrekt, zu behaupten, die Parabel mit dem Scheitel $S(3/1)$ sei nicht symmetrisch.

Diese Parabel ist achsensymmetrisch zur Geraden mit der Gleichung $x = 3$. Diese Symmetrie lässt sich aber aufgrund unserer Untersuchung nicht feststellen. Man sagt daher, wenn sowohl $f(x) \neq f(-x)$ als auch $f(x) \neq -f(-x)$ gilt, vorsichtiger: „Die Symmetrie des Graphen der Funktion ist nicht ersichtlich."

Die Symmetrie von solchen Schaubildern lässt sich nachweisen, wenn man sie so verschiebt, dass die Symmetrieachse auf die y-Achse bzw. das Symmetriezentrum auf den Ursprung fällt.

AUFGABEN

01 Welche der folgenden Funktionen sind gerade, welche ungerade?

a) $f(x) = x^3 + 2x$

b) $f(x) = x + \dfrac{1}{x}$

c) $f(x) = \dfrac{1}{x^2}$

d) $f(x) = \begin{cases} -x^3 & \text{für } x \leq 0 \\ x^3 & \text{für } x > 0 \end{cases}$

e) $f(x) = x \cdot |x|$

f) $f(x) = \sqrt{|x|}$

g) $f(x) = 3$

h) $f(x) = x^6 + x^4 + 6x^2$

i) $f(x) = x^4 - 3x^2 + 2x$ j) $f(x) = \dfrac{x}{x^2 + 1}$

k) $f(x) = |x| \cdot \mathrm{sgn}(x)$ l) $f(x) = |x| \cdot \mathrm{sgn}(|x|)$

m)* $f(x) = \dfrac{g(x) + g(-x)}{2}$, wobei g eine beliebige Funktion mit $D_g = \mathbb{R}$ ist

n)* $f(x) = \dfrac{g(x) - g(-x)}{2}$, wobei g eine beliebige Funktion mit $D_g = \mathbb{R}$ ist

02   Zeigen Sie, dass der Graph der Funktion f mit maximalem Definitionsbereich

a) $f(x) = x^2 - 4x + 9$ b) $f(x) = \dfrac{3x + 4}{x + 1}$

     symmetrisch zur Geraden mit   punktsymmetrisch zu $P(-1/3)$ ist.
     $x = 2$ ist.

c) $f(x) = -4|x + 5| - 3$ d) $f(x) = 7x - 8$
     symmetrisch zur Geraden mit   punktsymmetrisch zu $P(2/6)$ ist.
     $x = -5$ ist.

e) $f(x) = \begin{cases} -x^3 + 6x^2 - 12x + 7 & \text{für} \quad x < 2 \\ x^3 - 6x^2 + 12x - 9 & \text{für} \quad 2 \le x \end{cases}$

     symmetrisch zur Geraden mit $x = 2$ ist.

03*   Zeichnen Sie den Graphen der Funktion f mit

$$f(x) = \begin{cases} -x^2 - 4x - 4 & \text{für } -4 \le x < -1 \\ \frac{1}{2}x^3 + \frac{1}{2}x & \text{für } |x| \le 1 \\ x^2 - 4x + 4 & \text{für } 1 < x \le 4 \end{cases}$$

     Bestimmen Sie die Nullstellen der Funktion f und untersuchen Sie, ob die Funktion f gerade oder ungerade ist.

04   Welche Werte können die reellen Koeffizienten a_2, a_1, a_0 annehmen, damit die Funktion f mit $f(x) = a_2 x^2 + a_1 x + a_0$; $D = \mathbb{R}$

a) gerade   b) ungerade   c) weder gerade noch ungerade ist.

05   Geben Sie die Vorschrift einer Funktion an, die sowohl gerade als auch ungerade ist.

06   Gibt es Funktionen, deren Graph zur x-Achse symmetrisch ist?

5.3   Monotone Funktionen

Definition 5.6

Man wählt zwei Werte in einem Intervall und bezeichnet den kleineren mit x_1 und den größeren mit x_2.

Gilt für jede mögliche Wahl von x_1 und x_2,	so heißt die Funktion f im Intervall
$f(x_1) \leq f(x_2)$	monoton steigend
$f(x_1) < f(x_2)$	streng monoton steigend
$f(x_1) \geq f(x_2)$	monoton fallend
$f(x_1) > f(x_2)$	streng monoton fallend

Hinweis

Der Zusatz „in diesem Intervall" entfällt, wenn die Funktion in ganz $\mathbb{R}$ (streng) monoton ist.

Die Funktionswerte einer streng monoton steigenden Funktion werden größer, wenn die x-Werte (Argumente) größer werden, z.B. bei der Funktion f mit

$$f(x) = \tfrac{1}{6}x^3 + \tfrac{5}{6}x$$

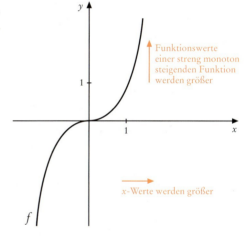

Bei einer monoton steigenden Funktion dürfen die Funktionswerte nicht kleiner werden, wenn die x-Werte zunehmen. Die Funktionswerte müssen also entweder größer werden oder gleich bleiben.

$$f(x) = \begin{cases} x + 4 & \text{für } x \leq -2 \\ 2 & \text{für } -2 < x < 3 \\ \tfrac{1}{2}x + \tfrac{1}{2} & \text{für } x \geq 3 \end{cases}$$

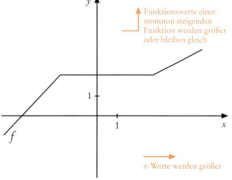

Entsprechendes gilt für monoton bzw. streng monoton fallende Funktionen.

Eine Zeichnung des Funktionsgraphen ist nicht ausreichend zum Beweis der Monotonie. Diese sollte rechnerisch nachgewiesen werden.

Da $f(x_1) < f(x_2)$ äquivalent zu $f(x_1) - f(x_2) < 0$ ist, beweist man häufig, dass die Funktion f im Intervall I streng monoton steigend ist, indem man für alle $x_1, x_2 \in I$ zeigt:

$$\text{Aus } x_1 < x_2 \text{ folgt } f(x_1) - f(x_2) < 0.$$

BEISPIELE

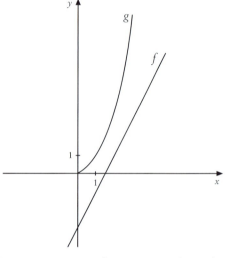

1. Die Funktion f mit $f(x) = 2x - 3$ ist streng monoton steigend, denn für alle $x_1, x_2 \in \mathbb{R}$ und $x_1 < x_2$ folgt:
    $f(x_1) - f(x_2) = 2x_1 - 3 - (2x_2 - 3)$
    $= 2x_1 - 2x_2 = 2(x_1 - x_2) < 0$,
    da $x_1 < x_2$ gilt.

2. Die Funktion g mit $g(x) = x^2$; $D = \mathbb{R}_+^*$ ist streng monoton steigend, denn für $x_1, x_2 \in \mathbb{R}_+^*$ und $x_1 < x_2$ folgt:
    $g(x_1) - g(x_2) = x_1^2 - x_2^2$
    $= \underbrace{(x_1 - x_2)}_{\substack{\text{negativ,} \\ \text{da} \\ x_1 < x_2}} \cdot \underbrace{(x_1 + x_2)}_{\substack{\text{positiv,} \\ \text{da} \\ x_1, x_2 > 0}} < 0$

Warum ist dieser Nachweis für die Funktion g mit $g(x) = x^2$; $D = \mathbb{R}$ nicht mehr gültig?

3. Die Funktion h mit $h(x) = x^3$; $D = \mathbb{R}_+^*$ ist streng monoton steigend. Für alle $x_1, x_2 \in \mathbb{R}_+^*$ gilt:

    $$\begin{array}{l} \quad x_1 < x_2 \\ \Rightarrow \quad x_1^2 < x_2^2 \quad | \cdot x_1 \; (> 0) \\ \text{(vgl. 2)} \\ \quad x_1^3 < x_1 x_2^2 \qquad\qquad (1) \end{array}$$

    $$\begin{array}{l} x_1 < x_2 \quad | \cdot x_2^2 \\ x_1 x_2^2 < x_2^3 \\ \\ \qquad\qquad\qquad (2) \end{array}$$

    (1) und (2) ergeben zusammen $x_1^3 < x_2^3$. Das ist äquivalent zu $h(x_1) < h(x_2)$.

4. Die Funktion f mit
    $f(x) = 0{,}1 \cdot (x + 3) \cdot (x + 1) \cdot (x - 2)$
    ist bis zur Stelle $-2{,}12$ streng monoton steigend, danach streng monoton fallend.
    Man muss sich im Klaren sein, dass der GTR meistens nur **Näherungslösungen** liefert. Der genaue Wert ist $-\frac{1}{3} \cdot (2 + \sqrt{19})$.

    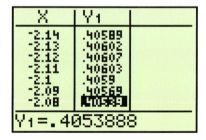

ZUSAMMENFASSUNG

f ist eine	streng monoton steigende	Funktion, wenn für alle $x_1, x_2 \in D$ mit $x_1 < x_2$ folgt	$f(x_1) < f(x_2)$ bzw. $f(x_1) - f(x_2) < 0$
	monoton steigende		$f(x_1) \leq f(x_2)$ bzw. $f(x_1) - f(x_2) \leq 0$
	streng monoton fallende		$f(x_1) > f(x_2)$ bzw. $f(x_1) - f(x_2) > 0$
	monoton fallende		$f(x_1) \geq f(x_2)$ bzw. $f(x_1) - f(x_2) \geq 0$

Satz 5.7

a) Sind f und g zwei monoton steigende (fallende) Funktionen mit einem gemeinsamen Definitionsbereich D, so ist auch die Summenfunktion $f + g$ monoton steigend (fallend).
Ist **zusätzlich** wenigstens eine der beiden Funktionen streng monoton steigend (fallend), ist auch die Summenfunktion streng monoton steigend (fallend).

b) Ist f eine monoton steigende (fallende) Funktion und sind ihre Funktionswerte entweder alle positiv oder alle negativ, so ist $\dfrac{1}{f}$ eine monoton fallende (steigende) Funktion.

Ist f streng monoton, so auch $\dfrac{1}{f}$.

Beweis

a) Sind f und g monoton fallende Funktionen, dann gilt für alle $x_1, x_2 \in D$ und $x_1 < x_2$: $f(x_1) \leq f(x_2)$ und $g(x_1) \leq g(x_2)$.
Somit folgt:

$$f(x_1) \leq f(x_2) \qquad |+ g(x_1) \qquad\qquad\qquad g(x_1) \leq g(x_2) \qquad |+ f(x_2)$$
$$f(x_1) + g(x_1) \leq f(x_2) + g(x_1) \qquad\qquad f(x_2) + g(x_1) \leq f(x_2) + g(x_2)$$

also $\qquad\qquad\qquad\qquad f(x_1) + g(x_1) \leq f(x_2) + g(x_2)$

Der Beweis des zweiten Teils von a) verläuft entsprechend.

b) Ist f eine monoton steigende Funktion, dann folgt für alle $x_1, x_2 \in D$ und $x_1 < x_2$:

$$f(x_1) \leq f(x_2) \quad |: (f(x_1) \cdot f(x_2))$$

$\dfrac{1}{f(x_2)} \leq \dfrac{1}{f(x_1)}$,   da bei der Division durch $f(x_1)$ und $f(x_2)$ das Ungleichheitszeichen erhalten bleibt, wenn $f(x_1)$ und $f(x_2)$ positiv sind bzw. es sich zweimal umkehrt, wenn beide negativ sind.

$\dfrac{1}{f(x_1)} \geq \dfrac{1}{f(x_2)}$

Der Nachweis der anderen Behauptungen erfolgt entsprechend.

AUFGABEN

01   Untersuchen Sie mithilfe des GTR, in welchen Intervallen die Funktion f monoton ist.

a) $f(x) = \frac{1}{3}x^3 + \frac{1}{2}x^2 - 2x$

b) $f(x) = 2x^3 - 3x^2 + 2$

c) $f(x) = \frac{1}{3}x^3 - \frac{3}{2}x^2 + \frac{5}{2}$

d) $f(x) = |x| \cdot \operatorname{sgn}(x)$

e) $f(x) = \begin{cases} -x^2 - 4x - 1 & \text{für } x \leq -1 \\ x^2 + 1 & \text{für } x > -1 \end{cases}$

f) $f(x) = |x + 2| \cdot |x - 2|$

02   Zeichnen Sie den Graphen der Funktion und beweisen Sie die Monotonie rechnerisch.

a) $f: x \mapsto 4x + 5; \; D = \mathbb{R}$

b) $f: x \mapsto \dfrac{1}{x}; \; D = \mathbb{R}_+^*$

c) $f: x \mapsto \dfrac{1}{x^2}; \; D = \mathbb{R}^*$

d) $f: x \mapsto \dfrac{1 - x^2}{1 + x}; \; D = \mathbb{R}\backslash\{-1\}$

e) $f: x \mapsto -4x^2; \; D = \mathbb{R}^*$

f) $f: x \mapsto 2x^2 + 3; \; D = \mathbb{R}_+^*$

5.4   Umkehrfunktionen

Fritz Schwarz hat in den großen Ferien gearbeitet und genug Geld verdient, um ein Auto zu kaufen. Er stellt die Kosten für dessen Unterhalt zusammen und zeichnet ein Pfeildiagramm und ein Schaubild der Mengen-Preis-Funktion von Benzin. Dabei rechnet er mit einem Benzinpreis von 1,50 €/l.

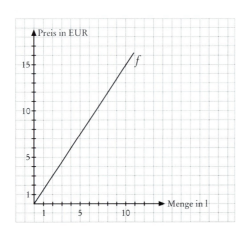

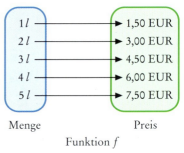

Menge   Preis

Funktion f

Vertauscht man Definitions- und Wertemenge und kehrt die Pfeilrichtung um, ergibt sich das Pfeildiagramm einer Funktion f^{-1} (-1 ist kein Exponent im üblichen Sinn, sondern Teil des Namens), die die Menge in Abhängigkeit vom Preis darstellt:

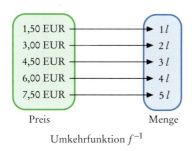

Umkehrfunktion f^{-1}

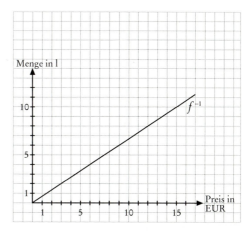

Man nennt diese so entstandene Preis-Mengen-Funktion f^{-1} die **Umkehrfunktion** zur Mengen-Preis-Funktion f.

Nicht zu jeder Funktion existiert die Umkehrfunktion. Häufig ist die Umkehrrelation **keine** Funktion.

BEISPIELE

1. Bei einer Klassenarbeit sind maximal 24 Korrekturpunkte erreichbar. Die Umrechnung von Korrekturpunkten in Noten wird mithilfe einer abschnittsweise definierten Funktion vorgenommen, die durch folgendes Pfeildiagramm gegeben ist:

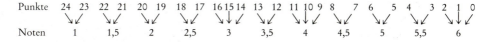

Kehrt man die Pfeile um, um zu einer vorgegebenen Note die Korrekturpunkte bestimmen zu können, erhält man das Pfeildiagramm einer Relation, die keine Funktion ist. Von Elementen der Startmenge (Noten) gehen mehrere Pfeile aus, da die gleiche Note mit einer unterschiedlichen Anzahl von Korrekturpunkten erreicht werden kann.

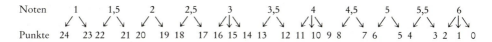

Da die ursprüngliche Funktion mehreren Urbildern dasselbe Bild zuordnet, existiert keine Umkehrfunktion.

2. Die Funktion f mit $f(x) = x^4$ und $D = \mathbb{R}$ ist nicht umkehrbar, da – mit einer Ausnahme – alle y-Werte zwei x-Werten zugeordnet sind.

Beispielsweise ist der Funktionswert 1 den beiden x-Werten -1 und 1 zugeordnet.

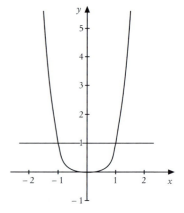

Dem letzten Beispiel können wir folgende **Faustregel** entnehmen:
Schneidet jede gedachte Parallele zur x-Achse das Schaubild einer Funktion höchstens einmal, dann ist die Funktion umkehrbar.

Definition 5.8

Gibt es bei einer Funktion f zu jedem Funktionswert genau ein Urbild, dann heißt diejenige Funktion f^{-1}, die jedem Funktionswert von f sein Urbild zuordnet, die **Umkehrfunktion** oder inverse Funktion von f:

$$f^{-1}: f(x) \mapsto x \text{ für alle } f(x) \in W_f.$$

Aus Definition 5.8 folgt unmittelbar, dass die Definitionsmenge der Umkehrfunktion gleich der Wertemenge der Funktion ist und die Wertemenge der Umkehrfunktion der Definitionsmenge der Funktion entspricht:

$$D_{f^{-1}} = W_f$$
$$W_{f^{-1}} = D_f$$

Die Funktionswerte (y-Werte) von f sind die Argumentwerte von f^{-1}. Damit hieße die unabhängige Variable von f^{-1} zunächst y. Die Argumentwerte (x-Werte) von f sind die Funktionswerte von f^{-1} und x wäre damit zunächst noch die abhängige Variable von f^{-1}.

Dies ist bei Funktionen unüblich – dort gilt i. A. „$x \in D$ und $y \in W$" (Normdarstellung). Damit die Umkehrfunktion die übliche Form hat, vertauscht man die Variablen x und y.

Dieses Vertauschen der Variablen ist der Grund des folgenden Satzes.

Satz 5.9

Der Graph der Umkehrfunktion f^{-1} ist das Spiegelbild des Graphen der Funktion f an der ersten Winkelhalbierenden[1].

---

1 Die Gleichung der ersten Winkelhalbierenden ist $y = x$.

Beweis

Ist $P(a/b)$ ein Punkt des Graphen der Funktion f, dann ist $P'(b/a)$ ein Punkt des Graphen der Umkehrfunktion f^{-1}.

Fällt man von P und P' jeweils das Lot auf die 1. Winkelhalbierende, erhält man die Fußpunkte S und S'. P' ist das Spiegelbild von P, wenn S' und S zusammenfallen.

Es gilt $\overline{PT} = \overline{P'U}$ und $\overline{QT} = \overline{QU}$, also auch $\overline{PQ} = \overline{P'Q}$. Die Dreiecke $QP'S'$ und QSP sind rechtwinklig, der Winkel bei Q ist in beiden Dreiecken 45°. Somit stimmen diese beiden Dreiecke

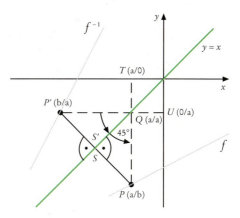

in zwei Winkeln und einer Seite überein, d.h. sie sind kongruent. Aus $\overline{QS} = \overline{QS'}$ folgt aber $S = S'$.

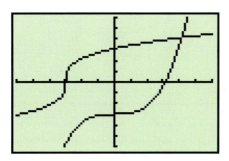

Mit der Tastenfolge
DRAW – 8 – VARS – ▶ – 1 – 1 – ENTER zeichnet der GTR den Graphen der Umkehrfunktion von Y1.
Da die Einheiten auf den Achsen unterschiedlich lang sind, erscheinen die Graphen nicht symmetrisch zur ersten Winkelhalbierenden.

Die Vorschrift der Umkehrfunktion kann der GTR leider nicht angeben, sie muss händisch bestimmt werden.

Satz 5.10

Jede streng monotone Funktion lässt sich umkehren.

Beweis

Da die Funktion streng monoton ist, wird jeder Wert der Wertemenge höchstens einmal angenommen. Bei der Umkehrung der Zuordnung ergibt sich somit wieder eine Funktion.

Unmittelbar aus der Definition der Umkehrfunktion folgt:

Satz 5.11

Ist die Funktion f^{-1} die Umkehrfunktion einer Funktion f, so ist f die Umkehrfunktion von f^{-1}:

$$(f^{-1})^{-1} = f$$

Nach Satz 5.11 ist also
$$f^{-1}(f(x)) = x \text{ und } f(f^{-1}(x)) = x.$$
Um die Funktionsvorschrift der Umkehrfunktion zu erhalten, sind drei Schritte notwendig[1]:

$$f(x) = 2x - 5;$$
$$D_f = \{-1; 1; 3; 5; 7\}$$
$$W_f = \{-7; -3; 1; 5; 9\}$$

1. Definitions- und Wertemenge vertauschen
$$D_{f^{-1}} = W_f \text{ und } W_{f^{-1}} = D_f$$
$$D_{f^{-1}} = W_f = \{-7; -3; 1; 5; 9\}$$
$$W_{f^{-1}} = D_f = \{-1; 1; 3; 5; 7\}$$

2. In der Funktionsvorschrift der Funktion die Bezeichnungen x und y vertauschen.
$$f(x) = 2x - 5$$
$$y = 2x - 5$$
$$x = 2y - 5$$

3. Die so erhaltene Funktionsvorschrift nach y auflösen, um die Normdarstellung der Vorschrift der Umkehrfunktion zu erhalten.
$$y = \tfrac{1}{2}x + \tfrac{5}{2}$$
$$f^{-1}(x) = \tfrac{1}{2}x + \tfrac{5}{2}$$

MUSTERAUFGABEN

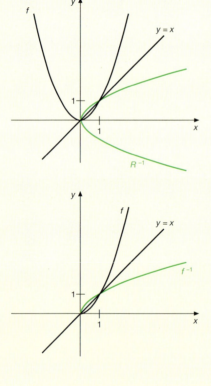

1. $f(x) = x^2;\ D_f = \mathbb{R},\ W_f = \mathbb{R}_+$
   Da y-Werte dieser Funktion zwei x-Werten zugeordnet sind, existiert zu f keine Umkehrfunktion.

   Der Graph, den man durch Spiegeln an der 1. Winkelhalbierenden erhält, ist der Graph einer Relation, die keine Funktion ist.

2. $f(x) = x^2;\ D_f = \mathbb{R}_+,\ W_f = \mathbb{R}_+$
   Da jedes $y \in W_f$ genau einem $x \in D_f$ zugeordnet ist, existiert die Umkehrfunktion.

   1. Schritt:
   $$D_{f^{-1}} = W_f = \mathbb{R}_+,\ W_{f^{-1}} = D_f = \mathbb{R}_+$$
   2. Schritt:
   $$f(x) = x^2$$
   $$y = x^2$$
   $$x = y^2$$
   3. Schritt:
   $$y = \pm\sqrt{x}$$
   Da der Wertebereich der Umkehrfunktion $\mathbb{R}_+$ ist, ist das Pluszeichen vor der Wurzel zu wählen.
   $$y = +\sqrt{x}$$
   $$f^{-1}(x) = \sqrt{x}$$

---

1 Der 3. Schritt ist nicht immer durchführbar. Die Zuordnung zwischen x und y ist dann „implizit" durch die unaufgelöste Gleichung gegeben.

3. $f(x) = x^2$; $D_f = \mathbb{R}_-$, $W_f = \mathbb{R}_+$
Da jedes $y \in W_f$ genau einem
$x \in D_f$ zugeordnet ist, existiert die
Umkehrfunktion.

1. Schritt:
$D_{f^{-1}} = W_f = \mathbb{R}_+$, $W_{f^{-1}} = D_f = \mathbb{R}_-$

2. Schritt:
$$f(x) = x^2$$
$$y = x^2$$
$$x = y^2$$

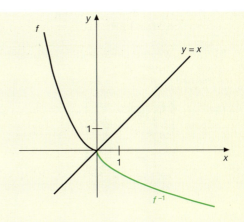

3. Schritt:
$$y = \pm\sqrt{x}$$

Da der Wertebereich der Umkehrfunktion $\mathbb{R}_-$ ist, ist das Minuszeichen vor der Wurzel zu wählen.
$$y = -\sqrt{x}$$
$$f^{-1}(x) = -\sqrt{x}$$

An diesen drei Beispielen wurde deutlich, dass durch **Einschränken** der Definitionsmenge einer Funktion, die nicht umkehrbar ist, (hier von $\mathbb{R}$ auf $\mathbb{R}_+$ bzw. $\mathbb{R}_-$) Funktionen entstehen können, die eine Umkehrfunktion haben.

4. $f(x) = \frac{1}{x}$; $D_f = \mathbb{R}_+^*$, $W_f = \mathbb{R}_+^*$
Da jede Parallele zur x-Achse das
Schaubild in höchstens einem Punkt
schneidet, ist jedes $y \in W_f$ genau
einem $x \in D_f$ zugeordnet. Die
Umkehrfunktion f^{-1} existiert also.

1. Schritt:
$D_{f^{-1}} = W_f = \mathbb{R}_+^*$, $W_{f^{-1}} = D_f = \mathbb{R}_+^*$

2. Schritt:
$$f(x) = \frac{1}{x}$$
$$y = \frac{1}{x}$$
$$x = \frac{1}{y}$$

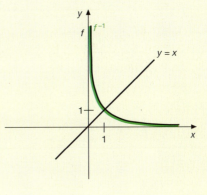

3. Schritt:
$$y = \frac{1}{x}$$
$$f^{-1}(x) = \frac{1}{x}$$

Die Funktion und ihre Umkehrfunktion sind identisch.

AUFGABEN

01   Welche der folgenden Funktionen sind umkehrbar?

a)
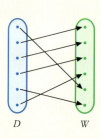
        D   W

b)
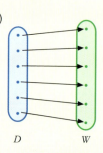
        D   W

c)
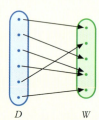
        D   W

d)
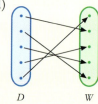
        D   W

e)

x	−1	0	1	2	3	4
$f(x)$	1	0	1	8	27	64

f)

x	2	3	4	5	6	7
$f(x)$	−1	1	3	5	7	9

02   Skizzieren Sie den Graphen. Überprüfen Sie anhand des Graphen, ob die Funktion eine Umkehrfunktion besitzt. Skizzieren Sie – falls vorhanden – den Graphen der Umkehrfunktion, und geben Sie ihre Funktionsvorschrift und Definitionsmenge an.

a) $f(x) = \frac{1}{3}x + 2;\ D = \mathbb{R}$

b) $f(x) = -\frac{1}{2}x - 1;\ D = [-3; 6]$

c) $f(x) = \begin{cases} -2x + 3 & \text{für } x \leq 1 \\ -x - 1 & \text{für } x > 1 \end{cases}$

d) $f(x) = \frac{1}{x};\ D = \mathbb{R}^*_-$

e) $f(x) = \dfrac{3}{x - 1};\ D = \left]-\infty; 1\right[$

f) $f(x) = \begin{cases} 2x & \text{für } x \leq 0 \\ x^2 & \text{für } x > 0 \end{cases}$

03   Welche der Potenzfunktionen sind umkehrbar, welche nicht? Geben Sie eine Regel über den Zusammenhang von Umkehrbarkeit und Hochzahl an.

a) $f(x) = x^2$ b) $f(x) = x^3$ c) $f(x) = x^4$ d) $f(x) = x^5$

04   Gegeben ist die Funktion f durch

$f(x) = \frac{1}{2}x + 2$ $(f(x) = 2x - 3)$

a) Zeichnen Sie das Schaubild von f.

b) Geben Sie Gleichung und Definitionsbereich von f^{-1} an, und zeichnen Sie das Schaubild.

05   Zeichnen Sie das Schaubild der Funktion f, und geben Sie den Wertebereich W an.

a) $f(x) = \frac{1}{4}x^2$; $D_f = \mathbb{R}_+$ b) $f(x) = x^2 - 4$; $D_f = \mathbb{R}_+$

Ermitteln Sie die Gleichung, den Definitionsbereich und den Wertebereich der Umkehrfunktion f^{-1}. Zeichnen Sie das Schaubild.

06   Bestimmen Sie die gemeinsamen Punkte der Graphen der Funktion f mit $x \geq 0$ und Umkehrfunktion f^{-1}.

a) $f(x) = 2x - 3$ b) $f(x) = \frac{1}{2}x + 1$ c) $f(x) = \frac{1}{x} - 1$ d)* $f(x) = x^2$

07   Formulieren Sie die Umkehrung von Satz 5.10. Ist sie wahr?

08   Eine Funktion f heißt **involutorisch**, wenn sie mit ihrer Umkehrfunktion übereinstimmt; also $f(x) = f^{-1}(x)$ für alle $x \in D_f$ und $D_f = D_{f^{-1}}$.

a) Geben Sie drei lineare Funktionen an, die involutorisch sind.

b) Was muss allgemein gelten, damit eine lineare Funktion involutorisch ist?

6.1 Ganzrationale Funktionen und ihre Schaubilder

In ein Koordinatensystem sind, etwa als Ergebnis eines Experiments, die drei Punkte $P_1(0/3)$, $P_2(1/4)$ und $P_3(3/0)$ eingetragen. Gesucht ist eine Funktion mit einfacher Vorschrift, deren Schaubild die Punkte verbindet.

Eine Gerade geht offenbar nicht durch alle drei Punkte. Wir versuchen eine quadratische Funktion zu finden.

Eine quadratische Funktion f hat die Vorschrift $f(x) = ax^2 + bx + c$; ihr Schaubild verläuft durch die drei Punkte, wenn a, b und c so gewählt werden können, dass gilt

$f(0) = 3$, also $a \cdot 0^2 + b \cdot 0 + c = 3$;
$f(1) = 4$, also $a \cdot 1^2 + b \cdot 1 + c = 4$;
$f(3) = 0$, also $a \cdot 3^2 + b \cdot 3 + c = 0$.

Man findet $c = 3$, $b = 2$ und $a = -1$, indem man das lineare Gleichungssystem löst.

Die Parabel mit der Gleichung

$$f(x) = -x^2 + 2x + 3$$

geht also durch die drei Punkte.

Durch die vier Punkte $P_1(0/3)$, $P_2(1/4)$, $P_3(3/0)$ und $P_4(4/3)$ geht diese Parabel nicht. Eine Funktion mit einfacher Gleichung, deren Schaubild alle vier Punkte verbindet, kann man aber unter den kubischen Funktionen suchen, deren Gleichungen $f(x) = ax^3 + bx^2 + cx + d$

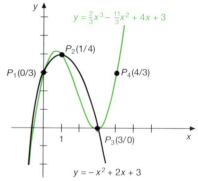

vier wählbare Bestimmungsstücke (Parameter) a, b, c und d enthalten. Man findet, wieder durch Lösen eines linearen Gleichungssystems (vgl. Abschnitt 3.9), die kubische Funktion f mit der Gleichung $f(x) = \frac{2}{3}x^3 - \frac{11}{3}x^2 + 4x + 3$.

Solche Funktionen, die durch Addition von Potenzfunktionen entstehen, heißen **ganzrationale** Funktionen. Die höchste, in ihrer Funktionsvorschrift vorkommende Potenz von x bestimmt den Grad der ganzrationalen Funktion. Quadratische Funktionen haben den Grad 2, kubische den Grad 3.

Definition 6.1

Eine Funktion f, deren Funktionsvorschrift sich auf die Form

$$f(x) = a_n x^n + a_{n-1} x^{n-1} + \ldots + a_2 x^2 + a_1 x + a_0 \quad \text{mit } n \in \mathbb{N}$$

bringen lässt, heißt **ganzrationale Funktion**.

Die reellen Zahlen a_n, a_{n-1}, ..., a_2, a_1, a_0 bezeichnet man als die **Koeffizienten**[1] der Funktion.

a_0 wird als **absolutes** oder **konstantes Glied** bezeichnet.

Ist n die Hochzahl der höchsten Potenz von x mit einem Koeffizienten ungleich null, so heißt n der **Grad** der Funktion[2]. Ist dieser Koeffizient gleich 1, so nennt man die ganzrationale Funktion **normiert**.

Der Graph einer ganzrationalen Funktion n-ten Grades heißt **Parabel n-ter Ordnung**.

BEISPIELE

$f(x) = \frac{2}{3}x^3 - \frac{11}{3}x^2 + 4x + 3$ Grad 3

$a_3 = \frac{2}{3}$; $a_2 = -\frac{11}{3}$; $a_1 = 4$; $a_0 = 3$

$f(x) = 1x^4 - 4x^2 + 8$ Grad 4, normiert: $a_4 = 1$

$a_4 = 1$; $a_3 = 0$; $a_2 = -4$; $a_1 = 0$; $a_0 = 8$

$f(x) = x^7 + 2x^6 - 3x^5 + x^4 - 8x^2 + 2x + 9$ Grad 7, normiert: $a_7 = 1$

$a_7 = 1$; $a_6 = 2$; $a_5 = -3$; $a_4 = 1$; $a_3 = 0$; $a_2 = -8$; $a_1 = 2$; $a_0 = 9$

Terme der Form $a_n x^n + a_{n-1}x^{n-1} + ... + a_1 x + a_0$ werden **Polynome** genannt. n ist der Grad des Polynoms. Im folgenden werden Polynome mit $f(x)$, $g(x)$ usw. bezeichnet.

Erkennbare Symmetrien

Liegt die Vorschrift einer ganzrationalen Funktion in der Form

$$f(x) = a_n x^n + a_{n-1}x^{n-1} + ... + a_2 x^2 + a_1 x + a_0$$

vor, so kann man an der Mischung gerader und ungerader Potenzen von x sofort erkennen, ob der Graph der Funktion Achsensymmetrie zur y-Achse, Punktsymmetrie zum Ursprung (0/0) oder keines von beiden zeigt.

Dies wird deutlich an der Funktion mit der Vorschrift $f(x) = 3x^4 + x^2$.

Da **nur gerade Potenzen von x vorkommen**, gilt

$$f(-x) = 3(-x)^4 + (-x)^2 = 3x^4 + x^2 = f(x)$$

also $f(x) = f(-x)$, d.h. die **Funktion ist gerade**.

Lautet die Funktionsvorschrift $f(x) = 3x^4 + x^2 + 5$, die sich von der vorigen um das konstante Glied 5 unterscheidet, so ist auch diese Funktion gerade, da $f(x) = f(-x)$ bleibt.

Diese Vorschrift kann man wegen $x^0 = 1$ auch als $f(x) = 3x^4 + x^2 + 5 \cdot x^0$ schreiben. Es kommen also nur gerade Potenzen von x vor.

Sind in der Vorschrift **nur ungerade Potenzen von x vorhanden**, so ist die **Funktion ungerade**; $x = x^1$ gilt dabei natürlich als ungerade Potenz von x.

Beispielsweise gilt bei der Funktion f mit $f(x) = 6x^3 - \frac{1}{2}x$:

$$f(-x) = 6(-x)^3 - \frac{1}{2}(-x) = -6x^3 + \frac{1}{2}x = -f(x).$$

Wegen $f(x) = -f(-x)$ ist die Funktion ungerade.

---

1 Beiwerte; von cum bzw. con (lat.), mit und efficere (lat.), bewirken.
2 Der Funktion mit $f(x) = 0$ wird als Ausnahme kein Grad zugeordnet.

Stehen im Funktionsterm gerade und ungerade Potenzen von x, so liegt keine der genannten Symmetrien vor. Achsensymmetrie zu anderen Achsen und Punktsymmetrie zu anderen Symmetriezentren ist aber dennoch möglich (vgl. Abschnitt 5.2).

ZUSAMMENFASSUNG

In der Vorschrift kommen vor	ganzrationale Funktion	Symmetrie des Graphen
nur gerade Potenzen von x	gerade	Achsensymmetrie zur y-Achse
nur ungerade Potenzen von x	ungerade	Punktsymmetrie zum Ursprung
gerade und ungerade Potenzen von x	–	keine ersichtliche Symmetrie

BEISPIELE

1. Die Funktion mit $f(x) = -x^4 + 3x^2 + 5$ ist gerade,
   $f(-x) = -(-x)^4 + 3(-x)^2 + 5 = -x^4 + 3x^2 + 5 = f(x)$,
   das Schaubild ist achsensymmetrisch zur y-Achse.

2. Die Funktion mit $f(x) = 2x^7 - x$ ist ungerade,
   $f(-x) = 2(-x)^7 - (-x) = -2x^7 + x = -f(x)$,
   das Schaubild ist punktsymmetrisch zum Ursprung.

3. Die Funktion mit $f(x) = x^2 - 2x$ ist weder gerade noch ungerade. Das Schaubild ist weder achsensymmetrisch zur y-Achse noch punktsymmetrisch zum Ursprung (0/0). Es liegt aber (vgl. Aufgabe 4) Achsensymmetrie zur Geraden mit der Gleichung $x = 1$ vor.

Hinweis

Die Funktionen mit $f(x) = x(x^3 + x^4) - x^4$ und $f(x) = \dfrac{x^2 - 1}{x}$ sind beide ungerade.

Die letztere ist nicht ganzrational, bei der ersten, ganzrationalen, sind die Potenzen von x nicht zusammengefasst, sodass man erst ausmultiplizieren muss, um die vorhandene Punktsymmetrie ihres Schaubildes zum Ursprung zu erkennen.

Verlauf von Graphen ganzrationaler Funktionen für x-Werte mit großem Betrag

Der Verlauf der Schaubilder ganzrationaler Funktionen für x-Werte mit großem Betrag wird durch den Grad n und den Koeffizienten a_n bei der höchsten vorkommenden Potenz x^n bestimmt.

BEISPIELE

1. **Gerader Grad**

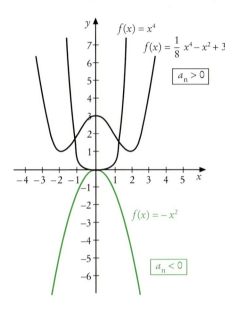

2. **Ungerader Grad**

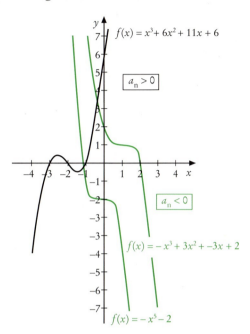

Gesamtverlauf der Schaubilder von sehr weit links nach sehr weit rechts (x wächst von $-\infty$ zu $+\infty$; a_n ist der Koeffizient der höchsten vorkommenden Potenz von x).

Gerader Grad	$a_n > 0$: Der Graph kommt von oben und geht nach oben.
	$a_n < 0$: Der Graph kommt von unten und geht nach unten.
Ungerader Grad	$a_n > 0$: Der Graph kommt von unten und geht nach oben.
	$a_n < 0$: Der Graph kommt von oben und geht nach unten.

Um den beschriebenen Verlauf nachzuweisen, stellen wir

$$f(x) = a_n x^n + a_{n-1} x^{n-1} + \dots + a_1 x + a_0$$

nach Ausklammern von $a_n x^n$ in der folgenden Form dar:

$$f(x) = a_n x^n \cdot \left(1 + \frac{a_{n-1}}{a_n x} + \frac{a_{n-2}}{a_n x^2} + \dots + \frac{a_1}{a_n x^{n-1}} + \frac{a_0}{a_n x^n} \right).$$

Auf der rechten Seite werden die Summanden $\dfrac{a_{n-1}}{a_n x}, \dots, \dfrac{a_0}{a_n x^n}$ für sehr große oder sehr kleine („stark negative") x-Werte „fast null". Der Wert der Summe in der Klammer ist für solche x-Werte mit großem Betrag also ungefähr 1. $f(x)$ verhält sich also für x-Werte mit großem Betrag wie $a_n x^n$. Hieraus ergibt sich das angegebene Verhalten des Schaubilds von f, da das Schaubild der Funktion mit der Gleichung $y = a_n x^n$ dieses Verhalten zeigt.

AUFGABEN

01   Geben Sie den Grad und die Koeffizienten der ganzrationalen Funktion mit der folgenden Vorschrift an. Ist die Funktion normiert?

a) $f(x) = 2x^5 + 0.5x^4 + 8x^3 - 3x^2 - x - 7$ b) $f(x) = x^6 + \sqrt{2}x^4 - 5x^2$

c) $f(x) = -x - 3.5$ d) $f(x) = 3$

e) $f(x) = -x^4 + x^3 + 0.2x^2 + 4x - 8$ f) $f(x) = x^2 \cdot (x^2 - 6x + 5)$

g) $f(x) = 3x \cdot (x + 1) \cdot (x - 1)$ h) $f(x) = 1$

02   Schreiben Sie die Vorschriften der ganzrationalen Funktion mit folgenden Koeffizienten.

a) $a_3 = 1$, $a_2 = -3$, $a_1 = 0$, $a_0 = 4$

b) $a_7 = -1$, $a_6 = 4$, $a_5 = a_4 = a_0 = 0$, $a_3 = a_2 = a_1 = -2$

c) $a_6 = 0.5$, $a_3 = 2$, $a_0 = 1$, $a_5 = a_4 = a_2 = a_1 = 0$

d) $a_4 = a_3 = a_2 = a_1 = 1$, $a_0 = -8$

03   Welche der Funktionen sind gerade, welche ungerade, welche keines von beiden? Welche ist gleichzeitig gerade und ungerade?

a) $f(x) = 3x^2$ b) $f(x) = -x^3$

c) $f(x) = -\frac{1}{3}x^6 + 3x^2 + 2$ d) $f(x) = 3x(x^3 - x)$

e) $f(x) = 2x^3 - 3x + 1.5$ f) $f(x) = -x + \frac{1}{2}x^5$

g) $f(x) = -2x^4 + 3x$ h) $f(x) = x(x^2 + 8x)$

i) $f(x) = 7.5$ j) $f(x) = 0$

04   Weisen Sie durch Vergleich von $f(1 - u)$ und $f(1 + u)$ nach, dass die Schaubilder achsensymmetrisch zur Geraden mit der Gleichung $x = 1$ sind.

a) $f(x) = x^2 - 2x$ b) $f(x) = \frac{1}{2}x^2 - x + 3$

c) $f(x) = -x^2 + 2x + 4$ d) $f(x) = 3$

05   Zwei ganzrationale Funktionen mit gemeinsamem Definitionsbereich heißen gleich, wenn sie denselben Grad besitzen und alle Koeffizienten gleich sind. (Genau dann stimmen die Funktionswerte beider Funktionen für alle $x \in D$ überein.)

Bestimmen Sie a, b, c und d durch Vergleich der Koeffizienten in den Funktionsvorschriften so, dass die folgenden Paare ganzrationaler Funktionen gleich sind.

a) $f(x) = (a + 1)x^3 + (b - 2)x^2 + d$ $g(x) = 3x^3 + 2x^2 + cx - 8$

b) $f(x) = 3ax^3 - cx^2 + 1$ $g(x) = 6x^3 - x^2 + bx + 2d$

c) $f(x) = x^3$ $g(x) = ax^3 + bx^2 + (c - 1)x + d$

d) $f(x) = ax^3 + (b - 3)x^2 + d$ $g(x) = 2bx^3 + ax^2$

e) $f(x) = ax^3 + 2bx^2 + (d + 1)$ $g(x) = (b + 1)x^3 - ax^2$

f) $f(x) = \frac{1}{2}bx^3 - (a + b)x^2$ $g(x) = 2ax^3 + (a + 2)x^2$

06   Zeigen Sie, dass die Funktion f ungerade ist.

a) $f(x) = \dfrac{x^2 - 1}{x}$ b) $f(x) = \dfrac{x^3 - x}{x^2}$

c) $f(x) = x \cdot (x^3 + x^4) - x^4$ d) $f(x) = x \cdot (x - 1) \cdot (x + 1)$

07   Bestimmen Sie die unbekannten Koeffizienten in der Vorschrift von f so, dass der Graph von f durch die angegebenen Punkte verläuft.

Stellen Sie den Graphen von f mit Ihrem GTR dar, überprüfen Sie mit der Trace-Funktion, ob die angegebenen Punkte auf den Graphen liegen, bestimmen Sie die Schnittpunkte mit der x-Achse und die Steigung der Tangente in P.

a) $f(x) = x^3 + t$; $P(0/1)$

b) $f(x) = 3x^3 - 4x^2 + x + t$; $P(2/1)$

c) $f(x) = x^5 - x^4 + 3x^2 + tx$; $P(2/0)$

d) $f(x) = sx^3 + x^2 - x + t$; $P(-3/-2)$, $Q(1/4)$

e) $f(x) = -x^4 + s \cdot x^3 + x + t$; $P(-1/2)$, $Q(2/8)$

f) $f(x) = -x^5 + rx^4 + sx^2 + tx + 1$; $P_1(-2/3)$, $P_2(1/1)$, $P_3(3/1)$

08   Bestimmen Sie die Vorschrift einer ganzrationalen Regressionskurve, die zwischen Engelsburg und Aventin den Verlauf des Tibers durch Rom näherungsweise wiedergibt.

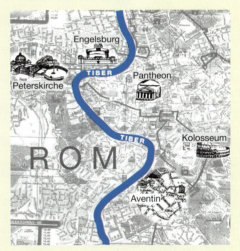

09   a) Bestimmen Sie jeweils die Vorschrift einer ganzrationalen Regressionskurve, die den Verlauf der Renditekurve von Staatsanleihen wiedergibt. Verwenden Sie als unabhängige Variable die Tagesnummer im Jahr (beispielsweise ist der 10. Februar der 41 Tag des Jahres.)

b) Um wie viel änderte sich die Rendite der 10-jährigen Bundesanleihen im Tagesdurchschnitt zwischen dem 1. April und 1. Oktober, zwischen dem 1. April und 1. Mai, am 1. April?

c) Beantworten Sie dieselben Fragen für die 10-jährige US-Staatsanleihe.

10   Gabriel und Justus nahmen am Planspiel Börse teil. Die Entwicklung ihres Depotwertes (in € jeweils um 16.45 Uhr) können Sie der nachstehenden Grafik entnehmen.

a) Bestimmen Sie eine geeignete Regressionsfunktion, die die Depotentwicklung beschreibt.

b) Wie groß war die Änderungsrate des Depotwertes am 15. November?

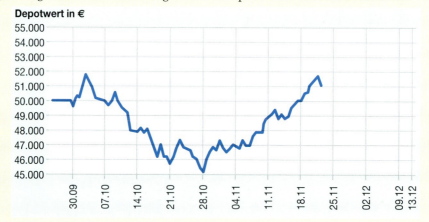

11   Bestimmen Sie mit allen angegebenen Daten eine ganzrationale Regressionskurve, die den Verlauf

a) des Preises   b) der Menge
der eingeführten Steinkohle wiedergibt.

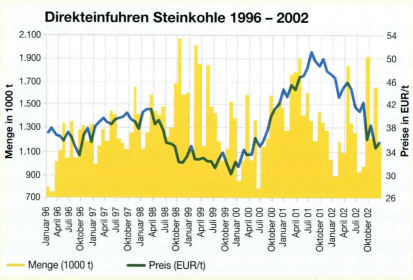

Direkteinfuhren Steinkohle 1996 – 2002

6.2 Rechnen mit ganzrationalen Funktionen

Zur Finanzierung der kaiserlichen Flotte wurde unter Kaiser Wilhelm II. die Schaumweinsteuer erfunden. Zur Zeit wird jede Flasche Sekt mit 1,02 € Schaumweinsteuer belastet. Werden x Flaschen Sekt gekauft, müssen also $1{,}02 \cdot x$ € Schaumweinsteuer bezahlt werden. Die Vorschrift der Schaumweinsteuerfunktion g ist also $g(x) = 1{,}02 \cdot x$.

Außerdem muss natürlich 7 % Mehrwertsteuer abgeführt werden. Kostet eine Flasche Sekt einschließlich der Schaumweinsteuer 5,00 €, fallen pro Flasche $5{,}00 \cdot \frac{7}{100}$ € MwSt an.

$h(x) = 5{,}00 \cdot \frac{7}{100} \cdot x$ ist die Vorschrift der Mehrwertsteuer-Funktion, wobei x wieder die Anzahl der Flaschen zu 5,00 € angibt.

Die Steuerfunktion ist die **Summenfunktion**, ihre Vorschrift lautet also:

$$f(x) = g(x) + h(x) = 1{,}02 \cdot x + 5{,}00 \cdot \tfrac{7}{100} \cdot x = 1{,}37 \cdot x$$

Genauso kann man die Differenz-, Produkt- oder Quotientenfunktion zweier Funktionen bilden.

Definition 6.2

Die Funktionen f_1, f_2, f_3 und f_4 mit

$$f_1(x) = g(x) + h(x)$$
$$f_2(x) = g(x) - h(x)$$
$$f_3(x) = g(x) \cdot h(x)$$
$$f_4(x) = \frac{g(x)}{h(x)}$$

heißen **Summen-**, **Differenz-**, **Produkt-** und **Quotientenfunktion** der Funktionen g und h.

Bemerkung: Die verknüpften Funktionen f_1 bis f_4 existieren nur an Stellen, an denen g und h gleichzeitig definiert sind. Bei der Quotientenfunktion darf die Nennerfunktion nicht null werden.

BEISPIELE

$$g(x) = x^2 - 1; \quad D_g = \mathbb{R}$$
$$h(x) = x - 1; \quad D_h = \mathbb{R}$$

1. $g(x) + h(x) = x^2 - 1 + x - 1 = x^2 + x - 2$
2. $g(x) - h(x) = x^2 - 1 - (x - 1) = x^2 - x$
3. $g(x) \cdot h(x) = (x^2 - 1) \cdot (x - 1) = x^3 - x^2 - x + 1$
4. $\dfrac{g(x)}{h(x)} = \dfrac{x^2 - 1}{x - 1} = \dfrac{(x + 1) \cdot (x - 1)}{x - 1} = x + 1$

Addition, Subtraktion und Multiplikation zweier ganzrationaler Funktionen führen wieder auf eine ganzrationale Funktion.

Bei der Addition und Subtraktion wird der Grad der Summen- bzw. Differenzfunktion nicht größer als der größte Einzelgrad. Der Grad wird kleiner, wenn die Summanden mit den höchsten Potenzen wegfallen.

Der Grad der Produktfunktion ist die Summe der beiden Einzelgrade.

Die **Division** einer ganzrationalen Funktion durch eine andere ergibt im Allgemeinen keine ganzrationale Funktion.

Geht die Division nicht auf, erhält man beim Teilen ganzer Zahlen eine Summe aus einer ganzen Zahl und einem Bruch als Ergebnis, bei ganzrationalen Funktionen eine Summe aus einem ganzrationalen und einem „gebrochen-rationalen" Anteil.

$$1271 : 15 = \quad 84 \quad + \quad \tfrac{11}{15}$$

$$\begin{array}{r} -120 \\ \hline 71 \\ -60 \\ \hline \text{Rest} \quad 11 \end{array}$$

ganzer   gebrochener
Anteil   Anteil

$$x^2 : (x + 1) = \frac{x^2}{x + 1} = \frac{x^2 - 1 + 1}{x + 1}$$

$$= \frac{x^2 - 1}{x + 1} + \frac{1}{x + 1}$$

$$= x - 1 + \frac{1}{x + 1}$$

ganz-   gebrochen-
rationaler   rationaler
Anteil   Anteil

Satz 6.3 (Zerlegungssatz)

Das Polynom $f(x)$ kann durch das Polynom $t(x)$, das nicht das Nullpolynom ist, geteilt werden, wenn der Grad von $f(x)$ größer oder gleich dem Grad von $t(x)$ ist. Das Ergebnis ist eine Summe aus ganzrationalem Anteil $g(x)$ und, wenn die Division nicht aufgeht, gebrochen-rationalem Anteil $\dfrac{r(x)}{t(x)}$:

$$\frac{f(x)}{t(x)} = g(x) + \frac{r(x)}{t(x)}.$$

Wir demonstrieren den Beweisgang für Satz 6.3 am Beispiel

$$f(x) = x^3 + 3x^2 + x + 1 \quad \text{und} \quad t(x) = x + 1.$$

Vom Dividenden $f(x)$ ziehen wir ein Vielfaches des Divisors $t(x) = x + 1$ ab, um die höchste Potenz x^3 zum Verschwinden zu bringen. Vom verbleibenden Rest ziehen wir wieder ein Vielfaches von $x + 1$ ab, um die höchste Potenz dieses Restes verschwinden zu lassen. So fahren wir fort, bis der Grad des Restes kleiner wird als der Grad des Divisors $x + 1$.

$$
\begin{array}{rcl}
x^3 + 3x^2 + x + 1 - (x + 1) \cdot x^2 & = & 2x^2 + x + 1 \\
2x^2 + x + 1 - (x + 1) \cdot 2x & = & -x + 1 \\
-x + 1 - (x + 1) \cdot (-1) & = & 2
\end{array}
$$

Insgesamt hat man erhalten:

$$x^3 + 3x^2 + x + 1 - (x + 1) \cdot (x^2 + 2x - 1) = 2$$

$$f(x) - t(x) \cdot g(x) = r(x)$$

oder

$$x^3 + 3x^2 + x + 1 = (x + 1) \cdot (x^2 + 2x - 1) + 2$$

$$f(x) = t(x) \cdot g(x) + r(x)$$

Im allgemeinen Fall zieht man entsprechend von $f(x)$ Vielfache von $t(x)$ ab, bis der Grad des Restes kleiner als der von $t(x)$ geworden ist.

Nach Division beider Seiten durch $t(x) = x + 1$ erhält man

$$\frac{x^3 + 3x^2 + x + 1}{x + 1} = x^2 + 2x - 1 + \frac{2}{x + 1}$$

$$\frac{f(x)}{t(x)} = g(x) + \frac{r(x)}{t(x)}$$

Diese Überlegungen führen zum Verfahren der Polynomdivision, das wir an einigen Beispielen erläutern.

Zur Vorbereitung der Division **ordnet man die Polynome nach absteigenden Potenzen**. Fehlt eine Potenz, so muss sie (etwa wie in den folgenden Beispielen 3 und 4) mit dem Koeffizienten null ergänzt werden.

BEISPIELE ZUR POLYNOMDIVISION

1.

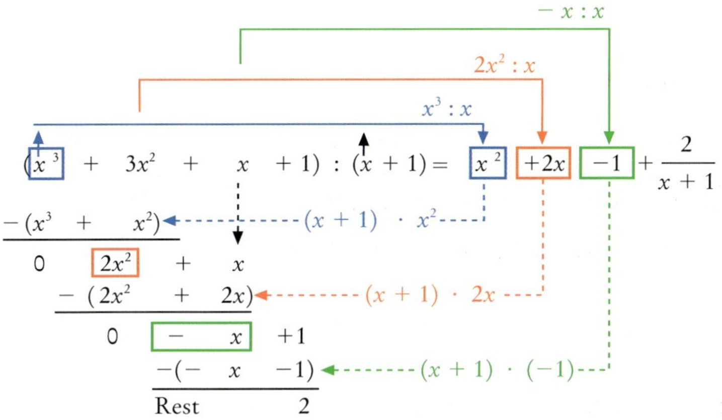

Die Division hört auf, wenn der Grad des Restes, hier null, kleiner geworden ist als der Grad des Divisors. Der Grad des Divisors ist hier Eins.

Durch Multiplikation beider Seiten mit $x + 1$ ergibt sich

$$(x^3 + 3x^2 + x + 1) = (x + 1) \cdot (x^2 + 2x - 1) + 2$$

2.
$$(x^3 + 3x^2 + x + 1) : (x - 2) = x^2 + 5x + 11 + \frac{23}{x - 2}$$

$$\underline{-(x^3 - 2x^2)}$$
$$5x^2 + x$$
$$\underline{-(5x^2 - 10x)}$$
$$11x + 1$$
$$\underline{-(11x - 22)}$$
$$\text{Rest}23$$

Durch Multiplikation beider Seiten mit $x - 2$ erhält man

$$(x^3 + 3x^2 + x + 1) = (x - 2) \cdot (x^2 + 5x + 11) + 23.$$

3. $(x^4 + 5x^2 - 2) : (x^2 - x + 1)$

$$(x^4 + 0 \cdot x^3 + 5x^2 + 0 \cdot x - 2) : (x^2 - x + 1) = x^2 + x + 5 + \frac{4x - 7}{x^2 - x + 1}$$

$\underline{-(x^4 - x^3 + x^2)}$

$x^3 + 4x^2 + 0 \cdot x$

$\underline{- (x^3 - x^2 + x)}$

$5x^2 - x - 2$

$\underline{-(5x^2 - 5x + 5)}$

Rest $4x - 7$

Die Division ist beendet, da der Grad des Restes kleiner als der des Divisors geworden ist. Durch Multiplikation beider Seiten mit $x^2 - x + 1$ folgt

$$(x^4 + 5x^2 - 2) = (x^2 - x + 1) \cdot (x^2 + x + 5) + 4x - 7.$$

4. $(x^3 + 2x^2 - x - 2) : (x^2 - 1)$

$(x^3 + 2x^2 - x - 2) : (x^2 + 0 \cdot x - 1) = x + 2$

$\underline{-(x^3 + 0 \cdot x^2 - x)}$

$2x^2 + 0 \cdot x - 2$

$\underline{- (2x^2 + 0 \cdot x - 2)}$

(Rest) 0

Die Division geht ohne Rest auf. Multiplikation beider Seiten mit $x^2 - 1$ ergibt

$$x^3 + 2x^2 - x - 2 = (x^2 - 1) \cdot (x + 2).$$

Über den Rest bei der Division durch $t(x) = x - x_1$ gibt der folgende Satz Auskunft.

Satz 6.4

Ist x_1 eine beliebige Zahl, bleibt bei der Division von $f(x)$ durch $(x - x_1)$ der Funktionswert $f(x_1)$ als Rest:

$$f(x) = (x - x_1) \cdot g(x) + f(x_1)$$

Beweis

Bei der Division durch $(x - x_1)$ kann als Rest nur eine reelle Zahl r bleiben. x kommt im Rest nicht mehr vor, sonst könnte man die Division durch $(x - x_1)$ fortsetzen.

Nach dem Zerlegungssatz 6.3 ist $f(x) = (x - x_1) \cdot g(x) + r$.

Setzt man x_1 ein, so folgt $f(x_1) = \underbrace{(x_1 - x_1)}_{0} \cdot g(x_1) + r$

und daher $ r = f(x_1).$

BEISPIELE

Bei der Division von $f(x) = x^3 + 3x^2 + x + 1$ durch $(x - 2)$ bleibt der Rest

$$f(2) = 8 + 3 \cdot 4 + 2 + 1 = 23$$

und bei der Division durch $(x + 1) = (x - (-1))$ bleibt als Rest

$$f(-1) = -1 + 3 - 1 + 1 = 2$$

(vgl. die Beispiele 1 und 2 auf Seite 177).

AUFGABEN

01   Geben Sie $f(x) + g(x)$ und $f(x) \cdot g(x)$ nach absteigenden Potenzen geordnet an und bestimmen Sie die Grade der entstehenden Polynome.

a) $f(x) = 2x^3 - x^2$ $\qquad\qquad$ $g(x) = -x + 1$
b) $f(x) = -4x^4 + 1$ $\qquad\qquad$ $g(x) = 4x^4 + 2x - 1$
c) $f(x) = x^4 + x^2$ $\qquad\qquad$ $g(x) = x^4$
d) $f(x) = (x - 2)(x^2 + 1)$ $\qquad$ $g(x) = 2x - x^3 + 1$

02   Geben Sie ein Polynom $g(x)$ an, so dass $f(x) + g(x)$ den Grad 4 und $f(x) - g(x)$ den Grad 3 hat.

a) $f(x) = 3x^4 + 7x^2 - x + 1$ $\qquad\qquad$ b) $f(x) = -2x^4 + 8x^3 - 10$

03   Dividieren Sie

a) $(x^3 + 6x^2 + 11x + 6) : (x - 1)$ $\qquad$ b) $(x^4 - 2x^3 - x^2 - x + 8) : (x + 2)$
c) $(2x^4 + 6x^3 + 2x^2 + 5x) : (4x + 4)$ $\qquad$ d) $(x^5 - x^4 + x^3 - x^2 + x - 1) : (x^2 + 1)$
e) $(-x^5 + 7x^4 - x^2 + 8) : (x^3 + x^2 + 1)$ $\quad$ f) $(6x^4 + 5x^2 - 7) : (x^3 - 2)$
g) $(4x^4 + 2x^3 - 8x^2 + x - 5) : (2x^2 - 3)$ h) $(4x^4 + 2x^3 - 8x^2 + x - 5) : x^3$

04   Berechnen Sie nach Satz 6.4 den Rest, der bei der Division bleibt, und prüfen Sie durch Ausführung der Division nach.

a) $(x^3 + 2x^2 + 2x + 1) : (x - 2)$ $\qquad\qquad$ b) $(x^3 + 2x^2 + 2x + 1) : (x + 1)$
c) $(x^4 + 5x^3 + 5x^2 + 7x + 6) : (x + 1)$ $\qquad$ d) $(x^4 + 5x^3 + 5x^2 + 7x + 6) : (x + 4)$
e) $(2x^5 + x^4 + 3x^3 + 8x^2 + x + 5) : (x - 10)$ f) wie e), aber durch $(x - 0,5)$

05   Teilt man das Polynom $a \cdot x^2 + b \cdot x + 3$ durch $x - 1$, erhält man den Rest 3. Bei Division durch $x + 2$ ist der Rest 9.
Bestimmen Sie a und b.

06 f_1 und f_2 sind ungerade Funktionen, g ist eine gerade Funktion.
Überprüfen sie, ob die folgenden Funktionen gerade oder ungerade sind.

a) $f_1 + f_2$ $\qquad$ b) $f_1 - g$ $\qquad$ c) $f_1 \cdot g$ $\qquad$ d) $\dfrac{f_1}{f_2}$

07   Die Funktionen f und g sind gegeben durch
$$f(x) = 2x^3 - 3x^2 + 2 \quad \text{und} \quad g(x) = -x^4 + 5x - 6.$$

a) Bestimmen Sie die Steigungen ihrer Schaubilder in $P(2/f(2))$ und in $Q(2/g(2))$.
b) Welche Steigung hat das Schaubild der Summenfunktion $f + g$ im Punkt $R(2/f(2) + g(2))$?
c) Beantworten Sie die entsprechende Frage für die Differenzfunktion.
d) Formulieren Sie Ihr Ergebnis als Regel.
e) Gilt für die Produktfunktion eine entsprechende Regel?

6.3   Bestimmung der Nullstellen einer ganzrationalen Funktion

Die Berechnung der Nullstellen, also der Stellen, an denen der Graph der Funktion f mit der Vorschrift

$$f(x) = a_n x^n + a_{n-1} x^{n-1} + \ldots + a_1 x + a_0 \qquad (a_n \neq 0, n \in \mathbb{N})$$

die x-Achse schneidet oder berührt (vgl. Abschnitt 3.4), ist gleichwertig mit dem Lösen der **algebraischen Gleichung n-ter Ordnung**

$$0 = a_n x^n + a_{n-1} x^{n-1} + \ldots + a_1 x + a_0.$$

So führt zum Beispiel die Bestimmung der Nullstellen der Funktion f mit

$$f(x) = x^3 + 6 x^2 + 11 x + 6$$

auf die algebraische Gleichung dritter Ordnung

$$0 = x^3 + 6 x^2 + 11 x + 6.$$

Algebraische Gleichungen zweiter Ordnung, also quadratische Gleichungen, können durch die Lösungsformel für die quadratische Gleichung berechnet werden (vgl. Abschnitt 1.7). Eine Formel zur Lösung der Gleichungen dritter Ordnung (cardanische Formel) wurde schon 1545 von Geronimo Cardano[1] in seinem Buch „Ars magna" veröffentlicht, der sie 1539 von Niccolò Tartaglia erhalten hatte. Einem Schüler von Cardano gelang es, die Gleichungen vierter Ordnung formelmäßig zu lösen. Da die Formeln umfangreiche Umformungen beinhalten, greift man meist doch auf Näherungsmethoden, z. B. Zeichnung, zurück. Der Norweger Niels Henrik Abel (1802–1829) bewies 1825 die „Unmöglichkeit der algebraischen Auflösbarkeit der allgemeinen Gleichungen, welche den vierten Grad übersteigen."

Niccolò Tartaglia
(um 1500–1557),
it. Rechenmeister

Wir werden im Folgenden Möglichkeiten angeben, spezielle algebraische Gleichungen zu lösen und so die Nullstellen der zugehörigen Funktion zu ermitteln.

AUFGABEN

01   Bestimmen Sie mit Ihrem GTR die Nullstellen von f. Stellen Sie den Graphen anschließend dar.

a) $f(x) = x^3 - 1{,}8 x^2 - 0{,}75 x + 0{,}7$

b) $f(x) = x^4 - 2{,}2 x^3 - 2{,}87 x^2 - 1{,}02 x - 0{,}1152$

c) $f(x) = x^4 - 3{,}9 x^3 - 13{,}1688 x^2 + 75{,}4855 x + 82{,}0301$

d) $f(x) = x^3 - 2{,}2 x^2 - 3{,}9596 x + 9{,}5676$

e) $f(x) = x^3 + 2{,}7 x^2 + 6 x + 16{,}2$

f) $f(x) = x^5 - 1{,}2 x^4 + 3{,}8 x^3 - 4{,}56 x^2 + 3{,}45 x - 4{,}14$

g) $f(x) = x^3 - 997 x^2 - 2001 x + 2997$

---

1 Geronimo Cardano (um 1501–1576), it. Mathematiker, Arzt und Naturforscher.

6.3.1   Auffinden ganzzahliger Nullstellen

Da alle Koeffizienten der Funktion f mit $f(x) = x^3 + 6x^2 + 11x + 6$ ganze Zahlen sind, kann man versuchen durch Probieren ganze Zahlen als Nullstellen zu finden. Die Auswahl solcher Nullstellen wird durch folgenden Satz eingeschränkt.

Satz 6.5

$f(x) = a_n x^n + a_{n-1} x^{n-1} + \dots + a_1 x + a_0$ ist die Vorschrift einer ganzrationalen Funktion f, bei der alle Koeffizienten $a_n, a_{n-1}, \dots, a_1, a_0$ ganze Zahlen sind. Ferner sei $a_0 \neq 0$.

Dann sind ganze Zahlen, die Nullstellen der Funktion f sind, (positive oder negative) Teiler des absoluten Gliedes a_0.

Beweis

Ist x_0 eine ganzzahlige Nullstelle der Funktion, gilt also

$$0 = a_n x_0^n + a_{n-1} x_0^{n-1} + \dots + a_1 x_0 + a_0,$$

dann folgt

$$-(a_n x_0^n + a_{n-1} x_0^{n-1} + \dots + a_1 x_0) = a_0$$

$$-(a_n x_0^{n-1} + a_{n-1} x_0^{n-2} + \dots + a_1) \cdot x_0 = a_0$$

Wegen $f(0) = a_0 \neq 0$ ist $x_0 \neq 0$, und man kann weiter schließen

$$-(a_n x_0^{n-1} + a_{n-1} x_0^{n-2} + \dots + a_1) = \frac{a_0}{x_0}$$

Da x_0 und alle Koeffizienten ganze Zahlen sind, ist der Ausdruck in der Klammer und damit die linke Seite eine ganze Zahl. Daher muss auch die rechte Seite $\frac{a_0}{x_0}$ eine ganze Zahl sein, d. h. a_0 ist durch x_0 teilbar.

BEISPIELE

1. Ganzzahlige Nullstellen der Funktion f mit $f(x) = x^3 + 6x^2 + 11x + 6$ brauchen nur unter den Teilern ± 1, ± 2, ± 3 und ± 6 von $a_0 = 6$ gesucht werden. Einsetzen dieser Zahlen ergibt $f(-1) = f(-2) = f(-3) = 0$, d. h. die Nullstellen -1, -2 und -3.

2. Unter den Teilern ± 1, ± 3, ± 5 und ± 15 des absoluten Gliedes 15 von $f(x) = x^4 - 2x^3 - 8x^2 + 10x + 15$ findet man die ganzzahligen Nullstellen 3 und -1.

3. Als ganzzahlige Nullstellen der Funktion f mit $f(x) = 10x^5 - 10x^4 + 2x^2 - x - 1$ kommen nur $+1$ und -1 in Frage. Die einzige ganzzahlige Nullstelle ist $x = 1$.

Satz 6.5 besagt nicht, dass eine Funktion mit ganzzahligen Koeffizienten auch ganzzahlige Nullstellen besitzt, z. B. hat die Funktion mit der Gleichung $f(x) = x^2 + 2$ überhaupt keine Nullstelle und die Funktion mit $f(x) = x^2 - 2$ nur die beiden irrationalen Nullstellen $\sqrt{2}$ und $-\sqrt{2}$.

Ist die Funktion f normiert, also $f(x) = 1 \cdot x^n + a_{n-1} x^{n-1} + \dots + a_1 x + a_0$, so gibt es, wenn alle Koeffizienten ganzzahlig sind, keine Brüche[1] als Nullstellen. Alle Nullstellen sind dann ganzzahlig (und bei $a_0 \neq 0$ Teiler von a_0) oder irrational (Satz von Gauß).

---

1 Gemeint sind Brüche im üblichen Sinn, Verhältnisse ganzer Zahlen, die sich nicht auf ganze Zahlen kürzen lassen.

Carl Friedrich Gauß (1777–1855), dt. Mathematiker, Astronom und Physiker. Gauß wurde bereits zu Lebenszeiten als Princeps mathematicorum (Fürst der Mathematiker) bezeichnet. Gauß veröffentlichte grundlegende Werke über die höhere Arithmetik, die Differenzialgeometrie und die Bewegung der Himmelskörper.

Nebenstehende Inschrift steht auf dem Sockel eines Denkmals in seiner Geburtsstadt Braunschweig.

BEISPIEL

Da die Funktion f mit $f(x) = x^3 - 5x^2 - 3x + 15$ normiert ist und alle Koeffizienten ganzzahlig sind, kommen Nullstellen wie $\frac{1}{2}$, $-\frac{8}{15}$ nicht in Betracht. Die Nullstellen sind 5, $\sqrt{3}$ und $-\sqrt{3}$, d.h. ganzzahlig oder irrational.

AUFGABEN

01   Ermitteln Sie die ganzzahligen (positiven und negativen) Teiler.

a) 256   b)* 720   c) 77   d) 78
e) 243   f)* 1000   g) 169   h) 170

02   Geben Sie die ganzzahligen Nullstellen der Funktion an.

a) $f(x) = x^3 + 3x^2 + 3x + 1$ b) $f(x) = x^4 + 2x^3 + x^2 - 4$
c) $f(x) = x^2 + 720$ d) $f(x) = 2x^4 + 2x^2 - 40$
e) $f(x) = x^2 + 8x + 1$ f) $f(x) = 2x^4 - x^2 - 6$
g) $f(x) = x^3 - x^2 - 16x + 16$ h) $f(x) = x^2 - 18x + 77$

03   Begründen Sie bei den Funktionen mit

a) $f(x) = 12x^5 - 8x^4 - x^3 + 2x - 16$ b) $f(x) = x^7 + 12x^2 - 13$
c) $f(x) = 90x^8 + 4x^6 + x^4 + 7x^2 + 144$ d) $f(x) = x^4 + 0{,}5x^2 + 36$

ohne Rechnung, warum 12 bestimmt nicht Nullstelle ist. Bei welchen der Funktionen kommt auch -2 nicht in Frage?

04   Welche ganzen Zahlen sind Lösungen?

a) $x^3 - 4x^2 + x + 6 = 0$ b) $4x^3 + 8x^2 - x - 2 = 0$
c) $x^3 - x - \frac{1}{2}x^2 + \frac{1}{2} = 0$ d) $2x^3 + 6x^2 - \frac{1}{2}x - 1{,}5 = 0$

05   Bestimmen Sie die Koeffizienten so, dass die Funktion die angegebenen Nullstellen hat.

a) $f(x) = -x + b$ Nullstelle: $x_1 = 5$
b) $f(x) = 3x^2 + c$ Nullstellen: $x_1 = 7$; $x_2 = -7$
c) $f(x) = x^2 + bx + c$ Nullstellen: $x_1 = 3$; $x_2 = -2$
d) $f(x) = 2x^2 + bx + c$ Nullstellen: $x_1 = 0$; $x_2 = 4$
e) $f(x) = x^3 + bx^2 + cx + d$ Nullstellen: $x_1 = 0$; $x_2 = 1$; $x_3 = 8$
f) $f(x) = ax^3 + bx^2 + d$ Nullstellen: $x_1 = 0$; $x_2 = -4$; $x_3 = -5$

6.3.2   Funktionsvorschriften in Produktform

Aus der Funktionsvorschrift
$$f(x) = (x + 1) \cdot (x + 2) \cdot (x + 3)$$
kann man die Nullstellen direkt ablesen.
Wir benutzen dabei den Satz vom Nullprodukt (Satz 1.15):
Ein Produkt ist genau dann null, wenn (mindestens) ein Faktor null ist.
Die Lösungen der Gleichung $0 = (x + 1) \cdot (x + 2) \cdot (x + 3)$ erhält man also, indem man jeden Faktor einzeln gleich null setzt.
Die Lösungen der Gleichung und Nullstellen der Funktion sind
$$x_1 = -1, \ x_2 = -2, \ x_3 = -3.$$

BEISPIELE

1. $f(x) = (x - 2) \cdot (x + 3) \cdot (x + 2)$
   Nullstellen: $x_1 = 2$, $x_2 = -3$, $x_3 = -2$
2. $f(x) = x^3 - x = x \cdot (x^2 - 1) = x \cdot (x - 1) \cdot (x + 1)$
   Nullstellen: $x_1 = 0$, $x_2 = 1$, $x_3 = -1$
3. $f(x) = (x - 1) \cdot (x^2 + 4x - 60)$
   Nullstelle: $x_1 = 1$. Weitere Nullstellen erhält man, indem man den zweiten Faktor null setzt. $x^2 + 4x - 60 = 0$ ergibt die weiteren Nullstellen $x_2 = 6$ und $x_3 = -10$.
4. $f(x) = x^3 \cdot (x - 2)^2 \cdot (x^2 - 9) \cdot (x^2 + 9)$
   Nullstellen: $x_1 = 0$, $x_2 = 2$, $x_3 = 3$, $x_4 = -3$
   Der letzte Faktor ergibt keine Nullstelle.

AUFGABEN

01   Berechnen Sie die Nullstellen der Funktion f. Lassen Sie den GTR das Schaubild zeichnen und beschreiben Sie den Verlauf der Kurve in Worten

a) $f(x) = 0{,}1 \cdot (x - 2) \cdot (x + 8) \cdot (x^2 - 25)$ b) $f(x) = x \cdot (x + 1) \cdot (2x - 8)$
c) $f(x) = 2 \cdot (2x^2 - 4x - 6) \cdot (x - 1)^2$ d) $f(x) = 0{,}2 \cdot x^3 \cdot (x^2 + 2)^2$
e) $f(x) = x^5 - 4x^3$ f) $f(x) = 0{,}001 \cdot (x^7 - 4x^6 - 5x^5)$
g) $f(x) = \frac{1}{20} \cdot (x^2 + 8x - 9) \cdot (x^2 + 8x + 9)$ h) $f(x) = \frac{1}{10} \cdot (2x^2 + 18) \cdot (x + 2)$

02   Wie oft und wo schneidet das Schaubild der Funktion die x-Achse, wo die y-Achse?

a) $f(x) = 3 \cdot (x - 1) \cdot (x + 2) \cdot (x - 3)$ b) $f(x) = -2 \cdot x \cdot (x + 4)^2 \cdot (8x - 12)$
c) $f(x) = -(x + 1)^2 \cdot x \cdot (x^2 + 4) \cdot (x - 2)^2$ d) $f(x) = \frac{1}{2} \cdot x^3 \cdot (x^2 - 6x + 4) \cdot (x + 7)$

03   Die Vorschrift einer ganzrationalen Funktion mit den Nullstellen $x_1, x_2, ..., x_n$ ist $f(x) = a \cdot (x - x_1) \cdot (x - x_2) \cdot ... \cdot (x - x_n)$, wobei a eine Konstante ungleich null ist. Wählen Sie $a = 1$ und geben Sie die Vorschrift einer ganzrationalen Funktion geringst möglichen Grades mit folgenden Nullstellen an.

a) $x_1 = 2$ $x_2 = -3$ $x_3 = -8$

b) $x_1 = \frac{1}{2}$ $x_2 = 4$ $x_3 = \frac{5}{3}$ $x_4 = 7{,}2$

c) $x_1 = 0$ $x_2 = \sqrt{3}$ $x_3 = 12$ $x_4 = -6$

d) $x_1 = 0$ $x_2 = -2$ $x_3 = 2$ $x_4 = 1$

6.3.3   Abspalten eines Linearfaktors

$f(x)$ kann in ein Produkt verwandelt werden, wenn eine Nullstelle bekannt ist.

Satz 6.6

Ist x_0 Nullstelle der ganzrationalen Funktion f, deren Grad mindestens 1 ist, so lässt sich $f(x)$ als

$$f(x) = (x - x_0) \cdot g(x)$$

darstellen. $g(x)$ ist ein Polynom, dessen Grad um 1 kleiner ist als der von $f(x)$.

Beweis

Nach Satz 6.4 geht die Division durch $(x - x_0)$ auf, wenn $f(x_0) = 0$ ist.

Ist es gelungen, die Vorschrift der ganzrationalen Funktion f in der Form $f(x) = (x - x_0) \cdot g(x)$ darzustellen, so sagt man, man habe den **Linearfaktor** $(x - x_0)$ von $f(x)$ **abgespalten**. Einen Linearfaktor $(x - x_0)$ kann man genau dann abspalten, wenn x_0 eine Nullstelle ist.

BEISPIEL

Die Funktion mit $f(x) = x^3 - 5x^2 + 7x - 3$ besitzt 1 als Nullstelle. Abspalten von $(x - 1)$ mittels Polynomdivision ergibt $f(x) = (x - 1) \cdot (x^2 - 4x + 3)$.

Hat man von $f(x) = (x - x_0) \cdot g(x)$ den Linearfaktor $(x - x_0)$ abgespalten, so kann x_0 wieder Nullstelle des verbleibenden Faktors $g(x)$ sein, so dass man $(x - x_0)$ noch einmal, diesmal von $g(x)$, abspalten kann: $f(x) = (x - x_0) \cdot (x - x_0) \cdot h(x)$. x_0 heißt eine **n-fache Nullstelle** oder **Nullstelle n-ter Ordnung**, wenn $(x - x_0)$ genau n-mal abgespalten werden kann.

Eine mehrfache Nullstelle x_0 liegt z. B. immer dann vor, wenn der Graph einer ganzrationalen Funktion an der Stelle x_0 die x-Achse nur **berührt** und nicht schneidet.

BEISPIELE

1. Die Funktion f hat die Vorschrift $f(x) = (x - 1) \cdot (x^2 - 4x + 3)$.
   1 ist erneut Nullstelle der Funktion g mit $g(x) = x^2 - 4x + 3$. Abspalten von $(x - 1)$ von $g(x)$ ergibt $f(x) = (x - 1) \cdot (x - 1) \cdot (x - 3) = (x - 1)^2 \cdot (x - 3)$.
   1 ist eine doppelte Nullstelle und 3 ist eine einfache Nullstelle von f.

Kann $f(x)$ in der Form $f(x) = a \cdot (x - x_0) \cdot (x - x_1) \cdot \ldots \cdot (x - x_n)$ geschrieben werden, in der nur eine Konstante a und lauter Linearfaktoren als Faktoren vorkommen, so nennt man $f(x)$ **vollständig aufgespalten** oder **faktorisiert**.

2. Ist das absolute Glied, wie bei $f(x) = 2x^3 - 24x^2 + 72x$, gleich null, so ist 0 Nullstelle der Funktion. Der Linearfaktor $(x - 0) = x$ lässt sich dann einfach durch Ausklammern abspalten:

$$f(x) = (x - 0) \cdot (2x^2 - 24x + 72) = x \cdot (2x^2 - 24x + 72).$$

Fehlt auch noch das lineare Glied, wie bei $f(x) = x^3 - 4x^2$, so ist 0 sogar doppelte Nullstelle der Funktion, da sich der Faktor $(x - 0)$ zweimal abspalten lässt:

$$f(x) = x^2 \cdot (x - 4).$$

AUFGABEN

01 Spalten Sie einen Linearfaktor ab.

a) $f(x) = 3x - 6$ b) $f(x) = x^3 + x$ c) $f(x) = 8x^4 - 7x^2 - x$

d) $f(x) = x^4 - 1$ e) $f(x) = x^3 - 2^3$ f) $f(x) = 2x^2 - 3x - 2$

02 Die folgenden Funktionen besitzen mindestens eine ganzzahlige Nullstelle. Spalten Sie einen Linearfaktor ab und ermitteln Sie alle Nullstellen. Geben Sie, falls möglich, die vollständig aufgespaltene Form von $f(x)$ an.

a) $f(x) = x^3 + 4x^2 + x - 6$ b) $f(x) = 2x^2 + 4x^2 - 4x - 8$

c) $f(x) = x^3 - 3x^2 + x + 1$ d) $f(x) = -x^3 + 6x^2 - 11x + 6$

e) $f(x) = x^5 - 8x^4 - 19x^3 - 10x^2$ f) $f(x) = 3x^3 + 9x^2 + 9x + 3$

g) $f(x) = x^3 - 7x + 6$ h) $f(x) = x^5 + 4x^4 - 5x^3$

i) $f(x) = x^4 - 6x^3 - 9x^2 + 12x + 14$ j) $f(x) = x^3 + 2x^2 - 3x - 6$

03 Jede der folgenden Gleichungen hat eine ganzzahlige Lösung x_1 mit $|x_1| \le 2$. Ermitteln Sie alle Lösungen.

a) $0 = 2x^3 + 8x^2 + 3x - 10$ b) $0 = -x^3 + 0{,}5x^2 + 2x + 0{,}5$

c) $-54 = -6x^3 + x^2 - 5x$ d) $\frac{1}{2} = x^3 + 2x^2 - \frac{1}{4}x$

04 Die Funktion mit

$$f(x) = x^3 + 10x^2 - x - 10 \qquad (f(x) = 2x^3 - 9x^2 + 10x - 3)$$

besitzt drei Nullstellen, darunter $x_1 = 1$.

a) Berechnen Sie durch Abspalten eines Linearfaktors die anderen.

b) Ermitteln Sie die Vorschrift der Funktion g mit dem Grad drei, die ebenfalls die Nullstellen x_1, x_2, x_3 hat und deren Schaubild durch den Punkt $P(2/6)$ geht. Wie lautet die Gleichung, wenn das Schaubild durch den Punkt $(2/a)$, $a \neq 0$, geht?

05 Geben Sie die ersichtliche Nullstelle an und spalten Sie einen Linearfaktor ab.

a) $y = x^4 - 3^4$ b) $y = x^4 - a^4$

c) $y = x^5 - x^4 + x^3 - x^2 + x - 1$ d) $y = ax^5 - ax^4 + bx^3 - bx^2 + cx - c$

e) $y = x^3 - 3x^2 + 9x - 27$ f) $y = x^3 - ax^2 + a^2x - a^3$

06 Untersuchen Sie, ob es möglich ist, von $f(x)$ den Linearfaktor $(x - x_0)$ abzuspalten, wenn x_0 keine Nullstelle ist.

07   Von einer ganzrationalen Funktion f vom Grad 3 ist bekannt, dass sie die Nullstellen

a) $x_1 = 4$, $x_2 = -4$, $x_3 = 1$ b) $x_1 = -1$, $x_2 = 0$, $x_3 = 10$

hat und ihr Graph durch den Punkt $P(3/-28)$ geht.
Ermitteln Sie die Gleichung der Funktion (in Form eines Produkts).

08   Von einer ganzrationalen Funktion f vom Grad 3 ist bekannt:

a) $f(2) = f(-2) = f(1) = 0$ und $f(0) = 5$
b) $f(1) = f(3)\ \ = f(5) = 0$ und $f(0) = 2$
Ermitteln Sie $f(x)$.

6.3.4   Hornerschema

Zur Berechnung von Funktionswerten $f(x_1)$ und zur Abspaltung eines Linearfaktors $(x - x_1)$ verwendet man günstig das von William Horner 1819 gefundene Rechenschema[1], das den Rechenaufwand besonders bei Dezimalzahlen erheblich verringert und sich leicht in ein Programm fassen lässt.

Wir schreiben z. B. die Funktionsvorschrift

$$f(x) = 2 \cdot x^3 + 1 \cdot x^2 - 9 \cdot x + 2$$

in der Form

$$f(x) = [(2 \cdot x + 1) \cdot x - 9] \cdot x + 2,$$

die man findet, wenn man fortgesetzt, bei $9x$ beginnend, x ausklammert. Zur Berechnung von $f(3)$ sind nun nur Additionen und Multiplikationen mit dem festen Faktor $x_1 = 3$ nötig.

$$f(3) = [(2 \cdot 3 + 1) \cdot 3 - 9] \cdot 3 + 2$$

Das zugehörige Hornerschema ist

$f(x)$	$= 2x^3$	$+ 1x^2$	$- 9x$	$+ 2$
	2	1	-9	2
		$+$	$+$	$+$
$x_1 = 3$		6	21	36
	2	7	12	$\lfloor 38 = f(3)$

Das Hornerschema enthält in der obersten Zeile die Koeffizienten der Funktion nach absteigenden Potenzen von x geordnet. Nicht vorkommende Potenzen müssen mit dem Koeffizienten 0 notiert werden.

In der dritten Zeile des Hornerschemas können an der letzten Stelle der Funktionswert $f(x_1)$ und davor die Koeffizienten der bei der Division durch $(x - x_1)$ entstehenden Funktion abgelesen werden:

$$f(3) = 38 \quad \text{und} \quad f(x) = (x - 3) \cdot (2x^2 + 7x + 12) + 38.$$

---

1 William George Horner (1786–1837), brit. Mathematiker. In China war dieses Rechenschema (Schema = feste Form) schon seit dem 13. Jahrhundert bekannt.

Zur Berechnung von $f(5)$ und zur Division durch $(x - 5)$ lautet das Hornerschema:

$$
\begin{array}{c|cccc}
 & 2 & 1 & -9 & 2 \\
 & & +\!\!10 & +\!\!55 & +\!\!230 \\
x_1 = 5 & & \cdot 5 & \cdot 5 & \cdot 5 \\
\hline
 & 2 & 11 & 46 & \underline{232} = f(5)
\end{array}
$$

$$f(5) = 232 \quad \text{und} \quad f(x) = (x - 5) \cdot (2x^2 + 11x + 46) + 232.$$

Berechnung von $f(-4)$ bei

$$f(x) = x^4 + 2x^3 - 10x^2 - 4x + 16$$

liefert

$$
\begin{array}{c|ccccc}
 & 1 & 2 & -10 & -4 & 16 \\
x_1 = -4 & & -4 & 8 & 8 & -16 \\
\hline
 & 1 & -2 & -2 & 4 & \underline{0} = f(-4)
\end{array}
$$

$x_1 = -4$ ist also eine Nullstelle der Funktion und
$f(x) = (x + 4) \cdot (x^3 - 2x^2 - 2x + 4)$.

AUFGABEN

01 Prüfen Sie, ob es ganzzahlige Nullstellen gibt, und spalten Sie ab.

a) $f(x) = x^3 - 2x^2 - x + 2$ b) $f(x) = x^5 + 3x^4 + 2x^3 + x + 1$

c) $f(x) = 2x^5 + 14x^4 + x^3 + 7x^2 + x + 7$ d) $f(x) = x^4 + 2x^3 - 10x^2 - 4x + 16$

e) $f(x) = x^4 + 4x^3 - 40x^2 - 32x + 256$

02 Berechnen Sie mit dem Hornerschema die Funktionswerte an den Stellen $x = -2$; $x = -1{,}5$; $x = 1{,}5$ und $x = 2$.

a) $f(x) = x^5 - x^4 - 4x^3 + 4x^2 + 2{,}5x - 2{,}5$ b) $f(x) = 2x^4 - x^3 - 4x^2 - x - 6$

c) $f(x) = 0{,}5x^5 + 2x^4 - 3x^3 + 2{,}5x - 7{,}5$ d) $f(x) = 3x^3 - 9x^2 - 5x + 2$

03 Die Funktion besitzt $0{,}125$ als Nullstelle. Ermitteln Sie eventuelle weitere Nullstellen.

a) $f(x) = x^3 - 0{,}175x^2 - 0{,}04375x + 0{,}00625$

b) $f(x) = 4x^3 - 7{,}3x^2 - 1{,}55x + 0{,}3$

6.4   Anzahl der Nullstellen einer ganzrationalen Funktion

Satz 6.7

Von einem Polynom $f(x)$ n-ten Grades ($n \geq 1$) können höchstens n Linearfaktoren abgespalten werden.

Beweis

Wäre $f(x) = (x - x_1) \cdot (x - x_2) \cdot \ldots \cdot (x - x_n) \cdot (x - x_{n+1}) \cdot g(x)$ mit einem Polynom $g(x)$, so würde das Ausmultiplizieren aller Produkte ein Polynom ergeben, dessen Grad mindestens $n + 1$ ist.

Satz 6.8

Eine ganzrationale Funktion f vom Grad n ($n \geq 1$) besitzt höchstens n Nullstellen. Ist n ungrade, hat die Funktion mindestens eine Nullstelle; falls n gerade ist, braucht sie keine Nullstelle zu besitzen.

Begründung

Sind n Linearfaktoren von $f(x)$ abgespalten, so liegt $f(x)$ in der vollständig aufgespaltenen Form vor.

$$f(x) = a \cdot (x - x_1) \cdot (x - x_2) \cdot \ldots \cdot (x - x_n)$$

a ist eine Konstante ungleich null.

Nach dem Satz vom Nullprodukt kann das Produkt nur null werden, wenn x eine der n zu den Linearfaktoren gehörenden Nullstellen x_1, x_2, ..., x_n ist.

Bei **ungeradem Grad** verlaufen die y-Werte der Schaubilder ganzrationaler Funktionen von $-\infty$ zu $+\infty$ oder umgekehrt (vgl. Abschnitt 6.1). Setzt man voraus, dass die Schaubilder stetig, d.h. ohne Absetzen, gezeichnet werden können, so kann man der Anschauung entnehmen, dass die x-Achse mindestens einmal geschnitten werden muss. Daher gibt es mindestens einen x-Wert, dessen y-Wert null ist, also mindestens eine Nullstelle.

Das Schaubild einer Funktion von **geradem Grad** kann hingegen, wie z.B. die Parabel mit $f(x) = x^2 + 1$, ganz oberhalb oder ganz unterhalb der x-Achse verlaufen, eine solche Funktion kann daher keine Nullstelle besitzen.

Der GTR kann Gleichungen näherungsweise lösen.

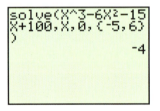

Aus dem CATALOG erhält man solve; vom folgenden Term wird berechnet, wann er null wird; dann folgen der Variablenname und ein Lösungsvorschlag. Die beiden letzten Werte in den geschweiften Klammern legen das Intervall fest, in dem der GTR Lösungen sucht.

Der Nachteil dieses Vorgehens ist, dass der GTR nicht alle Lösungen im vorgegebenen Intervall bestimmt, sondern höchstens zwei. Wesentlich sinnvoller ist es deshalb, den Term, der null gesetzt wird, als Funktionsterm aufzufassen und deren Nullstellen zu bestimmen. Dazu lässt man den GTR das Schaubild zeichnen und bestimmt dann mit dem zero-Befehl aus dem CALCULATE-Menü die Nullstellen.

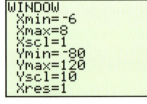

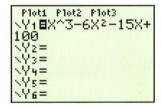

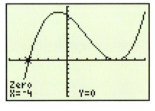

AUFGABEN

01   Wie viele Nullstellen besitzt die ganzrationale Funktion nach dem Satz 6.8 mindestens, wie viele höchstens?

a) $f(x) = x^3 - x^2 + 1$ b) $f(x) = 3x^4 - x^3 + x + 2$

c) $f(x) = -x^{712} + 9x^7 + x + 500$ d) $f(x) = 2x^{15} + x^{14} - 1000$

02   Geben Sie die Vorschrift einer ganzrationalen Funktion geringstmöglichen Grades (in Form eines Produkts) an, die die angegebenen Nullstellen hat.

a) $x_1 = 1$, $x_2 = -1$, $x_3 = 3{,}5$, $x_4 = 3$ b) $x_1 = -2$, $x_2 = 8$, $x_3 = 0$

c) $x_1 = \frac{1}{3}$, $x_2 = -5$ d) $x_1 = 2$ e) $x_1 = \sqrt{3}$, $x_2 = -\sqrt{3}$, $x_3 = -4$, $x_4 = -3$

03   Geben Sie die Gleichung einer ganzrationalen Funktion fünften Grades (in Form eines Produkts) an, welche die angegebenen Nullstellen und keine weiteren besitzt.

a) $x_1 = 1$, $x_2 = -2$, $x_3 = 3$, $x_4 = -4$ b) $x_1 = 1$

c) $x_1 = -3$, $x_2 = 0$ d) $x_1 = 0$

Wie sind die Funktionsvorschriften zu ändern, wenn der Koeffizient von x^5 gleich 10 sein soll?

04   Weisen Sie durch Berechnung von $f(-10)$ und $f(+10)$ nach, dass die Funktion f mindestens eine Nullstelle zwischen $x = -10$ und $x = +10$ besitzt:

a) $f(x) = 3x^5 + 4x^4 + 7x^3 + 2x^2 + x + 3$ b) $f(x) = x^3 + 2x^2 + 3x + 4$

05   a) Ermitteln Sie zeichnerisch und rechnerisch die Schnittpunkte der Geraden g: $y = x + 2$ mit dem Schaubild der Funktion mit
$f(x) = 2x^3 - x^2 - 6x + 2$
$(h(x) = 2x^2 + 3x - 2)$.

b) Weisen Sie mit Hilfe von Satz 6.8 nach:
Eine Gerade und eine Parabel n-ter Ordnung schneiden sich höchstens n-mal.

c) Begründen Sie mit Hilfe von b), dass eine ganzrationale Funktion n-ten Grades einen Wert a höchstens an n verschiedenen Stellen x_1, ..., x_n annehmen kann.

06   Wie viele Nullstellen hat die Funktion f mindestens, wie viele höchstens? Geben Sie eine Nullstelle an.

a) $f(x) = ax^5 + bx^4 + cx^3 + ax^2 + bx + c$

b) $f(x) = x^5 - ax^4 + a^2 x^3 - a^3 x^2 + a^4 x - a^5$

07   Wie viele Nullstellen hat die Funktion $f: x \mapsto f(x)$?

a) $f(x) = +x^2 + 10$ b) $f(x) = +x^8 + 3x^4 + 10$

c) $f(x) = x^3 + 10x$ d) $f(x) = x^9 + 3x^5 + 10x$

08   Untersuchen Sie, welche der folgenden Behauptungen richtig oder falsch sind!

a) Es gibt eine ganzrationale Funktion 3. Grades, deren Graph nicht die x-Achse schneidet.

b) Es gibt eine ganzrationale Funktion 3. Grades, deren Schaubild genau zwei Punkte mit der x-Achse gemeinsam hat.

c) Der Graph einer ganzrationalen Funktion 4. Grades hat immer einen tiefsten Punkt.

d) Hat eine ganzrationale Funktion drei Nullstellen, ist ihr Grad 3.

09   Der Graph der Funktion f hat drei Schnittpunkte mit der x-Achse. Zeichnen Sie mit Ihrem GTR den vollständigen Graphen zwischen den beiden äußeren Schnittpunkten. Bestimmen Sie mit der Trace-Funktion die Koordinaten der Schnittpunkte mit x-Achse und des obersten bzw. untersten Kurvenpunktes zwischen den Schnittpunkten (jeweils auf eine Dezimale genau).

a) $f(x) = \frac{1}{143}x^3 - \frac{37}{182}x^2 - \frac{71}{77}x + \frac{93}{182}$ b) $f(x) = \frac{1}{189}x^3 + \frac{73}{189}x^2 + \frac{31}{9}x + 7$

c) $f(x) = 0{,}004\,x^3 - 4{,}3\,x + 21$ d) $f(x) = \frac{1}{4200}x^4 - \frac{3}{400}x^3 - \frac{1}{140}x^2 + \frac{233}{2100}x - \frac{24}{175}$

e) $f(x) = 10^{-6} \cdot x^3 - 0{,}0003\,x^2 - 0{,}49\,x - 45$

f) $f(x) = \frac{1}{114}x^5 - \frac{5}{57}x^4 - \frac{83}{38}x^3 - \frac{827}{57}x^2 - \frac{1694}{57}x + 20$

10   Nennen Sie jeweils eine ganzrationale Funktion 4. Grades, welche

a) keine   b) genau eine   c) genau zwei

d) genau drei   e) genau vier Nullstellen hat.

11   Wie lautet die Funktionsvorschrift?

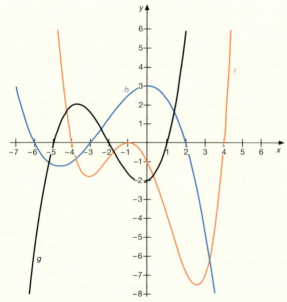

12   Bestimmen Sie die Definitionsmenge. Testen Sie Ihren GTR und versuchen Sie, damit die Wurzelgleichungen zu lösen.

a) $\sqrt[3]{2x + 5} = 3$ b) $\sqrt[4]{x} = \frac{1}{4}\sqrt{x}$ c) $\sqrt{x} = 3 \cdot \sqrt[3]{x}$

d) $x - 4 \cdot \sqrt[3]{x} = 0$ e) $\sqrt[4]{1 + \sqrt{x - 1}} = \sqrt{2}$ f) $\sqrt[4]{2 \cdot \sqrt{2x + 1}} + 10 = 2$

g) $\sqrt[3]{x^2} - 2 \cdot \sqrt[3]{x} + 1 = 0$ h) $\sqrt[3]{x^2} + 8 = 9 \cdot \sqrt[3]{x}$ i) $\sqrt[3]{3x + 1} + 2 = 0$

j) $\sqrt[3]{x + 1} = \sqrt{x + 1}$ k) $\sqrt{x} - \sqrt[4]{x} = 2$ l) $5 \cdot \sqrt[4]{x} - 2 \cdot \sqrt{x} = 2$

7.1   Intervallhalbierung

Gegeben ist eine ganzrationale Funktion f. Die Nullstellen von f, d.h. die Lösungen der Gleichung $f(x) = 0$, lassen sich oft nicht exakt bestimmen, z.B. bei den Funktionen mit den Vorschriften

$$f(x) = x^3 + x - 1 \quad \text{oder} \quad f(x) = x^6 + x^5 - 2x^2 - 6.$$

Man benötigt in diesen Fällen ein Näherungsverfahren. Es gibt verschiedene Methoden, z.B. das **Verfahren der Intervallhalbierung**. Dieses Verfahren gehört zu den sogenannten binären Suchverfahren.

Eine ganzrationale Funktion, die in den Endpunkten eines abgeschlossenen Intervalls $[a; b]$ verschiedene Vorzeichen besitzt, hat nach dem so genannten Nullstellensatz innerhalb des Intervalls mindestens eine Nullstelle. Bestimmt man nun das Vorzeichen der Funktion im Mittelpunkt m dieses Intervalls, kann man eine Nullstelle in einem halb so großen Intervall einschließen, in dessen Endpunkten die Funktion wiederum verschiedene Vorzeichen annimmt usw.

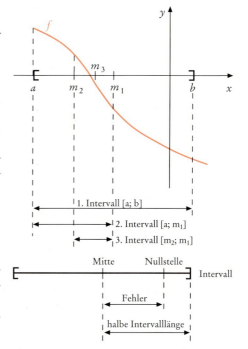

Nimmt man als Näherungslösung für die Nullstelle von f die Mitte des Intervalls, in dessen Endpunkten die Funktion verschiedene Vorzeichen annimmt, so ist der Fehler, den man begeht, kleiner als die halbe Intervalllänge.

Da die Länge des Intervalls, in dem sich die Nullstelle befindet, beliebig klein gemacht werden kann, kann die Nullstelle beliebig genau berechnet werden.

Struktogramm

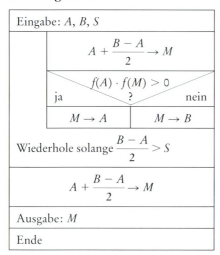

A, B: Intervallgrenzen

S: Der Unterschied zwischen Näherungslösung und exakter Lösung soll kleiner als S sein.

M: Mitte des Intervalls $[A; B]$;

$B - A$ ist die Länge des Intervalls.

Ist $f(A) \cdot f(M) > 0$, dann sind beide Faktoren positiv oder beide negativ, d.h. beide Funktionswerte haben dasselbe Vorzeichen.

Umsetzen des Struktogramms auf dem TI 83/84

```
Input "LINKE GRENZE",A
Input "RECHTE GRENZE",B
Input "GENAUIGKEIT",S
While (B−A)/2>S
A+(B−A)/2→M
If Y1(A)*Y1(M)>0
Then
M→A
Else
M→B
End
End
A+(B−A)/2→M
Disp M
```

Eingabe und Ausgabe

```
Plot1 Plot2 Plot3
\Y1▪X^3-6X²-15X+
100
\Y2=
\Y3=
\Y4=
\Y5=
\Y6=
```

```
prgmINTERVAL
LINKE GRENZE  -9
RECHTE GRENZE  9
GENAUIGKEIT .000
0001
        -3.999999963
            Done
```

Bei zu großer Intervalllänge kann es geschehen, dass beim Verfahren der Intervallhalbierung Nullstellen „verloren gehen".

Das Verfahren der Intervallhalbierung ist ein Beispiel für eine besondere Art von Algorithmen. Bei ihnen wird eine bestimmte Folge von Rechenoperationen immer wieder durchlaufen und Ergebnisse des vorausgegangenen Durchlaufs für den folgenden verwendet. Solche Algorithmen nennt man **Iterationsverfahren**[1].

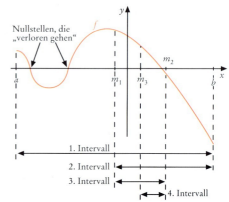

1 iteratio (lat.), Wiederholung.

Das beschriebene Verfahren der Intervallhalbierung ist nicht nur bei ganzrationalen Funktionen verwendbar, sondern bei allen Funktionen, deren Graph im Intervall eine „durchgehende Kurve" ist. Solche Funktionen nennt man **stetig**.

AUFGABEN

01 Bestimmen Sie mit dem Intervallhalbierungsverfahren Nullstellen von f auf zwei Dezimalen genau.

a) $f(x) = x^3 + 3{,}3\,x - 2$ b) $f(x) = x^3 - x - 2$

c) $f(x) = x^4 + x - 3$ d) $f(x) = -2\,x^3 + x^2 + 1{,}6$

e) $f(x) = 3\,x^3 + x^2 + 4\,x - 6$ f) $f(x) = -5\,x^3 - 2\,x + 8$

7.2   Folgen

Bei dem Beispiel zur näherungsweisen Nullstellenberechnung mit dem Verfahren der Intervallhalbierung im letzten Abschnitt speichern wir die berechneten Intervallmitten in einer Liste und lassen sie nach Beendigung des Programms ausgeben[1].

Verfahrensschritt	Intervallmitte	Verfahrensschritt	Intervallmitte
1	0	15	−3,999572754
2	−4,5	16	−3,999847412
3	−2,25	17	−3,999984741
4	−3,375	18	−4,000053406
5	−3,9375	19	−4,000019073
6	−4,21875	20	−4,000001907
7	−4,078125	21	−3,999993324
8	−4,0078125	22	−3,999997616
9	−3,97265625	23	−3,999999762
10	−3,990234375	24	−4,000000834
11	−3,999023438	25	−4,000000298
12	−4,003417969	26	−4,000000030
13	−4,001220703	27	−3,999999896
14	−4,000122070		

Diese berechneten Intervallmitten bilden eine **Folge** von Zahlen. Mithilfe des beschriebenen Verfahrens können wir das 28., das 29., das 30. Glied, … dieser Folge berechnen. Man sagt, dass diese Folge den Grenzwert -4 hat, da die Glieder dieser Folge der Zahl -4 beliebig nahe kommen. Für jede beliebig kleine Zahl s findet man immer ein Folgenglied, ab dem der Abstand der Glieder von -4 kleiner als s ist. Für $s = 0{,}01$ würde dies im obigen Beispiel ab dem zehnten Folgenglied zutreffen.

---

1 In das Programm muss nach Zeile 3 eingefügt werden:
ClrList L1
0→I
Nach Zeile 10 muss eingefügt werden:
I+1→I
M→L1(I)

Man nennt -4 den **Grenzwert** dieser Folge oder sagt, die Glieder der Folge **konvergieren** gegen -4.

Um bei dem Verfahren der Intervallhalbierung die Mitte des zehnten Intervalls zu bestimmen, muss man die vorangehenden neun Intervalle kennen. Man sagt, die Folge ist **rekursiv**[1] definiert.

Liegt das Bildungsgesetz einer Folge dagegen in der **expliziten**[2] Form vor, kann man jedes Glied ohne Kenntnis der vorangehenden berechnen.

BEISPIEL

Die Folge a hat das Bildungsgesetz $a_n = \dfrac{1}{n}$. Setzt man für n nacheinander die natürlichen Zahlen 1; 2; 3; 4; … ein, erhält man

Nummer des Folgengliedes	1	2	3	4	5	6	7	8	9
Wert des Folgengliedes	$\frac{1}{1}$	$\frac{1}{2}$	$\frac{1}{3}$	$\frac{1}{4}$	$\frac{1}{5}$	$\frac{1}{6}$	$\frac{1}{7}$	$\frac{1}{8}$	$\frac{1}{9}$

Auch diese Folge a hat einen Grenzwert. Die Folgenglieder konvergieren gegen Null, da man für jede beliebig kleine Zahl s ein Folgenglied finden kann, ab dem der Abstand der nachfolgenden Glieder zum Grenzwert 0 kleiner als s ist. Bei dieser Folge ist der Abstand eines Gliedes zu 0 natürlich gleich dem Wert des Gliedes.

BEISPIEL

Ab welchem Glied ist der Abstand zum Grenzwert 0 kleiner als $s = 0{,}00000002$?

$$a_n < 0{,}00000002$$
$$\frac{1}{n} < \frac{1}{20000000}$$
$$20000000 < n$$

Also ist der Abstand der Folgenglieder von 0 ab dem 20000001. Glied kleiner als $0{,}00000002$.

Eine Folge, die wie diese den Grenzwert Null hat, heißt **Nullfolge**.

Impuls

Wie wird der Abstand der Folgenglieder zum Grundwert 0 bestimmt, wenn die Glieder der Folge nur negativ oder sowohl negativ als auch positiv sind?

Wenn Sie das obige Beispiel bearbeitet haben, fragen Sie sich vielleicht, wodurch sich eine Folge von einer Funktion unterscheidet. Der Unterschied zwischen beiden besteht einzig und allein im Definitionsbereich. Da der Definitionsbereich einer Folge {1; 2; 3; 4; 5; …} ist, kann man eine Folge als Funktion mit diesem Definitionsbereich definieren. Deshalb benutzen wir nicht die besondere Einstellung des GTR für Folgen, sondern arbeiten (außer bei Grafiken) im üblichen Modus.

1 recurrere (lat.), zurücklaufen.
2 explicite (lat.), entfaltet, ausgebreitet.

BEISPIEL

Die Folge b mit dem Bildungsgesetz $b_n = \dfrac{2 - n}{5 + n}$ hat den Grenzwert -1.

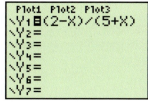
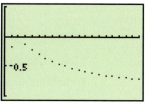

Nicht jede Folge hat einen Grenzwert, z.B. wachsen die Glieder der Folge c mit $c_n = 2n - 1$ über alle Grenzen. Eine solche Folge nennt man **divergent**[1].

AUFGABEN

01 Berechnen Sie die ersten sieben Glieder der Folge a.

a) $a_n = 1 - \dfrac{3}{n}$

b) $a_n = -\dfrac{n}{3}$

c) $a_n = 2 - (-1)^{n-1}$

d) $a_n = -3 + \dfrac{1}{n}$

e) $a_n = (-2)^n \cdot \dfrac{1}{n}$

f) $a_n = \dfrac{(-1)^n}{n - \frac{3}{2}}$

g) $a_n = \dfrac{3}{7} + (n - 1) \cdot \dfrac{4}{7}$

h) $a_n = 8 + (n - 1) \cdot 0{,}4$

i) $a_n = 100 - (n - 1) \cdot 10$

j) $a_n = \sqrt[n]{4}$

k) $a_n = \sqrt[n]{0{,}1}$

l) $a_n = \left(1 + \dfrac{1}{n}\right)^n$

02 Nennen Sie jeweils die zwei nächsten Glieder und geben Sie das Bildungsgesetz an.

a) $2;\ 4;\ 6;\ 8;\ 10;\ 12;\ 14;\ \dots$

b) $2;\ 6;\ 10;\ 14;\ 18;\ 22;\ 26;\ \dots$

c) $2;\ 1;\ \dfrac{2}{3};\ \dfrac{1}{2};\ \dfrac{2}{5};\ \dfrac{1}{3};\ \dfrac{2}{7};\ \dots$

d) $1;\ 4;\ 9;\ 16;\ 25;\ 36;\ 49;\ \dots$

e) $4;\ 9;\ 16;\ 25;\ 36;\ 49;\ \dots$

f) $-1;\ 1;\ -1;\ 1;\ -1;\ 1;\ -1;\ \dots$

g) $\dfrac{2}{3};\ \dfrac{3}{5};\ \dfrac{4}{7};\ \dfrac{5}{9};\ \dfrac{6}{11};\ \dfrac{7}{13};\ \dfrac{8}{15};\ \dfrac{9}{17};\ \dots$

h) $\dfrac{2}{3};\ \dfrac{3}{4};\ \dfrac{4}{5};\ \dfrac{5}{6};\ \dfrac{6}{7};\ \dfrac{7}{8};\ \dfrac{8}{9};\ \dots$

i) $1;\ -1;\ 1;\ -1;\ 1;\ -1;\ 1;\ \dots$

j) $1;\ -\dfrac{1}{2};\ \dfrac{1}{3};\ -\dfrac{1}{4};\ \dfrac{1}{5};\ -\dfrac{1}{6};\ \dots$

k) $3;\ 9;\ 27;\ 81;\ 243;\ \dots$

l) $7;\ 11;\ 15;\ 19;\ 23;\ \dots$

m) $-11;\ -2;\ 7;\ 16;\ 25;\ \dots$

n) $15;\ 10;\ 5;\ 0;\ -5;\ \dots$

03 Untersuchen Sie mit dem GTR, ob die Folgen konvergieren. Ab wann ist der Abstand der Glieder a_n vom Grenzwert kleiner als $\dfrac{1}{100}$?

a) $a_n = \dfrac{7}{3n}$

b) $a_n = \dfrac{1}{7 + 2n}$

c) $a_n = \dfrac{4}{8 + 3n}$

d) $a_n = \dfrac{2}{n + 3}$

e) $a_n = \dfrac{n - 1}{n + 1}$

f) $a_n = \dfrac{1 + n}{500 + 200n}$

g) $a_n = \dfrac{5}{n^2}$

h) $a_n = \dfrac{n}{n + 1}$

---

1 divergere (lat.), auseinander laufen.

04   Herr Wenig verdient monatlich 1 000,00 €, Herr Viel das Doppelte. Die Monatsge-
hälter werden jedes Jahr um 2 % und zusätzlich um einen Sockelbetrag von 20,00 €
gesteigert. Wieviel verdienen Herr Wenig und Herr Viel

a) nach 2 Jahren,   b) nach 5 Jahren,   c) nach 10 Jahren?

05   Ein Ball wird aus 5 m Höhe losgelassen. Nach dem Auftreffen auf dem Boden
springt er wieder hoch usw. Er erreicht jeweils nur 80 % der vorhergehenden
Höhe. Die zurückgelegten Wege bilden eine Folge.

a) Geben Sie die ersten vier Glieder dieser Folge an.

b) Geben Sie eine rekursive und eine explizite Bildungsvorschrift an.

06   Bei einem Werbepreisausschreiben soll die erste richtige Lösung mit 20 000,00 €,
jede folgende mit jeweils der Hälfte des für die vorhergehende richtige Lösung
gezahlten Betrags prämiert werden.

a) Wie viel kosten den Veranstalter die ersten zehn Preise?

b) Mit welchem Geldaufwand muss der Werbeleiter im schlimmsten Fall rechnen?

07   In ein Quadrat mit der Seitenlänge a wird ein
Kreis einbeschrieben, in diesen wiederum ein
Quadrat, darin wieder ein Kreis usw. Die
Umfänge der ineinander liegenden Quadrate bil-
den eine Folge.

Berechnen Sie die ersten drei Glieder.
Wie lautet das Bildungsgesetz dieser Folge?

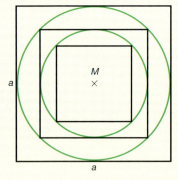

08   Der Mittelpunkt der Diagonalen eines Quadrates mit
der Seitenlänge $a = 5$ cm wird, wie in der Skizze, mit
zwei Seitenmitten verbunden. Es ergibt sich ein zweites
Quadrat. Auf dieselbe Art und Weise erhält man ein
drittes Quadrat usw.

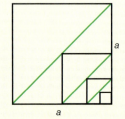

a) Die Umfänge dieser ineinanderliegenden Quadrate bilden eine Folge U.
Berechnen Sie die ersten vier Glieder dieser Folge U.
Wie lautet das Bildungsgesetz dieser Folge?

b) Wie viele Quadrate müssen ineinander geschachtelt sein, damit man zum ersten
Mal ein Quadrat erhält, dessen Seitenlänge kleiner als 0,4 cm ist?

c) Die Flächeninhalte dieser ineinander liegenden Quadrate bilden eine Folge A.
Berechnen Sie die ersten vier Glieder und bestimmen Sie das Bildungsgesetz.

d)* Geben Sie mithilfe des GTR an, wann der Flächeninhalt zum ersten Mal kleiner
als $\frac{1}{1000}$ cm² wird.

7.3   Sägezahnverfahren

Während das Intervallhalbierungsverfahren nur zu sinnvollen Ergebnissen führt, wenn die Funktionswerte an den Intervallenden unterschiedliche Vorzeichen haben, also die Nullstelle schon eingegrenzt ist, kann das **Sägezahnverfahren** ohne diese Information Nullstellen berechnen. Die nebenstehende Grafik erklärt den Namen des Verfahrens.

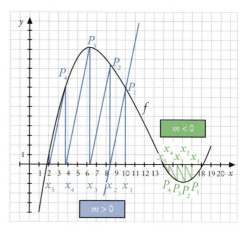

In der Abbildung wurde durch einen beliebigen Punkt $P_1(x_1/f(x_1))$ des Schaubildes eine Gerade mit einer beliebigen, aber dem Betrag nach großen Steigung m gelegt. Diese Gerade schneidet die x-Achse an der Stelle x_2.

Die Gerade mit derselben Steigung m durch den Punkt $P_2(x_2/f(x_2))$ auf dem Schaubild schneidet die x-Achse an der Stelle x_3.

Die Gerade mit derselben Steigung m durch den Punkt $P_3(x_3/f(x_3))$ auf dem Schaubild schneidet die x-Achse an der Stelle x_4 usw.

Je mehr Schnittstellen $x_1, x_2, x_3, x_4,\ldots$ der Geraden mit der x-Achse wir bestimmen, desto näher liegen diese Stellen bei der Nullstelle.

Mit anderen Worten:

Mithilfe des Sägezahnverfahrens definieren wir eine Folge $x_1, x_2, x_3, x_4, \ldots$, deren Grenzwert die Nullstelle ist.

Dieses anschauliche Verfahren gewinnt an Wert, da es eine einfache Vorschrift gibt, mit deren Hilfe man zu irgendeiner Stelle x_n auf der x-Achse die folgende Stelle x_{n+1} auf der x-Achse berechnen kann.

Die Gerade durch P_1 hat die Steigung (vgl. nebenstehende Abbildung, $f(x_1)$ ist negativ):

$$m = \frac{f(x_1)}{x_1 - x_2}$$

Löst man nach x_2 auf, ergibt sich:

$$x_1 - x_2 = \frac{f(x_1)}{m}$$

$$x_2 = x_1 - \frac{f(x_1)}{m}$$

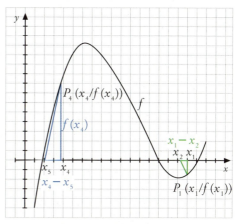

Die Gerade durch P_4 hat die Steigung (vgl. obenstehende Abbildung):

$$m = \frac{f(x_4)}{x_4 - x_5}$$

Löst man nach x_5 auf, ergibt sich:

$$x_4 - x_5 = \frac{f(x_4)}{m}$$

$$x_5 = x_4 - \frac{f(x_4)}{m}$$

Dieser Zusammenhang gilt allgemein:

Definition 7.1

Das **Sägezahnverfahren** zur Berechnung einer Nullstelle einer Funktion f ist durch die rekursiv definierte Folge mit dem Startwert x_1 und

$$x_{n+1} = x_n - \frac{f(x_n)}{m}$$

gegeben.

BEISPIEL

Obiges Schaubild hatte die Vorschrift $f(x) = 0,03 \cdot (x^3 - 34x^2 + 313x - 460)$, der Startwert war $x_1 = 10$ und die Geraden hatten die Steigung $m = 5$.

$$x_2 = x_1 - \frac{f(x_1)}{m} = 10 - \frac{f(10)}{5} = 10 - \frac{8,1}{5} = 8,38$$

$$x_3 = x_2 - \frac{f(x_2)}{m} = 8,38 - \frac{f(8,38)}{5} \approx 8,38 - \frac{10,91373}{5} \approx 6,19725$$

$$x_4 = x_3 - \frac{f(x_3)}{m} \approx 6,19725 - \frac{f(6,19725)}{5} \approx 6,19725 - \frac{12,35848}{5} \approx 3,72556$$

usw.

Impuls

Welchen Einfluss haben Rundungsfehler auf das Verfahren?

Die Berechnung der Glieder der Folge bereitet dem GTR keine Probleme.

```
Plot1 Plot2 Plot3
\Y1■0.03*(X^3-34
X²+313X-460)
\Y2■X-Y1(X)/5
\Y3=
\Y4=
\Y5=
\Y6=
```

Die Nullstelle der Funktion Y1 soll berechnet werden. Y2 ist die Vorschrift des Sägezahnverfahrens.

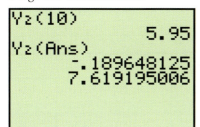

Für einen beliebigen Startwert, hier 10, wird der Wert von Y2 berechnet. Dann wird der Wert von Y2 für 8,38 bestimmt. Da der GTR das zuletzt berechnete Ergebnis in einem Speicherbereich namens Ans (von answer) speichert, kann diese Variable stellvertretend für das letzte Ergebnis verwendet werden. Ab jetzt können Sie mit der ENTRY-Taste arbeiten, da so die letzte Eingabe (Y2(Ans)) wiederholt wird.

Impuls

Variieren Sie das obige Sägezahnverfahren! Wählen Sie eine andere Steigung, wählen Sie einen anderen Startwert.

Verlaufen die Geraden zu wenig steil, ist $|m|$ also zu klein, kann es passieren, dass die Folge der Schnittstellen nicht konvergiert.

BEISPIEL

Wir behalten die Funktion und den Startwert aus dem vorangehenden Beispiel bei und verringern die Steigung m von 5 auf 2. In diesem Fall divergiert die Folge der Schnittstellen.

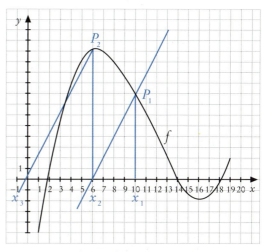

Für die Praxis ist es wichtig zu wissen, ob eine Folge konvergiert oder nicht. Im ersten Fall kann man einen Computer Folgenglieder bis zur gewünschten Genauigkeit berechnen lassen und das letzte als Näherung ausgeben, im zweiten Fall ist jeder Versuch zwecklos.

Es hat sich bewährt, die Steigung m so zu wählen, dass ihr Betrag groß ist, also -10 oder 10 und nicht -2 oder 2. Ist $|m|$ groß, werden die Sägezähne schmaler; deshalb müssen evtl. mehr Schritte durchgeführt werden, bevor man die Nullstelle mit der gewünschten Genauigkeit angeben kann. Solche Überlegungen sind durch die Verwendung des GTR weniger wichtig geworden.

Auch wenn die Folge der Schnittstellen konvergiert, ist kaum möglich, vorauszusagen, welche Nullstelle ihr Grenzwert ist. Es muss nicht die sein, die dem Startwert am nächsten liegt.

AUFGABEN

01   Bestimmen Sie die ersten zehn Glieder der Folge

a) $a_1 = 1$; $a_{n+1} = 1 + a_n$ b) $a_1 = 3$; $a_{n+1} = 2 + a_n$

c) $a_1 = -7$; $a_{n+1} = -a_n$ d) $a_1 = \frac{1}{5}$; $a_{n+1} = \frac{1}{5} \cdot a_n$

e) $a_1 = \frac{1}{3}$; $a_{n+1} = 2 \cdot a_n$ f) $a_1 = 12$; $a_{n+1} = \frac{1}{2} \cdot a_n$

g) $a_1 = 3$; $a_{n+1} = a_n + 1$ h) $a_1 = \frac{1}{4}$; $a_{n+1} = 2 \cdot a_n$

i) $a_1 = 10$; $a_{n+1} = \sqrt{a_n}$ j) $a_1 = \frac{1}{10}$; $a_{n+1} = \sqrt{a_n}$

k) $a_1 = 1$; $a_2 = 1$; $a_{n+2} = a_n + a_{n+1}$ l) $a_1 = 2$; $a_2 = -4$; $a_{n+2} = \dfrac{a_n}{a_{n+1}}$

m) $a_1 = 2$; $a_2 = 3$; $a_{n+2} = \dfrac{a_{n+1}}{a_n}$

02   Die Bevölkerung entwickelt sich in Kontinenten und Regionen sehr unterschiedlich. Dennoch werden immer wieder Berechnungsmodelle veröffentlicht, die sich mit der Entwicklung der Gesamtzahl der Menschen auf der Erde beschäftigen. So lautet ein Modell

$$B_n = B_{n-1} + \frac{3}{109} \cdot B_{n-1} \cdot (10{,}9 - B_{n-1}) \text{ mit } B_1 = 6{,}1$$

B_1 ist die Weltbevölkerung im Jahr 2000 in Milliarden, B_2 ist die Prognose der Weltbevölkerung im Jahr 2010, B_3 im Jahr 2020 usw.

Untersuchen Sie das Langzeitverhalten bei diesem Modell, also berechnen Sie mithilfe des GTR die Bevölkerungsentwicklung bis $n = 20$.
Dokumentieren Sie Ihre Untersuchung auch mit einem Diagramm.

03   Schon Heron bestimmte näherungsweise Wurzeln, indem er schrittweise ein Rechteck in ein flächengleiches Quadrat verwandelte. Wir demonstrieren das Verfahren am Beispiel von $A = \sqrt{18}$.

- Man bestimmt zwei Seitenlängen eines Rechtecks mit der Fläche $A = 18$.

    $x_1 = 6$
    $y_1 = 3$

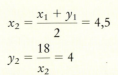

- Als eine Seitenlänge des zweiten Rechtecks wählt man das arithmetische Mittel der Seitenlängen des ersten Rechtecks.
Da der Flächeninhalt des Rechtecks 18 sein muss, kann man die Länge der zweiten Seite berechnen.

    $x_2 = \dfrac{x_1 + y_1}{2} = 4{,}5$

    $y_2 = \dfrac{18}{x_2} = 4$

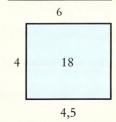

- Auf dieselbe Art und Weise berechnet man die Seitenlängen des dritten Rechtecks.

$$x_3 = \frac{x_2 + y_2}{2} = 4{,}25$$

$$y_3 = \frac{18}{x_3} \approx 4{,}2353$$

a) Die beiden Folgen von Seitenlängen konvergieren gegen denselben Grenzwert. Deshalb genügt es, eine Folge zu betrachten. Zeigen Sie, dass die Glieder der Folge x der Seitenlängen nach Wahl eines beliebigen positiven Startwertes x_1 mit der Vorschrift

$$x_{n+1} = \frac{1}{2} \cdot \left(x_n + \frac{A}{x_n}\right)$$

berechnet werden können, wobei A eine positive Zahl ist, deren Wurzel näherungsweise bestimmt werden soll.

b) Bestimmen Sie $\sqrt{15}$ ohne GTR auf drei Nachkommastellen genau.

c) Bestimmen Sie $\sqrt{13}$ ($\sqrt{5{,}39}$) mit GTR auf fünf Nachkommastellen genau.

04 Lassen Sie den GTR das Schaubild zeichnen und bestimmen Sie dann mit dem Sägezahnverfahren die Nullstellen von f.

a) $f(x) = x^3 - x + 1{,}5$

b) $f(x) = x^2 - x - 3 + \dfrac{1}{x^2 + 1}$

c) $f(x) = x^2 - \dfrac{1}{x} - \dfrac{1}{x^2}$

d) $f(x) = \dfrac{x - 2}{x - 1} - 4$

7.4 Flächenberechnungen

Der Graph der Funktion f mit

$$f(x) = -|x| + 4$$

schließt mit der x-Achse eine Fläche ein. Der Inhalt dieser Dreiecksfläche kann einfach berechnet werden.

Die Grundseite $\overline{PQ}$ hat die Länge 8, die Höhe $\overline{OR}$ die Länge 4. Der Inhalt A des Dreiecks ist.

$$A = \frac{\overline{PQ} \cdot \overline{OR}}{2} = \frac{8 \cdot 4}{2} = 16.$$

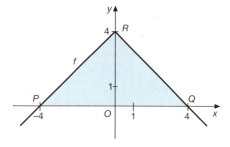

Der Inhalt der Fläche, die die Parabel mit der Vorschrift

$$f(x) = -x^2 + 4$$

und die x-Achse einschließen, kann dagegen elementar geometrisch nicht berechnet werden.

Man kann den Inhalt der Fläche aber näherungsweise bestimmen, indem man die Fläche in mehreren Schritten, wie in folgenden Abbildungen dargestellt, durch eine immer größer werdende Zahl von Rechtecken annähert.

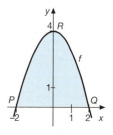

Als Höhe der Rechtecke nehmen wir immer den Funktionswert am rechten Rand-
punkt S des (Teil-)Intervalls. Dadurch hat jeweils ein Rechteck die Fläche null.

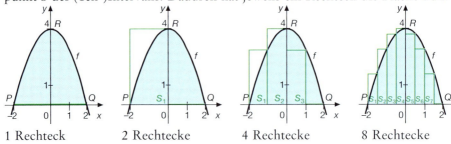

1 Rechteck   2 Rechtecke   4 Rechtecke   8 Rechtecke

Wir berechnen jetzt die Summe der Rechtecksflächen in den vier Abbbildungen.

Ein Rechteck mit der Länge $l = \dfrac{\overline{PQ}}{1} = \overline{PQ} = 4$:

Die Höhe des Rechtecks ist $h = f(x_Q) = f(x_P + l)$.

Somit gilt: $A_1 = l \cdot h$
$$= l \cdot f(x_P + l)$$
$$= 4 \cdot f(-2 + 4) = 4 \cdot f(2) = 4 \cdot 0 = 0.$$

Zwei Rechtecke jeweils mit der Länge $l = \dfrac{\overline{PQ}}{2} = \dfrac{4}{2} = 2$:

Die Höhe h_1 des 1. Rechtecks ist $h_1 = f(x_{S_1}) = f(x_P + l)$,
die Höhe h_2 des 2. Rechtecks ist $h_2 = f(x_Q) = f(x_P + 2\,l)$.

Somit gilt: $A_2 = l \cdot h_1 + l \cdot h_2$
$$= l \cdot f(x_P + l) + l \cdot f(x_P + 2\,l)$$
$$= l \cdot \big(f(x_P + l) + f(x_P + 2\,l)\big)$$
$$= 2 \cdot \big(f(-2 + 2) + f(-2 + 2 \cdot 2)\big) = 2 \cdot \big(f(0) + f(2)\big)$$
$$= 2 \cdot (4 + 0) = 8$$

Vier Rechtecke jeweils mit der Länge $l = \dfrac{\overline{PQ}}{4} = \dfrac{4}{4} = 1$:

$A_4 = l \cdot f(x_{S_1}) + l \cdot f(x_{S_2}) + l \cdot f(x_{S_3}) + l \cdot f(x_Q)$
$$= l \cdot f(x_P + l) + l \cdot f(x_P + 2\,l) + l \cdot f(x_P + 3\,l) + l \cdot f(x_P + 4\,l)$$
$$= l \cdot \big(f(x_P + l) + f(x_P + 2\,l) + f(x_P + 3\,l) + f(x_P + 4\,l)\big)$$
$$= 1 \cdot \big(f(-2 + 1) + f(-2 + 2 \cdot 1) + f(-2 + 3 \cdot 1) + f(-2 + 4 \cdot 1)\big)$$
$$= f(-1) + f(0) + f(1) + f(2) = 3 + 4 + 3 + 0 = 10$$

Acht Rechtecke mit der Länge $l = \dfrac{\overline{PQ}}{8} = \dfrac{4}{8} = 0{,}5$:

$A_8 = l \cdot f(x_{S_1}) + l \cdot f(x_{S_2}) + l \cdot f(x_{S_3}) + l \cdot f(x_{S_4}) + l \cdot f(x_{S_5})$
$$\qquad\qquad\qquad + l \cdot f(x_{S_6}) + l \cdot f(x_{S_7}) + l \cdot f(x_Q)$$
$$= l \cdot f(x_P + l) + l \cdot f(x_P + 2\,l) + l \cdot f(x_P + 3\,l) + l \cdot f(x_P + 4\,l)$$
$$\qquad + l \cdot f(x_P + 5\,l) + l \cdot f(x_P + 6\,l) + l \cdot f(x_P + 7\,l) + l \cdot f(x_P + 8\,l)$$
$$= l \cdot \big(f(x_P + l) + f(x_P + 2\,l) + f(x_P + 3\,l) + f(x_P + 4\,l) + f(x_P + 5\,l)$$
$$\qquad\qquad + f(x_P + 6\,l) + f(x_P + 7\,l) + f(x_P + 8\,l)\big)$$
$$= 0{,}5 \cdot \big(f(-2 + 0{,}5) + f(-2 + 1) + f(-2 + 1{,}5) + f(-2 + 2) + f(-2 + 2{,}5)$$
$$\qquad\qquad + f(-2 + 3) + f(-2 + 3{,}5) + f(-2 + 4)\big)$$

$$= 0{,}5 \cdot (f(-1{,}5) + f(-1) + f(-0{,}5) + f(0) + f(0{,}5) + f(1{,}5) + f(2))$$
$$= 0{,}5 \cdot (1{,}75 + 3 + 3{,}75 + 4 + 3{,}75 + 3 + 1{,}75 + 0)$$
$$= 0{,}5 \cdot 21 = 10{,}5$$

n **Rechtecke** jeweils mit der Länge $l = \dfrac{\overline{PQ}}{n} = \dfrac{4}{n}$:

A_n berechnet sich nach der Vorschrift

$$A_n = l \cdot (f(x_P + l) + f(x_P + 2\,l) + f(x_P + 3\,l) + \ldots + f(x_P + n - 1) \cdot l) + f(x_P + n \cdot l))$$

$$= l \cdot \sum_{i=1}^{n} f(x_P + i \cdot l)$$

Setzt man in den Ausdruck $(x_p + i \cdot l)$ hinter dem Summenzeichen $\sum$ für i der Reihe nach die Zahlen von 1 bis n ein und addiert die so entstandenen Terme, ergibt sich die Summe in der Zeile darüber.

Wie man sieht, ist die Rechnung zur Bestimmung einer größeren Zahl von Rechtecksflächen ohne GTR recht mühsam und langwierig. Mit einem kleinen Programm kann der GTR aber die Summe einer größeren Zahl von Rechtecksflächen in kurzer Zeit bestimmen.

Struktogramm

Eingabe: A, B, N
$0 \rightarrow S$
$\dfrac{B - A}{N} \rightarrow L$
Wiederhole für I von 1 bis N
$\quad\quad$ $S + f(A + I \cdot L) \rightarrow S$
$L \cdot S \rightarrow F$
Ausgabe: F
Ende

A, B: Intervallgrenzen

N: Anzahl der Intervalle

$\dfrac{B - A}{N}$, L: Intervalllänge

S: Summe der Rechteckshöhen
F: Summe der Rechtecksflächen

**Umsetzen des Struktogramms
auf dem TI 83/84**

```
Input "LINKE GRENZE", A
Input "RECHTE GRENZE",B
Input "INTERVALLANZAHL",N
0→S
(B−A)/N→L
For(I,1,N)
S+Y1(A+I*L)→S
End
L*S→F
Disp "FLAECHE",F
```

```
LINKE GRENZE -2
RECHTE GRENZE 2
INTERVALLANZAHL
1000
FLAECHE
          10.666656
              Done
```

Die Summe der 1000 Rechtecksflächen beträgt etwa 10,666656. Je größer die Anzahl der Rechtecke wird, desto näher liegt die Summe ihrer Flächen bei $10\frac{2}{3}$. Gleichzeitig unterscheidet sich die Summe der Rechtecksflächen kaum noch von der Fläche zwischen der Parabel und der x-Achse. Es ist daher sinnvoll, den Grenzwert $10\frac{2}{3}$ als Inhalt der Fläche zwischen Parabel und x-Achse festzulegen.

Mit dem beschriebenen Verfahren können Inhalte von Flächen, die oberhalb der x-Achse liegen und die von Graphen nahezu aller uns bekannten Funktionen begrenzt sein können, näherungsweise berechnet werden.

Im nächsten Schuljahr werden wir uns im Rahmen der **Integralrechnung** ausführlicher mit diesem Verfahren befassen.

AUFGABEN

01 Bestimmen Sie mit dem GTR die farbige Fläche für 10, 20, 30, 50, 100, 500, 800, 1000, Teilintervalle.

a)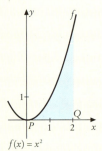

$f(x) = x^2$

b)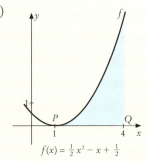

$f(x) = \frac{1}{2}x^2 - x + \frac{1}{2}$

c)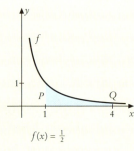

$f(x) = \frac{1}{2}$

d)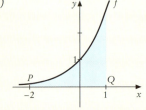

$f(x) = 0,1x^3 + 0,5x^2 + x + 1$

e)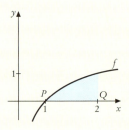

$f(x) = 0,15x^3 - x^2 + 2,6x - 1,7$

f)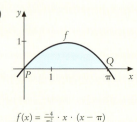

$f(x) = \frac{-4}{\pi^2} \cdot x \cdot (x - \pi)$

02 Der Halbkreis mit Radius 3, dessen Mittelpunkt der Ursprung des Koordinatensystems ist, hat die Vorschrift $f(x) = \sqrt{9 - x^2}$.
Bestimmen Sie mit dem beschriebenen Verfahren seine Fläche auf zwei Stellen nach dem Komma genau.
Berechnen Sie mit diesem Ergebnis einen Näherungswert für π.

8.1 Exponentialfunktionen

■ *Impuls*

In der Rheinebene bei Offenburg wird Kies ausgebaggert. Ein ursprünglich 600 m² großer Baggersee vergrößert sich jede Woche um 300 m². Da der See später für Wassersport genutzt werden soll, wird die Wasserqualität regelmäßig untersucht. In einer Ecke des Sees wird eine Algenart beobachtet, die sich auffällig schnell vermehrt. Die von den grünen Algen bedeckte Fläche ist zu Beginn der Baggerarbeiten 4 m² groß und verdoppelt sich jede Woche.

Ein Ortschaftsrat beobachtet das Ganze und warnt den Kiesgrubenbesitzer: „Bald ist der ganze See grün!" Er erntet nur ungläubiges Kopfschütteln.

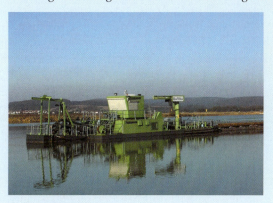

„Ich wette um einen Karton besten badischen Spätburgunders, dass spätestens in 10 Wochen der ganze See voller Algen ist". „In 10 Wochen, das glauben Sie doch selbst nicht! Unsere Bagger schaufeln 12 Stunden am Tag. Da schlage ich ein!"

Wer gewinnt die Wette?

8.1.1 Anwendungen

Wir haben die Potenzfunktionen mit den Vorschriften $f(x) = x^n$, z.B. $f(x) = x^2$, kennen gelernt. Bei ihnen ist der Exponent n konstant, die Basis x ändert sich.

Ist dagegen die Basis konstant und ändert sich der Exponent, so entstehen die Vorschriften der Exponentialfunktionen. Beispiele sind $f(x) = 2^x$, $f(x) = 10^x$, $f(x) = (\frac{1}{2})^x$.

■ *Definition 8.1*

Eine Funktion f, die die Vorschrift
$$f(x) = a^x \text{ mit } a > 0 \text{ und } a \neq 1$$
hat, heißt **Exponentialfunktion**.

Ihr maximaler Definitionsbereich ist $\mathbb{R}$.

Damit der Exponent x beliebig wählbar ist, muss die Basis a positiv sein. Für $a = 0$ ist z.B. $a^{-1} = \frac{1}{a}$ nicht definiert; für negatives a z.B. $a^{\frac{1}{2}} = \sqrt{a}$ nicht.

BEISPIELE FÜR DAS AUFTRETEN VON EXPONENTIALFUNKTIONEN

Die Exponentialfunktionen haben vielfache Anwendungen, insbesondere bei Wachstumsprozessen (z. B. Kapitalbildung mit Zinseszins, biologisches Wachstum) und Zerfallsprozessen (z. B. Abzinsung, Abkühlung, radioaktiver Zerfall).

1. Zinseszins

Legt man ein Kapital K bei 3 % Zins ein Jahr lang an, so vermehrt es sich nach Ablauf dieses Jahres auf $K + \frac{3}{100} \cdot K = K \cdot (1 + 0{,}3) = K \cdot 1{,}03$.

Bei Zinseszins erhält man aus einem Anfangskapital K_0

$$
\begin{aligned}
&\text{nach einem Jahr} && \text{ein Kapital } K(1) = K_0 \cdot 1{,}03 && = K_0 \cdot 1{,}03^1 \\
&\text{nach zwei Jahren} && \text{ein Kapital } K(2) = (K_0 \cdot 1{,}03) \cdot 1{,}03 = K_0 \cdot 1{,}03^2 \\
&\text{nach drei Jahren} && \text{ein Kapital } K(3) = (K_0 \cdot 1{,}03^2) \cdot 1{,}03 = K_0 \cdot 1{,}03^3 \\
&\ \ \vdots \\
&\text{nach } x \text{ Jahren} && \text{ein Kapital } K(x) = K_0 \cdot 1{,}03^x
\end{aligned}
$$

Nach 20 Jahren ist das Kapital $K(20) = K_0 \cdot 1{,}03^{20} \approx 1{,}81 \cdot K_0$; nach 7,5 Jahren ergäben sich $K(7{,}5) = K_0 \cdot 1{,}03^{7{,}5} \approx 1{,}25 \cdot K_0$.

Das Kapital vermehrt sich also **exponentiell**, d. h. nach der Gleichung einer Exponentialfunktion mit der Basis $a = 1{,}03$. Beim Zinseszins heißt die Basis a der **Aufzinsfaktor** (meist mit q bezeichnet). Er ist gleich $(1 + \frac{p}{100})$, wenn p der Zinssatz ist. Die sogenannte **Zinseszinsformel** lautet damit:

$$
K(x) = K_0 \cdot (1 + \tfrac{p}{100})^x.
$$

2. Altersbestimmung mit der ^{14}C-Methode

Durch die Höhenstrahlung entsteht in der Atmosphäre aus Stickstoff radioaktiver Kohlenstoff ^{14}C. Die Luft enthält davon den konstanten Bruchteil $0{,}3 \cdot 10^{-10}$ %, da sich ein Gleichgewicht zwischen Zerfall und Neubildung des Kohlenstoffs ^{14}C eingestellt hat. Lebende Organismen nehmen laufend beim Stoffwechsel auch ^{14}C auf. Eine tote Substanz nimmt dagegen keinen neuen Kohlenstoff mehr auf und verliert durch Zerfall in 5736 Jahren jeweils die Hälfte des noch vorhandenen ^{14}C (sog. Halbwertszeit). Aufgrund einer Messung des noch vorhandenen ^{14}C-Anteils kann abgeschätzt werden, welcher Zeitraum seit dem Tod des Lebewesens vergangen ist (Altersbestimmung zwischen 400 und 30000 Jahren).

War ursprünglich in einem Stück Holz die Masse M_0 an radioaktivem Kohlenstoff vorhanden, so sind nach x Jahren noch

$$M(x) = M_0 \cdot (\tfrac{1}{2})^{\frac{x}{5736}} \text{ Kohlenstoff } ^{14}\text{C vorhanden.}$$

Nach $1 \cdot 5736$ Jahren ist noch vorhanden:

$$M(5736) = M_0 \cdot (\tfrac{1}{2})^{\frac{5736}{5736}} = (\tfrac{1}{2})^1 \cdot M_0 = 0{,}5 \cdot M_0$$

Nach $2 \cdot 5736$ Jahren ist noch vorhanden:

$$M(2 \cdot 5736) = M_0 \cdot (\tfrac{1}{2})^{\frac{2 \cdot 5736}{5736}} = (\tfrac{1}{2})^2 \cdot M_0 = 0{,}25 \cdot M_0$$

Nach $2{,}5 \cdot 5736$ Jahren ist noch vorhanden:

$$M(2{,}5 \cdot 5736) = M_0 \cdot (\tfrac{1}{2})^{\frac{2{,}5 \cdot 5736}{5736}} \approx 0{,}18 \, M_0$$

AUFGABEN

01 Der 10-jährige Uli Schwarz legt ein Weihnachtsgeschenk von 100,00 € zu 4 % Zins mit Zinseszins an. Stellen Sie die Funktionsvorschrift $K(x)$ des Kapitals in Abhängigkeit von der Anzahl der Zinsjahre x auf und berechnen Sie, über welchen Betrag er verfügt, wenn er 20 Jahre, 30 Jahre, 60 Jahre alt ist.

02 Berechnen Sie, wie viele mg[1] radioaktives ^{14}C von ursprünglich 0,0001 mg noch in einem Mammutzahn vorhanden sind, wenn das Tier vor

    a) 3 000 Jahren,   b) 10 000 Jahren,   c) 30 000 Jahren

    gelebt hat.

03 Eine Fahrkarte kostete ursprünglich 5,00 €. Wie hoch ist der neue Fahrpreis, nachdem der Tarif um 15 % und dann der neue Tarif noch einmal um 15 % erhöht wurde?

04 In einer Stadt sind 600 elektrische Kerzen auf mehrere Christbäume verteilt. Täglich fallen ca. 1,2 % der Kerzen aus ($p = -1,2\%$). Wie viele Kerzen funktionieren am Ende der Weihnachtszeit (nach 45 Tagen) noch, wenn keine defekte Kerze ausgewechselt wird?

05 Eine Tasse Tee ist anfangs 50 °C wärmer als das Zimmer, das 20 °C hat. Der Tee kühlt so ab, dass in jeder Minute der Temperaturunterschied zur Umgebung um 7 % abnimmt.
Wie groß ist der Temperaturunterschied zur Umgebung nach 15 Minuten, wie groß die Temperatur selbst?

06 Der Luftdruck p in z km Höhe lässt sich als $p = p_0 \cdot 2{,}7^{-0{,}125 \cdot z}$ berechnen. Welcher Druck herrscht beim normalen Luftdruck $p_0 \approx 1000$ hPa (Hektopascal) auf Meereshöhe; in 100 m; 750 m, 2 km, 8 km Höhe?

07 Dem Erfinder des Schachspiels wurde, so wird überliefert, die Erfüllung eines Wunsches versprochen. Er erbat sich für das erste der 64 Felder ein Reiskorn, für das zweite 2, für das dritte 4 usw., für jedes Feld also doppelt so viele Reiskörner, wie für das vorangehende. Wie viele Körner hätte er für das letzte Feld erhalten müssen? Wie viele Tonnen Reis wären dies, wenn man je kg 10000 Körner schätzt?

---

1 Milligramm = Tausendstel Gramm

08 Ein Steinpilz (25 g) wird von einem Pilzsammler für zu klein befunden und stehen gelassen. Welche Masse hat der Pilz einen Tag später, wenn er in der Stunde durchschnittlich um 1 % (2 %) zunimmt?

09 Um zu ihren Laichplätzen zu gelangen, müssen Lachse elf Staustufen überwinden. Es wird angenommen, dass an jeder Stufe 3 % der angekommenen Lachse ausscheiden.
1000 Lachse machen sich auf den Weg.

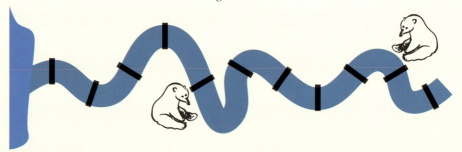

a) Berechnen Sie die Anzahl der Lachse, die die Laichplätze erreichen.

b) Bestimmen Sie mit dem GTR die Staustufe, nach der erstmals weniger als 85 % der Lachse vorhanden sind.

c) Nach jeder fünften Staustufe gibt es Bären, die jeweils konstant 250 Lachse wegfangen.
Berechnen Sie, wie viel Prozent der Lachse jetzt noch ihr Ziel erreichen.

d) Vergleichen Sie die Ergebnisse der Teilaufgaben a) und c), wenn
   • doppelt so viele Lachse losschwimmen,
   • doppelt so viele Lachse pro Gefahrenstelle ausscheiden (also 6 %).

e) In den Aufgabenteilen a) bis d) wurde mit einem idealisierten mathematischen Modell gearbeitet. Tatsächlich sind die Staustufen unterschiedlich. Vergleichen Sie die Anzahl der Lachse aus Teilaufgabe c), die am Laichplatz ankommen, wenn entweder die erste Gefahrenstelle eine Verlustrate von 20 % oder die letzte Gefahrenstelle eine Verlustrate von 20 % bewirkt.

10 Auf welchen Betrag wäre ein Cent, der im Jahre null zu 1 % (4 %) angelegt wurde, mit Zinseszins bis heute angewachsen? Auf welchen Betrag bei gewöhnlichem Zins?

11   Othello Schwarz hat 20 000,00 € in zu 4,25 % festverzinslichen Wertbriefen angelegt.

a) Welche Summe hat er in sieben (zehn) Jahren erhalten, wenn er sich den Zins jährlich auszahlen lässt?

b) Für den anfallenden Zins werden (geeignete Stückelung ist vorausgesetzt) gleichartige Papiere nachgekauft. Um wie viel übersteigt der Gesamtwert der Papiere den ursprünglichen Betrag nach sieben (zehn) Jahren?

12   Für einen 4,5 %igen Sparbrief zahlt man 839,00 €. Wie viel erhält man nach einer Laufzeit von 4 Jahren? Wie hoch wäre der Zinssatz, wenn man diese Summe erst ein Jahr später bekommen würde?

13   Eine Festgeldanlage von 100 000,00 € erbringt jeden Monat 0,25 % Zins. Der Zinsbetrag wird gutgeschrieben und mitverzinst. Welcher Zinssatz p. A. (pro Jahr) ergibt sich?

14   Eine Bank schreibt für eine Festgeldanlage von 50 000,00 € monatlich den Zinsbetrag auf dem Festgeldkonto gut, der Zinssatz p. A. (für das Jahr) soll 2,5 % betragen. Welcher Zinssatz ergibt sich für einen Monat?

15   In Hintertupfingen hat sich vor einiger Zeit der Finanzmakler P. Leite niedergelassen. Man kann bei ihm auch Geld anlegen. Er zahlt 25 % Zinseszins, wenn man ihm die Einlage einschließlich aufgelaufener Zinsen vier Jahre lang zur Verfügung stellt. Zu welchem Zinssatz er Geld verleiht, ist nicht feststellbar.
Othello Schwarz legt bei ihm 5 000,00 € an. Nach vier Jahren hebt er die angelaufenen Zinsen ab. Da es ein gutes Geschäft zu sein scheint, lässt er sein Kapital stehen. Kurz darauf verschwindet P. Leite unter Mitnahme sämtlicher Gelder nach Südamerika. Die 5 000,00 € sind für Othello Schwarz verloren.

a) Wie hoch waren die Zinsen, die Othello Schwarz nach vier Jahren abgehoben hat?

b) Nachdem Othello Schwarz von der überstürzten Abreise des Geldverleihers gehört hat, sagt er: „Schade, aber immerhin habe ich mehr verdient, als wenn ich die 5 000,00 € vier Jahre lang zu 8 % angelegt hätte." Stimmt das?

c)* Mit wie viel Prozent wurde das Geld von Othello Schwarz unter Berücksichtigung des Verlustes des Kapitals verzinst?

16   Paula und Willi eröffneten am 31. 12. 2006 bei zwei verschiedenen Banken ein Sparkonto. Paula zahlte 624,00 € ein, die jährlich mit 4 % verzinst werden. Willi zahlte 700,00 € ein, die jährlich mit 3 % verzinst werden.
An welchem Neujahrstag wird das Guthaben von Willi zum letzten Male höher sein als das Guthaben von Paula?
Berechnen Sie diese Guthaben.

17*   Welchen Effektivzins hat ein Darlehen (100 000,00 €, Laufzeit 2 Jahre)

a) bei 96 % Auszahlung und 5 % Zins,

b) bei 99 % Auszahlung und 6 % Zins?

8.1.2   Die Schaubilder der Exponentialfunktionen

Wir zeichnen die Exponentialkurven für die Basen $a = 2; 3; 10; \frac{1}{2}$ mithilfe von Wertetabellen.

x	-3	-2	-1	0	$0,5$	1	2	$2,5$	3
$f(x) = 2^x$	$\frac{1}{8}$	$\frac{1}{4}$	$\frac{1}{2}$	1	$1,4$	2	4	$5,7$	8
$f(x) = 3^x$	$\frac{1}{27}$	$\frac{1}{9}$	$\frac{1}{3}$	1	$1,7$	3	9	$15,6$	27
$f(x) = 10^x$	$0,001$	$0,01$	$0,1$	1	$3,2$	10	100	$316,2$	$1\,000$
$f(x) = (\frac{1}{2})^x$	8	4	2	1	$0,7$	$\frac{1}{2}$	$\frac{1}{4}$	$0,2$	$\frac{1}{8}$

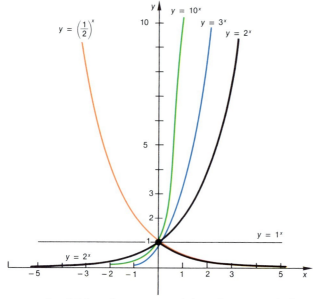

Den Schaubildern können wir folgende Eigenschaften der Exponentialfunktionen entnehmen:

1. Die Exponentialfunktion mit der Vorschrift $f(x) = a^x$ ist
    *   streng monoton steigend bei einer Basis $a > 1$;
    *   konstant gleich 1 bei der Basis $a = 1$;
    *   streng monoton fallend bei einer Basis $0 < a < 1$.

2. Bei jeder Basis $a \neq 1$ und dem Definitionsbereich $D = \mathbb{R}$ ist der Wertebereich $W = \mathbb{R}_+^*$. **Die Exponentialfunktion mit der Vorschrift $f(x) = a^x$ nimmt nur positive Werte und somit nie den Wert 0 an.**

3. Bei jeder Basis $a \neq 1$ ist die **x-Achse** waagrechte **Asymptote** der Kurve.

4. Das Schaubild mit der Gleichung $f(x) = a^x$ geht aus demjenigen mit der Gleichung $f(x) = (\frac{1}{a})^x = a^{-x}$ durch Spiegelung an der y-Achse hervor.

5. Alle Schaubilder enthalten den Punkt $P(0/1)$.

AUFGABEN

01   Zeichnen Sie das Schaubild der Exponentialfunktion und die Tangente im Punkt $P(0/f(0))$. Lesen Sie die Steigung der Tangente ab und überprüfen Sie ihr Ergebnis mit dem GTR.

a) $f(x) = 4^x$ b) $f(x) = (\frac{1}{4})^x$ c) $f(x) = 2^{-x}$

d) $f(x) = (\frac{1}{2})^{-x}$ e) $y = 2^{\frac{x}{2}}$ f) $f(x) = 2^{1,5x}$

02   Lassen Sie den GTR die Schaubilder der Funktionen für $-3 \leq x \leq 3$ zeichnen.

a) $f(x) = 2^x$ b) $f(x) = 2^{x-1}$ c) $f(x) = 2^{x+2}$

d) $f(x) = 2^x + 1$ e) $f(x) = 2 \cdot 2^x$ f) $f(x) = 2^{2x}$

03   Wie entsteht das Schaubild von f aus dem von g mit $g(x) = 2^x$?

a) $f(x) = 2^{3x}$ b) $f(x) = 4^{-x}$ c) $f(x) = 8^{-(x-5)}$

d) $f(x) = 2^x - 1$ e) $f(x) = 2 \cdot 2^x$ f) $f(x) = 2^{x-1}$

04   a) Zeichnen Sie das Schaubild der Funktion mit $f(x) = 5 \cdot 1,05^x$ $(g(x) = 5 \cdot 1,025^x)$ im Bereich $-5 \leq x \leq 15$.

b) Auf einem Sparkonto stehen 5000 € bei einem Zinssatz von 5 % (2,5 %). Lesen Sie aus der Zeichnung von a) den Kontostand nach 4,5 Jahren ab.
Nach wie viel Jahren hat sich der Betrag verdoppelt (nur für 5 %), wie war der Kontostand vor drei Jahren?

05   Je Gramm Kohlenstoff registriert man mit einem Geigerzähler bei einem Plastikbecher heute 16 Zerfälle von ^{14}C-Atomen pro Minute, in 5736 Jahren (vgl. Abschnitt 8.1.1, Beispiel 2) werden nur noch 8 und in weiteren 5736 Jahren nur noch 4 Zerfälle pro Minute zu registrieren sein.
Lassen Sie Ihren GTR das Schaubild der Funktion mit der Vorschrift

$$f(x) = 16 \cdot \left(\frac{1}{2}\right)^{\frac{x}{5736}} \text{ im Bereich } 0 \leq x \leq 40152$$

zeichnen (1 LE der x-Achse $\triangleq$ 5736 Jahre) und lesen Sie ab, in wieviel Jahren noch 10 und in wie viel Jahren noch 5 Zerfälle pro Minute vorkommen werden.
Wie viele werden es in 3000, wie viele in 30000 Jahren sein?

06   Auf dem Schaubild der Funktion f mit $f(x) = a \cdot b^x$ liegen die Punkte $A(-1/\frac{4}{3})$ und $B(1/3)$.

a) Es ist $b > 0$. Ermitteln Sie a und b.

b) Ist $C(1,5/1,5 \cdot \sqrt{6})$ ein Punkt des Schaubildes?

07   Lassen Sie den GTR die Schaubilder zeichnen.

a) $f(x) = \dfrac{2^x}{x}$ im Bereich $0 < x \leq 5$ b) $f(x) = \dfrac{2^x}{x^2}$ im Bereich $0 < x \leq 10$

c) $f(x) = \dfrac{2^x}{x^3}$ im Bereich $0 < x \leq 16$ d) $f(x) = \dfrac{2^x}{x^4}$ im Bereich $0 < x \leq 22$

Wie groß muss die Hochzahl im Nenner sein, damit das Schaubild nicht mehr steigt?

08   Bestimmen Sie ohne GTR die Lösungsmenge.

a) $2^x = 0$ b) $x^2 \cdot 2^x = 0$ c) $2^x = -8$

d) $(x + 1) \cdot 2^{-x} = 0$ e) $(x^2 - 4) \cdot 3^{-x} = 0$ f) $(x^2 + 1) \cdot 6^x = 0$

8.1.3   Die Euler'sche Zahl e und die natürliche Exponentialfunktion

Sprunghaftes Wachstum am Beispiel unterjähriger Verzinsung

Impuls

Eine Sparkasse bietet für eine einjährige Anlage von 10 000,00 € einen Zinssatz von 3,1 %. Die Zinsen werden nach einem Jahr zusammen mit dem Kapital ausbezahlt.

Eine Bank verzinst eine einjährige Anlage von 10 000,00 € zwar nur mit 2,9 %, wirbt aber damit, die Zinsen jeden Monat gutzuschreiben.

Wo würden Sie 10 000,00 € anlegen?

Für die Sparkasse spricht der höhere Zinssatz, der Vorteil bei der Bank ist die häufigere Zinsgutschrift. Dort erhöhen erstmals nach einem Monat Zinsen das Kapital und werden dann 11 Monate lang mitverzinst. Es könnte deshalb sein, dass man trotz des niedrigeren Zinssatzes nach einem Jahr mehr Geld ausbezahlt bekommt.

Wird das Jahr in n gleich lange Verzinsungsperioden unterteilt und erfolgt der Zinszuschlag jeweils **sprunghaft** am Ende jeder der Verzinsungsperioden von der Dauer eines n-tel Jahres, spricht man von einer **unterjährigen** Verzinsung. Man rechnet dabei mit einem Zinssatz von $\frac{p}{n}$ % pro Verzinsungsperiode, wenn der Jahreszinssatz p % beträgt.

Herleitung der Zinseszinsformel für unterjährige Verzinsung:

K_0 ist das Anfangskapital, $K_{1/n}$ das Kapital am Ende der 1. Verzinsungsperiode, $K_{2/n}$ das Kapital am Ende der 2. Verzinsungsperiode, …, $K_{n/n}$ das Kapital am Ende der n-ten Verzinsungsperiode, d. i. am Ende des 1. Jahres.

Es ist dann

$$K_{1/n} = K_0 + \frac{K_0 \cdot \frac{p}{n}}{100} = K_0 \cdot \left(1 + \frac{p}{n \cdot 100}\right)$$

$$K_{2/n} = K_{1/n} + \frac{K_{1/n} \cdot \frac{p}{n}}{100} = K_{1/n} \cdot \left(1 + \frac{p}{n \cdot 100}\right) = K_0 \cdot \left(1 + \frac{p}{n \cdot 100}\right)^2$$

usw.

Das Kapital am Ende des ersten Jahres beträgt damit

$$K_{n/n} = K_0 \cdot \left(1 + \frac{p}{n \cdot 100}\right)^n$$

Mit dieser Formel lässt sich die eingangs gestellte Frage nach der besseren Anlage beantworten:

- Sparkasse ($p = 3,1$ %; einmalige Zinsgutschrift)

  $K_{1/1} = 10\,000 \cdot \left(1 + \frac{3,1}{100}\right)^1$ € $= 10\,310,00$ €

- Bank ($p = 2,9$ %; zwölfmalige Zinsgutschrift)

  $K_{12/12} = 10\,000 \cdot \left(1 + \frac{2,9}{12 \cdot 100}\right)^{12}$ € $= 10\,293,89$ €

Kontinuierliches Wachstum am Beispiel der „stetigen Verzinsung"

Betrachtet man obige Ergebnisse, stellt sich natürlich die Frage, ob das Endkapital bei unterjähriger Verzinsung vielleicht doch über 10 310,00 € steigt, wenn nur die Anzahl der Verzinsungsperioden groß genug wird. Die folgende, mithilfe der TABLE-Funktion des GTR erstellte Tabelle deutet darauf hin, dass das wahrscheinlich nicht der Fall sein wird.

Zinsgutschrift	Anzahl der Verzinsungs- perioden	Endkapital nach einem Jahr
jährlich	1	10 290,0000000 €
vierteljährlich	4	10 293,1690208 €
monatlich	12	10 293,8858036 €
ca. wöchentlich	52	10 294,1627312 €
täglich	365	10 294,2340859 €
stündlich	8 760	10 294,2454506 €
minütlich	525 600	10 294,2459369 €
sekündlich	31 536 000	10 294,2459419 €

Auch bei kontinuierlichem Wachstum (auch organisches oder stetiges Wachstum genannt), bei dem die Zunahme in jedem Augenblick erfolgt (wie z. B. beim Wachstum eines Holzbestandes), scheint es eine Obergrenze zu geben.

Definition 8.2 (Euler'sche Zahl)

Wir untersuchen das **stetige Wachstum** anhand des besonders einfachen Falles $K_0 = 1,00$ € und $p = 100\,\%$. Damit ist das Anfangskapital nach n Verzinsungsperioden nach einem Jahr angewachsen auf

$$K_{n/n} = \left(1 + \frac{1}{n}\right)^n \text{ €}.$$

Wählt man n immer größer, dann ist der Betrag nach einem Jahr nicht ins Unendliche, sondern auf das 2,718281828459045...fache gewachsen. Diese irrationale Zahl heißt **Euler'sche Zahl** e nach dem Baseler Mathematiker Leonhard Euler.

Man nennt e den Grenzwert von $\left(1 + \frac{1}{n}\right)^n$ für n gegen ∞.

Euler'sche Zahl $e = \mathbf{2{,}718281828459045\ldots}$

Leonhard Euler
(1707–1783)

Die Exponentialfunktion mit der Gleichung $f(x) = e^x$ heißt die **natürliche Exponentialfunktion** oder **e-Funktion**.

Die Zahl e ist die Basis der natürlichen Exponentialfunktion. Diese Funktion spielt eine wesentliche Rolle bei der Berechnung von Naturvorgängen z. B. dem natürlichen Wachstum.

Hinweis

Legt man als Zinssatz nur 50 % zugrunde, so würde stetige Verzinsung das $e^{\frac{50}{100}}$ ($\approx 1,6487\ldots$)fache am Jahresende ergeben, bei $p\,\%$ würde sich das $e^{\frac{p}{100}}$fache ergeben.

AUFGABEN

01   Berechnen Sie mit dem GTR e^1, e^2, e^5, e^{10}, $\frac{1}{e}$, e^{-2}, $\sqrt{e}$, $\sqrt[3]{e^5}$.

02   Berechnen Sie $(1 + \frac{1}{n})^n$ für $n = 1$; 10; 1000; 1 Mio.; 100 Mio.

03   Zu den Eigenschaften der Zahl e gehört folgende: Zählt man in der Summe

$$1 + \frac{1}{1} + \frac{1}{1 \cdot 2} + \frac{1}{1 \cdot 2 \cdot 3} + \frac{1}{1 \cdot 2 \cdot 3 \cdot 4} + \frac{1}{1 \cdot 2 \cdot 3 \cdot 4 \cdot 5} + \ldots$$

immer mehr Glieder zusammen, kommt man e beliebig nahe.
Berechnen Sie die Summe der ersten drei, sechs, neun Glieder.
Statt $1 \cdot 2 \cdot 3 \cdot 4 \cdot 5$ schreibt man auch kürzer 5! (gelesen: 5 **Fakultät**).
Allgemein ist $n! = 1 \cdot 2 \cdot 3 \cdot \ldots \cdot (n - 1) \cdot n$. Im CATALOG des GTR findet man
nach den Eintragungen mit z das Ausrufungszeichen.

04   Zeichnen Sie die Graphen der Funktionen $f: x \mapsto f(x)$ im Bereich $-3 \leq x \leq 3$.
Legen Sie im Punkt $P(1/f(1))$ nach Augenmaß die Tangente an das Schaubild.
Lesen Sie die Steigung ab. Lassen Sie den GTR Schaubild und Tangente zeichnen
und vergleichen Sie mit Ihrem Ergebnis.

a) $f(x) = \frac{1}{2}e^x$ b) $f(x) = \frac{1}{2}e^{-x}$ c) $f(x) = \dfrac{e^x + e^{-x}}{2}$ d) $f(x) = \dfrac{e^x - e^{-x}}{2}$

05   Die Abhängigkeit der Stromstärke I (Ampere) von der Zeit t (Sekunden) in einem
Stromkreis mit Kondensator kann beschrieben werden

a) bei einem Einschaltevorgang durch $I(t) = 5 - 5 \cdot e^{-kt}$;

b) bei einem Ausschaltevorgang durch $I(t) = 5 \cdot e^{-kt}$.
Lassen Sie den GTR die Schaubilder für $k = 1$ im Bereich $0 \leq t \leq 6$ zeichnen.

c) Berechnen Sie für $k = 1$ beim Einschaltvorgang die durchschnittliche Änderungsrate des Stroms zwischen 1 s und 2 s, 1 s und 1,5 s, 1 s und 1,15 s, 1 s und 1,01 s.
Wie groß ist die momentane Änderungsrate nach 1 s?

06   Bei einmaliger Zinsgutschrift am Jahresende wachsen

a) 1 000,00 € auf 1 100,00 €   b) 1 350,00 € auf 1 900,00 €.
Welcher Betrag ergäbe sich bei stetiger Verzinsung?

07   Willi Weiß will 100 000,00 € auf ein Jahr anlegen. Welche Möglichkeit ist günstiger?
• Anlage des Betrages mit einem Zinssatz von 3,7 % auf ein Jahr fest
• Anlage des Betrages als Festgeld von Monat zu Monat mit einem Zinssatz von
  3,5 %.
Dieser Zinssatz soll für alle 12 Monate gelten.

08   Auf dem Bestellschein einer Tageszeitung steht:
Ich bin damit einverstanden, dass die zu entrichtenden Abonnementsgebühren
☐ *jährlich mit 5 % Ermäßigung*
☐ *halbjährlich mit 3 % Ermäßigung*
☐ *vierteljährlich*
zu Beginn des Zeitraums von meinem Konto abgebucht werden.

a) Welche Zahlungsweise würden Sie wählen? Nennen Sie Situationen, die diese Wahl
sinnvoll erscheinen lassen.

b) Das Jahresabonnement kostet 270,00 €. Angenommen, Sie eröffnen bei einer Bank ein Konto, zahlen diese 270,00 € ein und lassen die fälligen Beträge für das Abonnement abbuchen. Die Bank verzinst das Guthaben mit 2 %. Wie hoch ist das Guthaben am Jahresende nach der Zinsgutschrift?

c) Berechnen Sie das jeweilige Guthaben bei einem Zinssatz von p %. Wie hoch muss der Zinssatz sein, damit die vierteljährliche Zahlung günstiger als die jährliche (halbjährliche) Zahlung ist?

8.2 Logarithmusfunktionen

8.2.1 Der Logarithmus

Die von einer Bakterienkultur bedeckte Fläche A verdoppelt sich jede Stunde. Nach wie viel Stunden hat sie sich verzwanzigfacht?

Bezeichnet man die Anzahl der Stunden mit y, so führt der Ansatz

$$2^y \cdot A = 20 \cdot A$$

auf die Gleichung

$$2^y = 20.$$

Gesucht wird hier der Exponent y, mit der 2 zu potenzieren ist, um 20 zu erhalten. Diesen Exponenten y bezeichnet man als den **Logarithmus**[1] **von 20 zur Basis 2** und schreibt $y = \log_2(20)$.

Es gilt also:

$$2^y = 20 \text{ ist äquivalent zu } y = \log_2(20).$$

Fragt man, nach wie vielen Stunden sich die Bakterienkultur verdreißigfacht hat, so ist die Gleichung $2^y = 30$ zu lösen. Der gesuchte Exponent ist $y = \log_2(30)$:

$$2^y = 30 \text{ ist äquivalent zu } y = \log_2(30).$$

Analog gilt

$$2^y = 40 \text{ ist äquivalent zu } y = \log_2(40),$$
$$2^y = 90 \text{ ist äquivalent zu } y = \log_2(90),$$
$$2^y = x \;\; \text{ ist äquivalent zu } y = \log_2(x).$$

Der Logarithmus von x zur Basis 2 ist der Exponent y, mit dem 2 zu potenzieren ist, um x zu erhalten.

Da 2^y für alle Exponenten y immer positiv bleibt, hat die Gleichung $2^y = x$ nur für positive Werte von x eine Lösung y; der Logarithmus $y = \log_2(x)$ existiert deshalb nur für $x > 0$.

BEISPIELE

$$\log_2(2) = 1, \text{ da } 2^1 = 2; \qquad \log_2(\tfrac{1}{2}) = -1, \text{ da } 2^{-1} = \tfrac{1}{2}$$
$$\log_2(4) = 2, \text{ da } 2^2 = 4; \qquad \log_2(\tfrac{1}{4}) = -2, \text{ da } 2^{-2} = \tfrac{1}{4}$$
$$\log_2(8) = 3, \text{ da } 2^3 = 8; \qquad \log_2(\tfrac{1}{8}) = -3, \text{ da } 2^{-3} = \tfrac{1}{8}$$
$$\log_2(16) = 4, \text{ da } 2^4 = 16; \qquad \log_2(\tfrac{1}{16}) = -4, \text{ da } 2^{-4} = \tfrac{1}{16}$$
$$\log_2(32) = 5, \text{ da } 2^5 = 32; \qquad \log_2(\tfrac{1}{32}) = -5, \text{ da } 2^{-5} = \tfrac{1}{32}$$

---

1 von arithmos (gr.), Zahl und logos (gr.), Wort, Vernunft.

Zur Berechnung von $\log_2(3)$, $\log_2(10)$ oder ähnlichen Logarithmen mit dem GTR leiten wir in Abschnitt 8.2.4 eine Umrechnungsformel her.

$\log_2(-4)$, $\log_2(-8)$, $\log_2(-16)$, $\log_2(0)$ usw. sind **nicht definiert**.

Obige Überlegungen gelten genauso für jede andere Basis:

Definition 8.3

Sind a und x positive Zahlen und ist a außerdem noch ungleich 1, dann ist der Logarithmus $\log_a(x)$ von x zur Basis a der Exponent, mit dem man a potenzieren muss, um x zu erhalten:

$$a^y = x \text{ ist äquivalent zu } y = \log_a(x) \text{ für } x > 0;\ a > 0 \text{ und } a \neq 1.$$

Die Zahl x, für die der Logarithmus gebildet wird, heißt der **Numerus** (Mehrzahl Numeri), a **die Basis** des Logarithmus.

Die Zahl 1 ist als Basis ausgeschlossen, da die Gleichung $1^y = x$ nur für $x = 1$ und dann mit unendlicher Lösungsmenge nach y aufgelöst werden kann.

BEISPIELE

$\log_3(9) = 2;\qquad \log_4(16) = 2;\qquad \log_3(81) = 4;\qquad \log_7(\frac{1}{7}) = -1;\qquad \log_{\frac{1}{2}}(\frac{1}{4}) = 2;$

$\log_5(25) = 2;\qquad \log_5(125) = 3;\qquad \log_5(5^9) = 9;\qquad \log_5(5) = 1;\qquad \log_5(1) = 0;$

$\log_5(\frac{1}{5}) = -1;\ \log_5(\frac{1}{25}) = -2;\qquad \log_{10}(100) = 2;\qquad \log_{10}(10) = 1;\qquad \log_{10}(1) = 0.$

Die folgenden **Regeln** gewinnt man direkt aus der Definition des Logarithmus als Exponent, mit dem die Basis potenziert werden muss, um den Numerus zu erhalten:

$$\log_a(a^n) = n, \qquad \log_a(a) = 1, \qquad \log_a(1) = 0, \qquad a^{\log_a(x)} = x$$

BEISPIELE

$\log_2(2^5) = 5;\qquad \log_{10}(10) = 1;\qquad \log_{10}(1) = 0;\qquad 10^{\log_{10}(\sqrt{10})} = \sqrt{10};$

$\log_{10}(\sqrt{10}) = \frac{1}{2};\qquad \log_6(6) = 1;\qquad \log_3(1) = 0;\qquad 3^{\log_3(9)} = 9;$

$\log_7(49) = 2;\qquad \log_e(e) = 1;\qquad \log_8(1) = 0;\qquad 7^{\log_7(49)} = 49.$

Für die häufig vorkommenden Basen 10 und die Euler'sche Zahl e gibt es abkürzende Schreibweisen:

$\ln(x) = \log_e(x)$ natürlicher Logarithmus

$\log(x) = \log_{10}(x)$ dekadischer, Zehner- oder Briggs-Logarithmus nach Henry Briggs (1561–1630), engl. Mathematiker. 1624 veröffentlichte Briggs 30000 Werte der von ihm berechneten dekadischen Logarithmen. Die ersten Logarithmenreihen wurden vor ihm unabhängig voneinander von dem Schweizer J. Bürgi und dem Schotten J. Napier konstruiert. Beide benutzten andere Basen.

In Deutschland war und ist es teilweise üblich, für den Zehnerlogarithmus „lg" statt „log" zu verwenden. Da aber auf allen Taschenrechnern für den Zehnerlogarithmus die amerikanische Schreibweise „log" benutzt wird, wird in diesem Buch „log" verwendet.

BEISPIELE

$\log(100) = 2;$ $\log(10) = 1;$ $\ln(e^2) = 2;$ $\ln(\sqrt{e}) = \frac{1}{2}.$

$\log(7) = \log_{10}(7)$ erhält man auf dem Rechner durch $\boxed{\log(7)\ \text{ENTER}}$

$\ln(11) = \log_e(11)$ erhält man auf dem Rechner durch $\boxed{\ln(11)\ \text{ENTER}}$

Bei gegebenem Logarithmus, z. B. $\log_{10}(x) = 2{,}3$, erhält man den Numerus
$x \approx 199{,}526$ durch $\boxed{\text{2ND}\ \log(2.3)}$.

Für $\ln(x) = 2{,}3$ erhält man den Numerus $x \approx 9{,}974$ durch $\boxed{\text{2ND}\ \ln(2.3)}$.

AUFGABEN

01   Geben Sie y in der Form $y = \log_a(x)$ an und nennen Sie zwei benachbarte ganze Zahlen, zwischen denen der Logarithmus liegen muss.

a) $3^y = 5$ b) $2^y = 70$ c) $5^y = 10$ d) $7^y = 49$

e) $10^y = 200$ f) $10^y = 0{,}3$ g) $e^y = 9{,}1$ h) $e^y = 0{,}5$

02   Geben Sie ohne GTR an.

a) $\log_2(64)$ b) $\log_2(\frac{1}{64})$ c) $\log_2(128)$ d) $\log_2(\frac{1}{128})$

e) $\log_2(1\,024)$ f) $\log_2(\frac{1}{1\,024})$ g) $\log_2(2^{15})$ h) $\log_2(2^n)$

i) $\log_2(4^{-1})$ j) $\log_2(\sqrt{2})$ k) $\log_2(1)$ l) $\log_2(\sqrt[3]{2^9})$

m) $\log_8(64)$ n) $\log_8(8^{-20})$ o) $\log_8(8)$ p) $\log_3(\sqrt[7]{3^5})$

q) $\log_{0,8}(0{,}8)$ r) $\log_{333}(1)$ s) $\log_{\frac{1}{3}}(3)$ t) $\log_8(2^9)$

u) $\log(100)$ v) $\log_{100}(10)$ w) $\log_a(a^7)$ x) $\log_a\left(\dfrac{1}{a^7}\right)$

03   Geben Sie ohne GTR an:

a) $\log(100)$ b) $\log(10)$ c) $\ln(e)$ d) $\ln(e^{-1})$

e) $\ln(e^3)$ f) $\log(0{,}01)$ g) $\log(\frac{1}{10})$ h) $\ln(1)$

i) $\ln(\sqrt{e^3})$ j) $\ln\left(\dfrac{1}{e^2}\right)$ k) $\log(1)$ l) $\ln(\sqrt[3]{10^{-6}})$

04   Bestimmen Sie x durch Kopfrechnen:

a) $\log_2(x) = 4$ b) $\log_2(x) = 0$ c) $\log_3(x) = -1$ d) $\log_3(x) = -3$

e) $\log_{10}(x) - 3$ f) $\log_{10}(x) = 4$ g) $\log_{10}(x) = -1$ h) $\log_{10}(x) = -3$

i) $\log_5(x) = 2$ j) $\log_9(x) = \frac{1}{2}$ k) $\log_{27}(x) = -\frac{1}{3}$ l) $\log_{0,5}(x) = -2$

m) $\log_2(x) = 3$ n) $\log_2(x) = 8$ o) $\log_2(x) = 0$ p) $\log_2(x) = 1$

q) $\log_2(x) = -1$ r) $\log_2(x) = -2$ s) $\log_2(x) = \frac{1}{2}$ t) $\log_2(x) = -5$

05   Welchen Wert hat a, wenn gilt:

a) $\log_a(8) = 3$ b) $\log_a(16) = 2$ c) $\log_a(25) = 2$ d) $\log_a(32) = 5$

e) $\log_a(10) = 1$ f) $\log_a(1\,000) = 3$ g) $\log_a(\frac{1}{3}) = -1$ h) $\log_a(\frac{1}{9}) = -2$

i) $\log_a(3) = \frac{1}{2}$ j) $\log_a(81) = 4$ k) $\log_a(7) = \frac{1}{2}$ l) $\log_a(1) = 0$

06   Ermitteln Sie $2^{\log_2 8}$, $2^{\log_2 256}$, $2^{\log_2 0,5}$, $2^{\log_2 0,135}$.

07   Wie oft muss man die Zahl 1 verdoppeln, damit sich 32 768 (2 097 152) ergibt? Wie groß ist demnach $\log_2(32\,768)$ $(\log_2(2\,097\,152))$?

08   Der pH-Wert ist in der Chemie die Maßzahl für die in Lösungen enthaltene Konzentration an Wasserstoffionen [H]. Er ist definiert als der negative Zehnerlogarithmus der Wasserstoffionenkonzentration: pH $= -\log[\text{H}]$. Destilliertes Wasser ist neutral und hat eine Konzentration von 10^{-7} mol/l. Lösungen mit einem niedrigeren pH-Wert werden als sauer, mit höherem pH-Wert als basisch bezeichnet.

a) Für die sog. cerebrospinale Flüssigkeit im menschlichen Gehirn hat man gefunden: $[\text{H}] = 4{,}8 \cdot 10^{-8}$ mol/l. Berechnen Sie den pH-Wert!

b) Berechnen Sie die Wasserstoffionenkonzentration für folgende pH-Werte: Handelsessig 3,1; menschliches Blut 7,37 bis 7,44; 50 %ige Kalilauge 14,5.

8.2.2   Logarithmusfunktionen und ihre Schaubilder

In der Skizze ist das Schaubild der Exponentialfunktion f mit der Vorschrift $f(x) = 2^x$ eingezeichnet. Ihr Definitionsbereich ist $D = \mathbb{R}$, ihr Wertebereich $W = \mathbb{R}_+^*$.

Da die Funktion streng monoton steigt, ist sie umkehrbar. Durch Spiegelung an der ersten Winkelhalbierenden erhält man das Schaubild der Umkehrfunktion f^{-1} von f (Satz 5.10). Der Definitionsbereich der Umkehrfunktion ist $\mathbb{R}_+^*$, ihr Wertebereich $\mathbb{R}$.

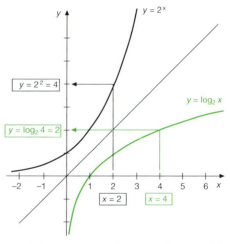

Um die Vorschrift der Umkehrfunktion zu erhalten, vertauscht man die Bezeichnungen x und y.

Exponentialfunktion $f\colon y = 2^x$ y ist die Zahl, die man erhält, wenn man 2 mit x potenziert.

Umkehrfunktion $f^{-1}\colon x = 2^y$ y ist der Exponent, mit dem 2 zu potenzieren ist, um x zu erhalten. Dieser Exponent y ist der Logarithmus von x zur Basis 2: $y = \log_2(x)$.

Die Umkehrfunktion der Exponentialfunktion zur Basis 2 ist die Logarithmusfunktion zur Basis 2.

Exponentialfunktion zur Basis 2
f mit $f(x) = 2^x$
$D = \mathbb{R}$
$W = \mathbb{R}_+^*$

Logarithmusfunktion zur Basis 2
f^{-1} mit $f^{-1}(x) = \log_2(x)$
$D = \mathbb{R}_+^*$
$W = \mathbb{R}$

Allgemein gilt:

Die Umkehrfunktion der Exponentialfunktion zur Basis a ($a > 0$, $a \neq 1$) ist die Logarithmusfunktion zu dieser Basis a.

Exponentialfunktion zur Basis a
f mit $f(x) = a^x$
$D = \mathbb{R}$
$W = \mathbb{R}_+^*$

Logarithmusfunktion zur Basis a
f^{-1} mit $f^{-1}(x) = \log_a(x)$
$D = \mathbb{R}_+^*$
$W = \mathbb{R}$

Aus der Zeichnung lesen wir folgende Eigenschaften der Logarithmusfunktion zu einer **Basis** $a > 1$ ab:

• Die Logarithmusfunktion ist streng monoton steigend.
• Die (negative) y-Achse ist **senkrechte Asymptote** des Graphen.
• Das Schaubild geht durch den Punkt (1/0)

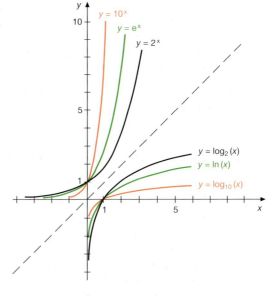

Bei einer **Basis** $0 < a < 1$ ist die Logarithmusfunktion streng monoton fallend, die (positive) y-Achse ist senkrechte Asymptote des Graphen und das Schaubild geht durch den Punkt (1/0).

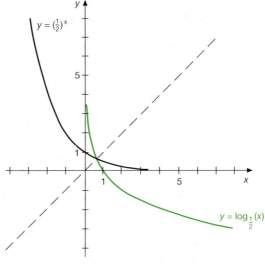

AUFGABEN

01   Zeichnen Sie ohne GTR die Schaubilder der folgenden Exponential- und Logarithmusfunktionen.

a) $y = 4^x$, $y = \log_4(x)$ b) $y = 7^x$, $y = \log_7(x)$

c) $y = (\frac{1}{4})^x$, $y = \log_{\frac{1}{4}}(x)$ d) $y = \frac{1}{2} \cdot 3^x$, $y = \log_3(2x)$

02   Lassen Sie den GTR das Schaubild für $0 < x \leq 10$ und die Tangente im Punkt $P(2/f(2))$ zeichnen. Geben Sie, falls möglich, den größten und den kleinsten Funktionswert in diesem Intervall an.

a) $y = 3 \cdot \log(x)$ b) $y = 2 \cdot \ln(x)$ c) $y = \frac{1}{2}x + \ln(x)$

d) $y = 10 \cdot e^{-x} \cdot \ln(x)$ e) $f(x) = |\ln(x)|$ f) $f(x) = \ln(x - 1)$

g) $f(x) = \ln(x^2 + x + 1)$ h) $f(x) = \log(-x^2 + 7x + 8)$

03   Bestimmen Sie den maximalen Definitionsbereich der Funktion und zeichnen Sie den Graphen. Zeichnen Sie im Punkt $P(2/f(2))$ die Tangente an das Schaubild und lesen Sie ihre Steigung ab. Lassen Sie den GTR in P die Tangente zeichnen und vergleichen Sie.

a) $f(x) = \log(x - 1)$ b) $f(x) = \ln(x + 2)$ c) $f(x) = 2 + \ln(x)$ d) $f(x) = 2 \cdot \ln(x)$

04   Zeichnen Sie im Bereich $-5 \leq x \leq 5$ den Graphen der Funktion f:

a) $f(x) = \ln|x|$ b) $f(x) = x + \log|x|$ c)* $f(x) = \frac{1}{5}e^x \cdot \ln|x|$

d) $f(x) = \ln|x + 1|$ e) $f(x) = 3 \cdot \log|2x|$ f)* $f(x) = x \cdot \log|x|$

05   Die Logarithmusfunktionen mit $f(x) = \log_a(x)$ wachsen für $a > 1$ bei zunehmendem x schwächer als jede (positive) Potenz von x.

Lassen Sie den GTR das Schaubild der Funktion im Bereich $0 < x < 10$ zeichnen und lesen Sie am Schaubild die Gleichungen der waagrechten Asymptoten ab. Welche senkrechten Asymptote besitzt das Schaubild? Welche Steigung hat das Schaubild im Punkt $P(3/f(3))$?

a) $f(x) = 10 \cdot \dfrac{\log(x)}{x}$ b) $f(x) = 10 \cdot \dfrac{\log(x)}{x^2}$ c) $f(x) = 10 \cdot \dfrac{\log(x)}{x^3}$

06   a)   Zeigen Sie, dass $2^x = 10^{x \cdot \log(2)}$ ist.

Schreiben Sie als Zehnerpotenz: $3^x, 5^x, 20^x, 30^x, a^x$.

b)* Wie geht das Schaubild von f aus dem von g mit $g(x) = 10^x$ hervor?

$f(x) = 2^x + 0{,}5$ cm $(f(x) = 20^x; + 0{,}5$ cm $f(x) = a^x$ für $a > 1)$

07   Entscheiden Sie, ob eine exponentielle oder eine logarithmische Regressionskurve den Zusammenhang zwischen Kaufpreis und Höchstgeschwindigkeit besser wiedergibt.

Bestimmen Sie ihre Gleichung (Preiseinheit 1 000 €).
Um wie viel km/h ändert sich die Geschwindigkeit in den Intervallen von

0 € bis 100 000 €, 100 000 € bis 200 000 € usw. $\left(\text{Ergebnis in } \dfrac{\text{km/h}}{1\,000\,€}\right)$.

Wie groß ist die momentane Änderungsrate bei 50 000 €, 100 000 €, 200 000 €,

300 000 € usw. $\left(\text{Ergebnis in } \dfrac{\text{km/h}}{1\,000\,€}\right)$.

8.2.3   Die Rechenregeln für den Logarithmus

Die Rechenregeln für Potenzen gleicher Basis führen die Multiplikation und Division von Zahlen auf die niedrigere Stufe der Addition und Subtraktion der Exponenten zurück; Potenzieren wird auf das Multiplizieren von Exponenten zurückgeführt. Bei Logarithmen, die ja als Exponenten erklärt sind, findet man obige Vorgänge in den Exponenten direkt als Rechenregeln wieder.

Satz 8.4 (Logarithmenregeln)

Für $x, y > 0$, $r \in \mathbb{R}$ und $a > 0$, $a \neq 1$ gelten die Regeln

a) $\log_a(x \cdot y) = \log_a(x) + \log_a(y)$

b) $\log_a\left(\dfrac{x}{y}\right) = \log_a(x) - \log_a(y)$

c) $\log_a(x^r) = r \cdot \log_a(x)$

Der Logarithmus eines Produkts (Quotienten) ist gleich der Summe (Differenz) der Einzellogarithmen. Der Exponent einer Potenz kann vor den Logarithmus gezogen werden.

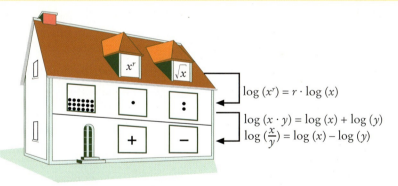

Verminderung der Rechenstufe durch Logarithmieren

Beweis

a) $a^{\log_a(x \cdot y)} = x \cdot y$ nach der Definition des Logarithmus.

$a^{\log_a(x) + \log_a(y)} = a^{\log_a(x)} \cdot a^{\log_a(y)} = x \cdot y.$

Somit ist

$$a^{\log_a(x \cdot y)} = a^{\log_a(x) + \log_a(y)}$$

und wegen der strengen Monotonie der Exponentialfunktionen für $a \neq 1$

$$\log_a(x \cdot y) = \log_a(x) + \log_a(y).$$

b) Dieser Beweis verläuft analog zu a) und wird als Übungsaufgabe empfohlen.

c) $a^{\log_a(x^r)} = x^r$ und $a^{r \cdot \log_a(x)} = (a^{\log_a(x)})^r = x^r$.

Wie bei a) folgt aus der Gleichheit der Potenzen, dass die Exponenten gleich sind. Als Spezialfall von Regel b) oder c) erhält man für alle zulässigen Basen und für $y > 0$

$$\log_a\left(\frac{1}{y}\right) = \log_a(y^{-1}) = -\log_a(y), \text{ also}$$

$$\boxed{\log_a\left(\frac{1}{y}\right) = -\log_a(y)}$$

BEISPIELE[1]

$\log_2(4 \cdot 8) = \log_2(4) + \log_2(8) = 2 + 3 = 5$ $\log_3(6) = \log_3(3) + \log_3(2) = 1 + \log_3(2)$

$\log_5\left(\frac{3}{7}\right) = \log_5(3) - \log_5(7)$ $\log_3\left(\frac{1}{8}\right) = -\log_3(8)$

$\log_6(2^9) = 9 \cdot \log_6(2)$ $\log_a(\sqrt{2}) = \frac{1}{2} \cdot \log_a(2)$

$\log_a\left(\sqrt{\frac{1}{2}}\right) = -\frac{1}{2} \cdot \log_a(2)$ $\log_a\left(\frac{x^2 y}{z}\right) = 2\log_a(x) + \log_a(y) - \log_a(z)$

Logarithmen zu den Basen 10 oder e können direkt mit dem Rechner ermittelt werden. Die anderen berechnet man dann über die folgende Umrechnungsformel.

Satz 8.5 (Umrechnungsformel für Logarithmen verschiedener Basis)

Für $a, b \in \mathbb{R}_+^*\backslash\{1\}$ und $x > 0$ ist

$$\log_a(x) = \frac{\log_b(x)}{\log_b(a)}.$$

Beweis

Nach Satz 8.4 c) gilt

$$\log_a(x) \cdot \log_b(a) = \log_b(a^{\log_a(x)}) = \log_b(x)$$

daher $\log_a(x) \cdot \log_b(a) = \log_b(x)$.

Dividiert man die Gleichung durch $\log_b(a)$, folgt die Behauptung. Die Division ist möglich, da $a \neq 1$ vorausgesetzt ist und deshalb $\log_b(a) \neq 0$ gilt.

BEISPIELE

Für $b = 10$:

$\log_2(8) = \dfrac{\log(8)}{\log(2)} \approx \dfrac{0{,}90309}{0{,}30103} = 3{,}000$

$\log_5(720) = \dfrac{\log(720)}{\log(5)} \approx \dfrac{2{,}8573}{0{,}6990} \approx 4{,}088$

Für $b = e$:

$\log_2(8) = \dfrac{\ln(8)}{\ln(2)} \approx \dfrac{2{,}0794}{0{,}6931} \approx 3{,}000$

$\log_5(720) = \dfrac{\ln(720)}{\ln(5)} \approx \dfrac{6{,}5793}{1{,}6094} \approx 4{,}088$

---

1 a, b, x, y usw. sind positive Zahlen ungleich 1.

AUFGABEN[1]

01 Formen Sie mithilfe der Logarithmenregeln um.

a) $\log_2(32 \cdot 8)$ b) $\log_t(3\,t^3)$ c) $\log_2(\frac{1}{3})$ d) $\log_3(3^2)^{-4}$

e) $\log_a(3 \cdot 5 \cdot 6)$ f) $\log_a(x^3 y^{-1} z)$ g) $\log_a\left(\dfrac{1}{a \cdot y}\right)$ h) $\log_a\left(\dfrac{a^2\sqrt{a}}{b^{-1}}\right)$

i) $\log_a\left(s^{-\frac{2}{3}}\right)$ j) $\log_a\left(\dfrac{1}{\sqrt{a^3}}\right)$ k) $\log_a\left(\sqrt[3]{\dfrac{x}{y}}\right)$ l) $\log_a[3 \cdot (a^2 + b^2)]$

m) $\log_a\left(\dfrac{5bc}{b + c}\right)$ n) $\log_a(\sqrt{bc^2})$ o) $\log_a(a^3)$ p) $\log_a\left(\dfrac{b}{c}\right) + \log_a(bc)$

q) $2\log_a(\frac{b}{c}) + 3\log_a(\frac{c}{b})$ r) $\log_a(x) + \log_a(\frac{a}{x})$ s) $\log_a(x + y)^3$ t) $\log_a\left(\sqrt[3]{\dfrac{a + b}{a - b}}\right)$

02 Berechnen Sie die Werte der folgenden Ausdrücke:

a) $\log_a(x^2) + \log_a\left(\dfrac{1}{x^2}\right)$ b) $\log_t(\sqrt{a}) + \log_t(\sqrt{(ab)^{-1}}) + \frac{1}{2}\log_t(b)$

c) $2\ln(e) - e^{\ln(2)}$ d) $(\ln e^2)^{-3} + (\ln(1))^3$

e) $\log_b\left(\dfrac{1}{b}\right) - 2\log_b(\sqrt[4]{b} \cdot b)$ f)* $(\log_{\sqrt{a}}(a^a))^2 - (\log_a(a^{2a}))^2$

03 Schreiben Sie unter **einen** Logarithmus wie z. B. $2 \cdot \log(x) - \log(y) = \log\left(\dfrac{x^2}{y}\right)$.

a) $\log(x) + \log(y) - \log(z)$ b) $2\log(x) + \frac{1}{2}\log(x^4) - \log(x^2)$

c) $\frac{3}{4}\log(x) + \frac{3}{4}\log(x^{-1})$ d) $-\frac{1}{3}\log(x^2 y^{-2} z) + \frac{1}{3}\log(x^{-1} yz)$

e) $2\log(x) + \log(x^{-2} y)$ f) $4\log(y^2) - \log(y^{-1}) - 5\log(y^2)$

g) $\log(x \cdot y) + \log(xy^{-1})$ h) $\log(\sqrt{x + y}) + \frac{1}{2}(\log(x) - \log(y))$

i) $\log(x + y) - \log(x)$ j) $\log\left(\dfrac{x}{y}\right) - \log\left(\dfrac{y}{x}\right)$

04 Vereinfachen Sie (mithilfe der Logarithmenregel von Satz 8.4 c)).

a) $\frac{1}{2}\log_2(x^2)$ b) $\log_a(9) \cdot \log_3(a)$ c) $\log_7(8) \cdot \log_2(7)$

d) $\ln(2) \cdot \log_4(e)$ e) $\log_3(5) \cdot \log_5(3)$ f) $\log(e) \cdot \ln(10)$

05 Zeigen Sie,

a) $0{,}5 \cdot \log(\frac{25}{9}) - \log(\frac{15}{4}) + \frac{2}{3} \cdot \log(\frac{27}{8}) = 0$

b) $\frac{1}{2}\log(4) + 3\log(6) - 2\log(3 \cdot 2^2) = \log(3)$

c) $\log\left(\dfrac{\sqrt{c^2 - d^2}}{c + d}\right) = \frac{1}{2}\log(c - d) - \frac{1}{2}\log(c + d)$

d)* $\log(1 + \frac{1}{1}) + \log(1 + \frac{1}{2}) + \log(1 + \frac{1}{3}) + \ldots + \log(1 + \frac{1}{99}) = 2$

---

1 a, b, x, y usw. sind positive Zahlen ungleich 1.

06   Wo liegt der Fehler bei der folgenden Schlussweise?

$$2 > 1$$
$$2 \cdot \log\left(\tfrac{1}{3}\right) > 1 \cdot \log\left(\tfrac{1}{3}\right)$$
$$\log\left(\tfrac{1}{9}\right) > \log\left(\tfrac{1}{3}\right)$$
$$\tfrac{1}{9} > \tfrac{1}{3}$$

07   a)   Berechnen Sie $\log(3{,}21)$; $\log(32{,}1)$; $\log(321)$; $\log(3210)$; $\log(32\,100)$; $\log(0{,}321)$; $\log(0{,}0321)$; $\log(0{,}00321)$.

       b)   Begründen Sie mit der Formel $\log(10^n \cdot z) = n + \log(z)$, warum sich diese Zehner-Logarithmen nur um ganze Zahlen unterscheiden.

08   Zeigen Sie, dass für $a, b \in \mathbb{R}_+^*\backslash\{1\}$ gilt: $\log_a(b) \cdot \log_b(a) = 1$.

09*   Beweisen Sie: $\log_4(3)$ ist keine rationale Zahl.

8.2.4   Exponential- und Logarithmusgleichungen

BEISPIELE

1. Ein Kapital K_0 wächst bei 10 % Zins mit Zinseszins in jedem Jahr um den Faktor $\left(1 + \tfrac{10}{100}\right) = 1{,}1$ (vgl. Abschnitt 8.1.1).

   Im x-ten Jahr ist das Kapital auf

   $$K(x) = K_0 \cdot 1{,}1^x$$

   angewachsen. Nach wie vielen Jahren hat sich K_0 verdreifacht?

   Der Ansatz $3 \cdot K_0 = K_0 \cdot 1{,}1^x$

   führt nach Division beider Seiten durch K_0 auf die Gleichung

   $$1{,}1^x = 3,$$

   bei der die gesuchte Größe als Exponent vorkommt, eine so genannte **Exponentialgleichung**.

   Bildet man auf beiden Seiten der Gleichung den Logarithmus („logarithmiert" man beide Seiten), so kann man den Exponenten entfernen.

   $$1{,}1^x = 3$$
   $$\log(1{,}1^x) = \log(3)$$
   $$x \cdot \log(1{,}1) = \log(3)$$

   Zum Logarithmieren wählt man am besten den Zehner-Logarithmus, da er direkt auf dem Taschenrechner zu ermitteln ist. Es ergibt sich weiter

   $$x = \frac{\log(3)}{\log(1{,}1)} \approx 11{,}53.$$

   Nach 11,53 Jahren hat sich das Kapital verdreifacht.

2. Die von einer Bakterienkultur bedeckte Fläche A verdoppelt sich jede Stunde. Nach wie viel Stunden hat sie sich verzwanzigfacht?

   Der Ansatz $2^x \cdot A = 20 \cdot A$

   führt auf die Exponentialgleichung $2^x = 20$.

   Durch Logarithmieren beider Seiten erhält man

   $$\log(2^x) = \log(20)$$
   $$x \cdot \log(2) = \log(20)$$
   $$x = \frac{\log(20)}{\log(2)} \approx 4{,}32.$$

Nach 4,32 Stunden hat sich die Fläche verzwanzigfacht.

Gleichungen, bei denen die gesuchte Größe im Exponenten vorkommt, bezeichnet man als Exponentialgleichungen.

Exponentialgleichungen können oft durch Logarithmieren gelöst werden.

Lässt sich der Exponent nach dem Logarithmieren nicht isolieren, so muss die Gleichung mit dem GTR oder Näherungsmethoden wie Zeichnen oder z. B. dem Verfahren der Intervallhalbierung gelöst werden.

BEISPIEL

Logarithmieren der Gleichung $2^x + 3^x = -x$ führt auf $\log(2^x + 3^x) = \log(-x)$. Der Exponent lässt sich nicht isolieren. Die Gleichung kann nur näherungsweise gelöst werden, indem man die Nullstellen von f mit $f(x) = 2^x + 3^x + x$ mit dem Intervallhalbierungs- oder dem Sägezahnverfahren ermittelt oder den GTR einsetzt.

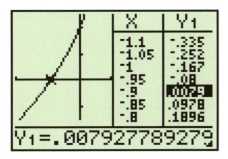

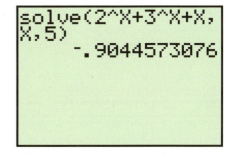

Gleichungen, in denen die gesuchte Größe unter dem Logarithmus vorkommt, nennt man **Logarithmusgleichungen**, z. B. $\log(x + 2) = 3{,}5$.
Im Beispiel kann die Gleichung „entlogarithmiert" werden, indem man die Basis 10 des Logarithmus mit den beiden Seiten potenziert und die Regel $10^{\log(x)} = x$ anwendet.

BEISPIEL

$$\log(x + 2) = 3{,}5; \ D = \,]{-2}; \infty[$$
$$10^{\log(x + 2)} = 10^{3,5}$$
$$x + 2 = 10^{3,5}$$
$$x \approx 3\,162{,}28 - 2 = 3\,160{,}28$$
$$L = \{3\,160{,}28\}$$

Bei Logarithmusgleichungen ist zu beachten, dass $\log_a(x)$ nur für $x > 0$ erklärt ist. Die Definitionsmenge von Logarithmusgleichungen enthält daher nur Zahlen, bei denen die Numeri **aller** vorkommenden Logarithmen positiv sind.

Aufgrund der strengen Monotonie der Logarithmus- und Exponentialfunktion sind Logarithmieren und „Entlogarithmieren" einer Gleichung ebenso wie Umformungen einer Seite nach den Logarithmenregeln **Äquivalenzumformungen**, d. h. Umformungen, welche die Lösungsmenge nicht ändern. Allerdings muss die umgeformte Gleichung für alle Elemente der Definitionsmenge erklärt sein.

Entstehen durch Umformungen Gleichungen, die nur für eine Teilmenge der Definitionsmenge erklärt sind (vgl. Aufgabe 7), können Lösungen verloren gehen.

MUSTERAUFGABEN

01
$$3^x = 216; \ D = \mathbb{R}$$
$$\log(3^x) = \log(216)$$
$$x = \frac{\log(216)}{\log(3)} \approx 4{,}8928$$
$L = \{4{,}8928\}$

02
$$2^x = 3^{x-1}; \ D = \mathbb{R}$$
$$x \cdot \log(2) = (x-1) \cdot \log(3)$$
$$x = \frac{-\log(3)}{\log(2) - \log(3)} \approx 2{,}7095$$
$L = \{2{,}7095\}$

03
$$2^x = x^2; \ D = \mathbb{R}$$
$$\log(2^x) = \log(x^2)$$

Mithilfe einer Zeichnung findet man drei
Lösungen.

Die Teilung des Bildschirms wird
im MODE-Menü vorgenommen

04
$$0{,}7 = \log(x-2); \ D = \ ]2; \infty[$$
$$10^{0{,}7} = 10^{\log(x-2)}$$
$$10^{0{,}7} = x - 2$$
$$x = 10^{0{,}7} + 2 \approx 5{,}01 + 2 = 7{,}01$$
$L = \{7{,}01\}$

05
$$\ln(x^2) = 4; \ D = \mathbb{R}^*$$
$$e^{\ln(x^2)} = e^4$$
$$x^2 = e^4$$
$$x_{1,2} = \pm\sqrt{e^4} = \pm e^2$$
$L = \{-e^2; +e^2\}$

06
$$\log(169x - x^3) = \log(144x); \ D = \ ]0; 13[$$
$$169x - x^3 = 144x$$
$$0 = x^3 - 25x$$
$$x \cdot (x^2 - 25) = 0$$
$$x = 0 \ \text{oder} \ x = -5 \ \text{oder} \ x = 5$$
$L = \{5\}$

07 a) $\log_2(x^2) = 7; \ D = \mathbb{R}^*$
$$x^2 = 2^7$$
$$x_{1/2} = \pm\sqrt{128}$$
$L = \{\sqrt{128}; -\sqrt{128}\}$

b) Nur für $x > 0$ kann man schließen
$$\log_2(x^2) = 7$$
$$2 \cdot \log_2(x) = 7$$
$$\log_2(x) = \frac{7}{2}$$
$$x = 2^{\frac{7}{2}} = \sqrt{128}$$
$L = \{\sqrt{128}\}$

AUFGABEN

01   Bestimmen Sie Definitions- und Lösungsmenge der Gleichungen.

a) $5^{2x} = 919$ b) $2 \cdot 7^{x+2} = 100$ c) $3^x = 9$

d) $5^x = 2 \cdot 3^x$ e) $2^{-x} \cdot 10^{-x+1} = 38$ f) $2{,}9^x = 1$

g) $4{,}1^{0{,}5x} = 10^x$ h) $(8^{2x})^2 = 100$ i) $\log(x+3) = 2$

j) $2 \cdot \ln(x+5) = \ln(x^2)$ k) $\log(x^2 - 100) = 1{,}2$ l) $x \cdot 10^x = 0$

m) $(3x - 4) \cdot 2^x = 0$ n) $(x^2 - 8x - 9) \cdot 3^x = 0$ o) $(x-3) \cdot \log(x) = 0$

02   Bestimmen Sie mit dem GTR die Lösungsmenge.

a) $2^x = 4 - x^2$ b) $2^{-x} = -\frac{3}{2}x + 1$ c) $e^x = 4 - x^2$

d) $\dfrac{x+2}{x-2} = e^x - 3$ e) $\log(x) = x - 2$ f) $\ln\sqrt{x+1} = \frac{1}{x}$

03   Ermitteln Sie ohne GTR die Lösungsmenge.

a) $2^{x+1} = 8$ b) $10^x = -100$ c) $10^x = 0$

d) $10^{x+1} = 0{,}1$ e) $3^{(x^2)} = 81$ f) $1^x = 2$

g) $(\frac{1}{2})^{x+2} = 0{,}25$ h) $7^x = 1$ i) $\log(x) = 2$

j) $\log(x) = -100$ k) $\log(10x) = 3$ l) $\log(x) = 0$

m) $\log(x) = \log(-x)$ n) $\log(x^2) = 8$ o) $\log(-x^2) = 8$

p) $a^{x+5} = a^{12}$ q) $(\frac{7}{9})^{3x+7} = (\frac{9}{7})^{3x-5}$ r) $(2^{x-3})^{x-4} = (2^{x-2})^{x-7}$

s) $4^{x+1} = (\frac{1}{8})^2$ t) $(5^{x+1})^2 = (25^4)^{x-1} \cdot 5^{-x}$ u) $3^x \cdot 2^x = 36^{x-1}$

v) $x^{\log(x)} = 1{,}8$ w) $x^{4-\log(x)} = 10^3$ x) $x^{\log(x-2)} = 10^3$

04   Berechnen Sie die Werte von x.

a) $x^{10} = 2$ $x^{10} = 500$ $x^{10} = 10^{10}$ $x^{10} = 1$

b) $10^x = 2$ $10^x = 500$ $10^x = 10^{10}$ $10^x = 1$

05   Bei der Gleichung $-2 \cdot 3^x + 3^{2x} = 8$ bzw. $-2 \cdot 3^x + (3^x)^2 = 8$ lässt sich die Hochzahl durch Logarithmieren nicht entfernen. Die Gleichung kann aber durch die **Substitution** (Ersetzung) $3^x = t$ gelöst werden:

$-2t + t^2 = 8$ bzw. $t^2 - 2t - 8 = 0$

bzw. $t_{1/2} = 1 \pm \sqrt{9}$ bzw. $t_1 = 4$ oder $t_2 = -2$.

Rücksubstitution:

$t_1 = 4$ bzw. $3^x = 4$ bzw. $x \cdot \log(3) = \log(4)$ bzw. $x = \dfrac{\log(4)}{\log(3)} \approx 1{,}2619$

$t_2 = -2$ bzw. $3^x = -2$. Diese Gleichung ist unlösbar, denn 3^x wird nie negativ!

Lösungsmenge $L = \{1{,}2619\}$.

Lösen Sie durch Substitution.

a) $2^{2x} - 4 \cdot 2^x = 5$ b) $3 \cdot 7^x - 7^{2x} = 1{,}25$

c) $8 \cdot 3^x + 3^{2x} = 0$ d) $4^x - 16^x = -2$

e) $7^{3x} + 2 \cdot 7^{3x} = 3 \cdot 7^{2x-1}$ f) $(3^x)^2 - \frac{28}{3} \cdot 3^x + 3 = 0$

g) $5 \cdot 8^{2x} + 3^2 \cdot (2^x)^3 + 8 = 2 + 2 \cdot 64^x$ h) $2^{2x-2} + 2 \cdot 2^x = -(2^3 + 2^x)$

i) $49^x - 8 \cdot 7^{x-1} = -7^{-1}$ j) $7 \cdot 5^{x+1} - (6 \cdot 5^{2x+3})^2 = -5^{4x} \cdot 5^6$

06   Zeigen Sie, dass

$$f(x) = \tfrac{1}{2} \cdot \ln\left(\frac{1+x}{1-x}\right) \quad \text{und} \quad f^{-1}(x) = \frac{e^x - e^{-x}}{e^x + e^{-x}}$$

die Vorschriften von Funktion und Umkehrfunktion sind.

07   Zeichnen Sie das Schaubild der Funktion f mit

$$f(x) = \tfrac{1}{10} e^{x+2}; \quad D = [-3; 2].$$

Zeichnen Sie das Schaubild der Umkehrfunktion f^{-1} durch Spiegelung und bestimmen Sie die Funktionsvorschrift von f^{-1}. Geben Sie den Definitionsbereich D_{f-1} und den Wertebereich W_{f-1} der Umkehrfunktion an.

08   Die von einer Bakterienkultur bedeckte Fläche A verdreifacht sich jede Stunde.

a) Nach wie viel Stunden hat sie sich versechsfacht?

b) Vor wie viel Stunden war die Fläche halb so groß?

09   Bei der Verglasung eines Bürogebäudes soll getöntes Glas verwendet werden. Pro 1 cm Dicke absorbiert das Glas 8 % der Helligkeit. Wie dick muss das Glas sein, damit nur noch $\frac{2}{3}$ der ursprünglichen Helligkeit durchgelassen werden?

10   Wie lange dauert es, bis sich der Holzbestand eines Waldes verdoppelt hat, wenn er jedes Jahr um ein Zwanzigstel zunimmt?

11   Von 3 000 Seifenblasen zerplatzen in der Minute 10 %. Nach welcher Zeit sind noch 1 000 (noch 30) vorhanden?

12   Der Luftdruck p_0 sinkt je 100 m Höhenzunahme um rund 1,25 %. Wie viele Meter muss man steigen, bis nur noch der halbe Luftdruck herrscht?

13   Die Vereinten Nationen hatten den 12. Oktober 1999 zum „Tag der 6 Milliarden" erklärt. Nach Berechnungen der Universität Freiburg lebten Mitte Oktober 1995 auf der Erde 5,767 Mrd. Menschen, Mitte Oktober 2001 betrug die Weltbevölkerung danach schon 6,260 Mrd.

a) Welches durchschnittliche jährliche Bevölkerungswachstum (auf drei Dezimalstellen gerundet) liegt diesen Berechnungen zugrunde?

b) Wann wurden danach 6 Mrd. erreicht?

c) Wie viele Menschen wird es bei gleich bleibender Zunahme im Oktober des Jahres 2010 (2020) geben?

d) In welchem Jahr wird es 10 (20) Mrd. Menschen geben?

e) Stellen sie eine Liste auf, die die Bevölkerungszahlen zwischen 1995 und 2025 enthält.

14* a) Zeichnen Sie das Schaubild der Funktion f mit $f(x) = \tfrac{1}{2} \cdot 2^{-0,5x}$.

b) $\tfrac{1}{2}\,\mu g$ (1 µg = 1 Mikrogramm = 1 millionstel Gramm) Materie zerfällt mit der Halbwertszeit von 2 Stunden. Stellen Sie die Abhängigkeit der noch vorhandenen Materie y von der Stundenzahl x durch eine Funktionsvorschrift dar (vgl. Beispiel 2 von 8.1.1).

Lesen Sie aus der Zeichnung von a) ab, wann noch 0,3 µg und wann noch 0,1 µg vorhanden sind.

Vor wie viel Stunden waren es 1,5 µg?

c) Berechnen Sie, nach wie viel Stunden noch $\tfrac{1}{20}$ µg vorhanden ist.

15* Aus einem Fass mit 400 l Spiritus von 80 % schöpft man 5 l (10 l) und ersetzt das Fehlende durch Wasser. Wie oft muss man den Vorgang wiederholen, bis das Fass nur noch Spiritus von 50 % enthält?

16* a) In welches Jahrhundert muss man die Entstehung eines Wikingerbootes legen, wenn im Bauholz noch 90 % (80 %) der ursprünglichen Menge M_0 Kohlenstoff ^{14}C festgestellt werden?

b) 1992 wurde in den Ötztaler Alpen die Leiche „Ötzi" gefunden. Als diese nach ihrer Bergung genau untersucht wurde, entpuppte sie sich als die älteste Gletscherleiche der Welt. In ihren Knochen wurden 53 % des ursprünglichen ^{14}C-Gehalts festgestellt. Berechnen Sie, vor wie vielen Jahren dieser Mensch gelebt hat.

c) Berechnen Sie den ^{14}C-Anteil der Mumie des ägyptischen Pharaos Tutanchamun (Regierungszeit 1332 bis 1323 v. Chr.) bei der Graböffnung 1922.

17 Man geht davon aus, dass sich in einem gesunden Wald der Holzbestand jährlich um 2,5 % vergrößert. In einem Waldstück nahe der Autobahn nimmt man an, dass jährlich 6 % der Bäume neu erkranken. Die kranken Bäume sollen jährlich abgeholzt werden.
Wann wird der Wald nur noch den halben Holzbestand haben?

18 Bei einer Maschine mit dem Neuwert von 50 000,00 € werden jedes Jahr 20 % des jeweiligen Buchwertes als Wertminderung abgeschrieben (degressive Abschreibung).

a) Wie hoch ist der Buchwert nach 5 Jahren noch, wie hoch nach 10 Jahren?

b) Welche Abschreibung erfolgt im fünften, welche im zehnten Jahr?

c) Nach wie viel Jahren beträgt der Buchwert noch 10 000,00 € (noch 5,00 €)?

19 Die Rückzahlung eines Darlehens von 10 000,00 € ist folgendermaßen geregelt: Bis die Hälfte des Darlehens zurückgezahlt ist, werden jährlich 8,3 % der Restschuld getilgt. Danach wird der Rest in fünf gleich großen Jahresraten zurückgezahlt.

a) Entwickeln Sie eine Formel zur Berechnung der Restschuld (abschnittsweise definierte Funktion).

b) Tragen Sie in ein Koordinatensystem die Restschuld in Abhängigkeit von der Zeit ein.

20 Für ein Darlehen von 4500,00 € (3 000,00 €) sollen 6 000,00 € zurückgezahlt werden. Nach wie vielen Jahren muss die Rückzahlung erfolgen, wenn mit 8 % verzinst wird?

21 Nach wie vielen Jahren hat sich ein Kapital von 1 000,00 € verdoppelt (verfünffacht), wenn es jährlich 4 % Zinsen erbringt?

22 In einem europäischen Land sind in den letzten 10 Jahren (von Anfang 1997 bis Ende 2006) die Verbraucherpreise durchschnittlich jedes Jahr um 2,3 % gestiegen.

a) Um wie viel Prozent sind Anfang 2007 die Verbraucherpreise höher als 1997?

b) Wann werden die Verbraucherpreise doppelt so hoch sein wie Anfang 1997?
Dabei soll unterstellt werden, dass der Preisanstieg unverändert anhält.

c) Wann werden die Verbraucherpreise dreimal so hoch sein wie Anfang 1997, wenn durch inflationshemmende Maßnahmen der Regierung die Verbraucherpreise bis einschließlich 2007 um 2,3 % und ab 2008 im Durchschnitt nur noch 2 % pro Jahr steigen?

23   Als man 0,86 € für 1 US-Dollar bezahlen musste, kaufte Herr Schwarz 50000 Dollar und legte sie in den USA für 3 Jahre zu 11 % fest an, wobei alljährlich die Zinsen dem Kapital zugeschlagen wurden. Als er nach 3 Jahren die Einzahlung samt Zinsen in Euro umtauscht, ist der Dollarkurs gefallen, so dass er für den Dollar nur noch 0,79 € erhält.

a) Welchen Betrag erhält Herr Schwarz am Ende zurück?

b) Mit welchem Prozentsatz hat sich sein Kapital in Wirklichkeit verzinst?

Die Trigonometrie[1] (genauer: ebene Trigonometrie[2]) ist jenes Teilgebiet der Geometrie, das sich mit Dreiecken beschäftigt. Sie entstand vor allem aus der frühen Astronomie, hat aber neben der Himmelsvermessung auch zahlreiche irdische Anwendungen gefunden.

Ein Grundproblem der Trigonometrie ist beispielsweise, die Bestimmung der Breite eines Flusses ohne ihn zu überqueren.

Üblicherweise steckt man dazu auf der einen Seite des Flusses zwei Stangen in den Punkten A und B in den Boden und ermittelt die Länge c dieser sog. Standlinie mit einem Metermaß. Auf dem anderen Ufer sucht man einen markanten Punkt C, z. B. einen Baum. Anschließend visiert man vom Punkt A mit einem Sextanten den Baum C und

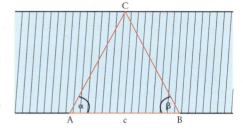

dann die Stange B an und liest am Sextanten den Winkel α des Dreiecks ABC ab. Auf die gleiche Weise bestimmt man den Winkel β.

Die Kenntnis der Länge c der Grundlinie und der beiden anliegenden Winkel α und β reichen aus, um das Dreieck ABC auf einer freien Fläche zu konstruieren und dann die fehlenden Strecken abzumessen.

Solche oder ähnliche Aufgaben kennen Sie wahrscheinlich aus der Mittelstufengeometrie. Jetzt geht es darum, die fehlenden Seitenlängen und Winkel des Dreiecks zu berechnen, ohne es zuerst konstruieren zu müssen.

Dreiecke sind die Bausteine, aus denen man jedes n-Eck zusammensetzen kann. Ein Quadrat, Fünfeck oder ein anderes Vieleck kann mit geraden Linien von einem Punkt zum anderen in Dreiecke geteilt werden. So teilen Landvermesser bei der kartographischen Erfassung eines Landes das Gebiet in Dreiecke verschiedener Größenordnungen ein. Jede Ecke wird durch einen „Bezugspunkt", wie z. B. einen Kirchturm oder einen Berg markiert.

Carl Friedrich Gauß hat zwischen 1818 und 1827 das Königreich Hannover in dieser Weise vermessen und dabei wichtige mathematische Erkenntnisse gewonnen.

Dort platzieren die Landvermesser ihre Stangen und Winkelmessgeräte und messen die Winkel zu der gewählten Standlinie. Mithilfe der Trigonometrie können anschließend die Längen der beiden anderen Dreiecksseiten berechnet werden. Jede von ihnen ist dann die Standlinie für ein weiteres Dreieck, bis schließlich das gesamte Land von einem Gitternetz bekannter Entfernungen bedeckt ist. Später kann ein zweites Gitter hinzugefügt werden, das die größeren Dreiecke unterteilt.

1 gonü (griech.), Knie, Winkel; trigonon (griech.), Dreieck; metron (griech.), Maß.
2 Die sphärische Trigonometrie behandelt Dreiecke, die auf Kugeloberflächen liegen.

9.1   Trigonometrische Funktionen am rechtwinkligen Dreieck

9.1.1   Bezeichnungen am rechtwinkligen Dreieck

Im rechtwinkligen Dreieck nennt man die Seiten, die den rechten Winkel einschließen, **Katheten**; die Seite, die dem rechten Winkel gegenüberliegt, heißt **Hypotenuse**. Diese ist immer die längste Seite.

Je nach der Lage zu den Winkeln unterscheidet man Ankathete und Gegenkathete. Die Kathete, die dem Winkel α gegenüberliegt, heißt die Gegenkathete von α; die Kathete, die ein Schenkel von α ist, heißt Ankathete von α; entsprechende Bezeichnungen gelten für β.

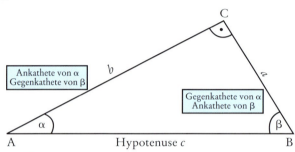

Winkel, die sich zu 90 ° ergänzen, heißen **Komplement-** oder **Ergänzungswinkel**, z. B. ist der Winkel $\alpha = 30°$ Komplementwinkel zum Winkel $\beta = 60°$.

Die Winkelsumme in einem Dreieck ist 180°. Da im rechtwinkligen Dreieck schon 90° vom rechten Winkel besetzt sind, bleibt für die Summe der beiden anderen (α und β) noch 90°: $\alpha + \beta = 90°$. α und β sind also im rechtwinkligen Dreieck immer Komplementwinkel.

Wird auch häufig der rechte Winkel mit γ und die Hypotenuse mit c bezeichnet, sollte es nicht dazu verleiten, die Hypotenuse grundsätzlich mit c zu identifizieren.

AUFGABEN

01   In das rechtwinklige Dreieck der Skizze ($\alpha = 30°$, $\beta = 60°$) ist die Höhe h_c auf die Hypotenuse c eingezeichnet. Welche Stücke des ursprünglichen Dreiecks sind in den Teildreiecken Hypotenuse, welche Gegen- bzw. Ankathete der Winkel α und β? Wie groß sind γ_1 und γ_2?

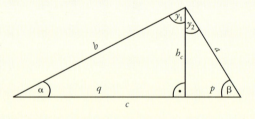

02   Geben Sie den Komplementwinkel β an.

a) $\alpha = 17°$ b) $\alpha = 13,5°$ c) $\alpha = 44,27°$

d) $\alpha = 12,1°$ e) $\alpha = 29,4°$ f) $\alpha = 63,18°$

03 Im Sexagesimalsystem (Sechzigersystem) werden Winkel in Grad, Minuten und Sekunden angegeben.
Eine Winkelminute (1′) ist der sechzigste Teil eines Grads, eine Winkelsekunde (1″) der sechzigste Teil einer Winkelminute.

$$1' = \left(\tfrac{1}{60}\right)°; \quad 1'' = \left(\tfrac{1}{60}\right)' = \left(\tfrac{1}{3600}\right)°$$

So hat Bad Säckingen die GPS-Koordinaten 7°57′0″ östlicher Länge und 47°33′0″ nördlicher Breite.

Umrechnungsbeispiel Sexagesimal-Dezimal-System

$$\alpha = 47°0'33'' = 47° + \left(\tfrac{0}{60}\right)° + \left(\tfrac{33}{3600}\right)° \approx 47,55°$$

Umrechnungsbeispiel Dezimal-Sexagesimal-System

$$\beta = 50,32° = 50° + 0,32 \cdot 60' = 50°19,2' = 50°19' + 0,2 \cdot 60'' = 50°\,19'\,12''$$

Rechnen Sie folgende Winkel jeweils in das andere System um.

a) 30°17′34″ b) 12°51′19″ c) 9′18″

d) 79,61° e) 22,22° f) 0,4609°

9.1.2 Sinus, Kosinus und Tangens eines Winkels

Impuls

Zeichnen Sie fünf Dreiecke unterschiedlicher Größe mit den Winkeln $\alpha = 35°$ und $\gamma = 90°$. Messen Sie Seitenlängen und berechnen Sie für alle fünf Dreiecke das Verhältnis $\dfrac{\text{Länge der Gegenkathete von } \alpha}{\text{Länge der Hypotenuse}}$. Begründen Sie Ihr Ergebnis.

Dreiecke, die in zwei und damit in allen Winkeln übereinstimmen, sind ähnliche oder kongruente Dreiecke. Teilt man bei ähnlichen Dreiecken die Länge einer Seite durch die Länge einer anderen – bestimmt also das Verhältnis der Seitenlängen –, so erhält man für entsprechende Seiten dasselbe Verhältnis.

Stimmen rechtwinklige Dreiecke in einem zweiten und damit in allen Winkeln überein, ist daher das Verhältnis entsprechender Seitenlängen, unabhängig von der Größe des Dreiecks, immer dasselbe. In der Zeichnung ist z. B. das Verhältnis der Länge der Gegenkathete von α zur Länge der Hypotenuse

$$\frac{a}{c} = \frac{250 \text{ m}}{1\,000 \text{ m}} = 0,25 = \frac{125 \text{ m}}{500 \text{ m}} = \frac{a'}{c'}.$$

Bei bekanntem Winkel α kann dies Verhältnis mit dem GTR bestimmt werden und wird Sinus[1] des Winkels α genannt.

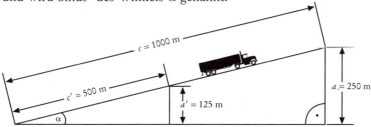

1 sinus (lat.), Meerbusen; ursprünglich ardhajiwa (altindisch), Halbsehne (weil der Sinus am Kreis als Halbsehne abgelesen werden kann; vgl. Abschnitt 9.2.2).

Definition 9.1

In einem rechtwinkligen Dreieck heißt das Verhältnis der Länge der **Gegenkathete** des Winkels α zur Länge der **Hypotenuse** der **Sinus** von α, kurz sin(α) (gelesen[1] Sinus α):

$$\sin(\alpha) = \frac{\text{Länge der Gegenkathete von } \alpha}{\text{Länge der Hypotenuse}}.$$

Entsprechend wird das Verhältnis der Länge der **Ankathete** des Winkels α zur Länge der **Hypotenuse** der **Kosinus**[2] des Winkels α genannt:

$$\cos(\alpha) = \frac{\text{Länge der Ankathete von } \alpha}{\text{Länge der Hypotenuse}}.$$

BEISPIELE

1.

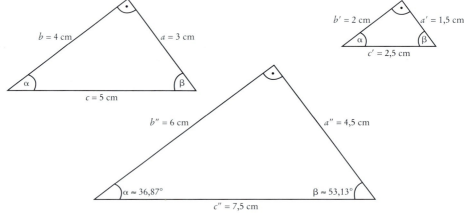

$$\sin(\alpha) = \frac{\text{Länge der Gegenkathete von } \alpha}{\text{Länge der Hypotenuse}}$$

$$\sin(36{,}87°) \approx \frac{3 \text{ cm}}{5 \text{ cm}} = \frac{1{,}5 \text{ cm}}{2{,}5 \text{ cm}} = \frac{4{,}5 \text{ cm}}{7{,}5 \text{ cm}} = 0{,}60$$

$$\cos(\alpha) = \frac{\text{Länge der Ankathete von } \alpha}{\text{Länge der Hypotenuse}}$$

$$\cos(36{,}87°) \approx \frac{4 \text{ cm}}{5 \text{ cm}} = \frac{2 \text{ cm}}{2{,}5 \text{ cm}} = \frac{6 \text{ cm}}{7{,}5 \text{ cm}} = 0{,}80$$

$$\sin(\beta) = \frac{\text{Länge der Gegenkathete von } \beta}{\text{Länge der Hypotenuse}}$$

$$\sin(53{,}13°) \approx \frac{4 \text{ cm}}{5 \text{ cm}} = \frac{2 \text{ cm}}{2{,}5 \text{ cm}} = \frac{6 \text{ cm}}{7{,}5 \text{ cm}} = 0{,}80$$

$$\cos(\beta) = \frac{\text{Länge der Ankathete von } \beta}{\text{Länge der Hypotenuse}}$$

$$\cos(53{,}13°) \approx \frac{3 \text{ cm}}{5 \text{ cm}} = \frac{1{,}5}{2{,}5 \text{ cm}} = \frac{4{,}5 \text{ cm}}{7{,}5 \text{ cm}} = 0{,}60$$

2. Ein rechtwinkliges Dreieck mit den weiteren Winkeln 60° und 30° erhält man durch Halbieren eines gleichseitigen Dreiecks. Für ein gleichseitiges Dreieck mit der Seitenlänge $a = 2$ cm errechnet sich die Länge der Kathete h des rechtwinkligen Dreiecks aus dem Satz des Pythagoras zu $h = \sqrt{2^2 - 1^2}$ cm $= \sqrt{3}$ cm.

---

1 Ebenso im Folgenden cos(α), gelesen Kosinus α, und tan(α), gelesen Tangens α.
2 Kurzform von complementi sinus (lat.), sinus des Komplementwinkels.

Daher ist

$$\sin(60°) = \frac{\sqrt{3}}{2} \qquad \sin(30°) = \frac{1}{2}$$

$$\cos(60°) = \frac{1}{2} \qquad \cos(30°) = \frac{\sqrt{3}}{2}$$

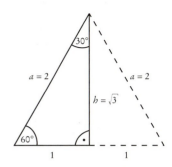

 sin(α) bzw. *cos(α)* erhält man mit dem GTR durch $\boxed{sin(α)\ \text{bzw.}\ cos(α)\ \text{ENTER}}$, z.B.
sin(53,13°) ≈ 0,7999989 durch $\boxed{sin(53.13)\ \text{ENTER}}$.
Bei gegebenem *sin(α) = 0,7999989* erhält man umgekehrt den zugehörigen Winkel α
durch $\boxed{sin^{-1}(0.7999989)\ \text{ENTER}}$. Entsprechendes gilt, wenn *cos(α)* gegeben ist.

Definition 9.2

Im rechtwinkligen Dreieck bezeichnet man das Verhältnis der Längen von **Gegen-kathete** und **Ankathete** des Winkels α als den **Tangens**[1] des Winkels α:

$$\tan(α) = \frac{\text{Länge der Gegenkathete von } α}{\text{Länge der Ankathete von } α}.$$

BEISPIELE

1. In der Zeichnung ist

$$\tan(α) = \frac{\text{Höhe}}{\text{Schattenlänge}} = \frac{a}{b} = \frac{a'}{b'} = \frac{a''}{b''} = \frac{10\,\text{m}}{20\,\text{m}} = \frac{5\,\text{m}}{10\,\text{m}} = \frac{0,5\,\text{m}}{1\,\text{m}} = \frac{1}{2}.$$

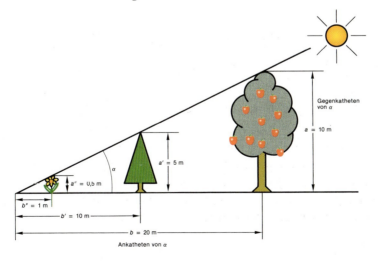

1 tangere (lat.), berühren; der Tangens kann als Strecke auf der Tangente am Einheitskreis durch (0/1) abgelesen werden.

2. In einem gleichschenklig rechtwinkligen Dreieck sind die beiden Katheten gleich lang und $\alpha = \beta = 45°$.

$$\tan(\alpha) = \tan(\beta) = \tan(45°) = \frac{a}{a} = 1.$$

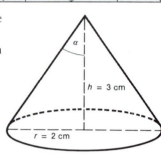

3. Im senkrechten Kreiskegel der Skizze ist der halbe Öffnungswinkel mit α bezeichnet. Mit der Höhe $h = 3\ \text{cm}$ und dem Grundkreisradius $r = 2\ \text{cm}$ erhält man

$$\tan(\alpha) = \frac{\text{Radius } r}{\text{Höhe } h} = \frac{2\ \text{cm}}{3\ \text{cm}} = \frac{2}{3}$$

$$\alpha = \tan^{-1}\left(\tfrac{2}{3}\right) \approx 33{,}69°$$

AUFGABEN

01   Zeichnen Sie ein rechtwinkliges Dreieck mit dem Winkel $\alpha = 37°$ (Größe des Dreiecks beliebig). Wie groß ist β? Messen Sie die Seitenlängen und berechnen Sie $\sin(\alpha)$, $\cos(\alpha)$, und $\sin(\beta)$, $\cos(\beta)$ als Seitenverhältnisse. Prüfen Sie die erhaltenen Werte mit dem GTR nach.

02   Zeichnen Sie ein rechtwinkliges Dreieck mit der Hypotenusenlänge 4 cm und einer Kathetenlänge 2 cm durch Halbieren eines gleichseitigen Dreiecks. Berechnen Sie $\tan(60°)$ und $\tan(30°)$ als Verhältnis der abgemessenen Längen.

03   Berechnen Sie mit dem GTR auf vier Nachkommastellen gerundet:

a) $\sin(5°)$ $\sin(57{,}3°)$ $\sin(80{,}2°)$ $\cos(70{,}5°)$ $\cos(87{,}2°)$
b) $\tan(57{,}295°)$ $\tan(89{,}9°)$ $\tan(89{,}99°)$ $\tan(60°)$ $\tan(14°\,30')$
c) $\sin(\alpha) = 0{,}7071$ $\sin(\alpha) = 0{,}92$ $\sin(\alpha) = 0{,}0174$ $\sin(\alpha) = 0{,}5$
d) $\cos(\alpha) = 0{,}7071$ $\cos(\alpha) = 0{,}9981$ $\cos(\alpha) = 0{,}0348$ $\cos(\alpha) = 0{,}5$
e) $\tan(\alpha) = 0{,}1763$ $\tan(\alpha) = 1\,000{,}301$ $\tan(\alpha) = 1$ $\tan(\alpha) = 2{,}621$

04   Bestätigen Sie durch Berechnung mit dem Taschenrechner, dass

$$\sin(30°) = \tfrac{1}{2}\sqrt{1};\qquad \sin(45°) = \tfrac{1}{2}\sqrt{2};\qquad \sin(60°) = \tfrac{1}{2}\sqrt{3};$$

$$\tan(30°) = \frac{1}{\sqrt{3}};\qquad \tan(45°) = 1;\qquad \tan(60°) = \sqrt{3}.$$

05   a) Eine Straße steigt 250 m (25 m) auf 1 000 m Fahrbahnlänge. Wie groß ist ihr Winkel α zur Waagerechten?

b) Eine Straße steigt 120 m auf 1 km in der Waagerechten. Berechnen Sie den Steigungswinkel α der Straße. Am Rand dieser Straße steht das abgebildete Verkehrsschild. Was bedeutet also die Angabe 12 %?

06   Eine Eisenbahnstrecke ist so angelegt, dass sie mit der Horizontalen einen Winkel von 8° bildet. Um wie viele Meter steigt die Bahn pro Kilometer Bahnstrecke?

07   Eine Bockleiter besteht aus zwei Leitern, die an einem Ende drehbar verbunden sind. Diese beiden Leiterteile schließen einen Winkel von 24° ein. Die auf dem Boden stehenden Enden sind 0,70 m auseinander.

   a) Wie hoch ist die Leiterspitze über dem Boden?

   b) Wie lang ist die Leiter?

08   Eine 15 m lange Feuerleiter ist in 11 m Höhe an die Hauswand gelehnt. Welchen Winkel bildet die Leiter mit dem Boden?

09   Willi Weiß (Augenhöhe 1,70 m) sieht eine 40 m von ihm entfernte Tanne unter dem Höhenwinkel 27,3°. Wie hoch ist der Baum?

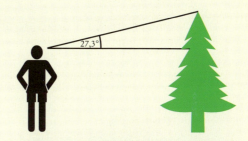

10   Vor Beginn der Sanierung neigte sich der 56 m hohe schiefe Turm von Pisa jedes Jahr um 1,37 mm. Wie groß war der Winkel, um den sich der Turm jährlich weiter neigte? Überlegen Sie sich eine Vereinfachung der Aufgabe, um sie näherungsweise lösen zu können.

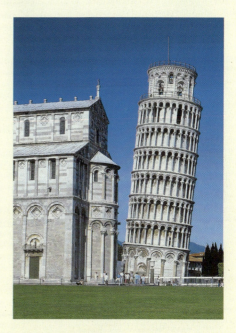

11 a) Ein Würfel hat die Kantenlänge $a = 6$ cm. Wie groß ist der Winkel, den die Raumdiagonale mit einer Kante einschließt?

   b) Wie ändert sich der Winkel, wenn die Kantenlänge a' nur noch 4 cm lang ist?

12   Zeichnen Sie ein gleichschenkliges rechtwinkliges Dreieck (Kathetenlänge a beliebig). Zeigen Sie, dass $\sin(45°) = \cos(45°) = \frac{1}{2} \cdot \sqrt{2}$ ist.

9.1.3   Berechnungen am rechtwinkligen Dreieck

In den Definitionsgleichungen der Seitenverhältnisse im rechtwinkligen Dreieck, z. B.

$$\sin(\alpha) = \frac{a}{c} = \frac{\text{Länge der Gegenkathete von } \alpha}{\text{Länge der Hypotenuse}}$$

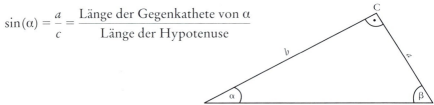

kommen drei Größen vor. Kennt man zwei davon, so kann man die dritte berechnen. Da nur ein Winkel vorkommt, muss mindestens eine der bekannten Größen eine Seite sein. Dem entspricht, dass die Gestalt eines rechtwinkligen Dreiecks nach den Kongruenzsätzen festgelegt ist, wenn man außer dem rechten Winkel noch zwei Größen, darunter eine Seite, kennt.

BEISPIELE

1. Um die Breite x eines geraden Flusses zu ermitteln, hat ein Landvermesser eine „Standlinie" der Länge 30 m direkt am Ufer abgesteckt. Von ihren Endpunkten A und C peilt er $\alpha = 67,2°$ und $\gamma = 90°$ zum Punkt B auf der anderen Seite (vgl. Seite 231).

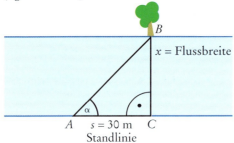

$x = $ Flussbreite

A $s = 30$ m C
Standlinie

Die Flussbreite errechnet sich aus dem **Ansatz**

$$\frac{x}{s} = \tan(\alpha)$$

$x = s \cdot \tan(\alpha)$
$x = 30 \text{ m} \cdot \tan(67,2°) \approx 71,37 \text{ m}$
Der Fluss ist also 71,37 m breit.

2. In einem rechtwinkligen Dreieck ist die Höhe h_d auf die Hypotenuse d mit $h_d = 2,7$ cm und der Winkel $\varepsilon = 22,6°$ gegeben.
Gesucht sind die Seiten und der Winkel β des Dreiecks.

Wir betrachten das linke Teildreieck DEF, in dem die Kathete h_d und der Winkel ε bekannt sind.

Berechnung von c:

$$\sin(\varepsilon) = \frac{h_d}{c}$$

$$c = \frac{h_d}{\sin(\varepsilon)} = \frac{2,7 \text{ cm}}{\sin(22,6°)} \approx \frac{2,7 \text{ cm}}{0,384} \approx 7,03 \text{ cm}$$

Berechnung von d:

$$\cos(\varepsilon) = \frac{c}{d}$$

$$d = \frac{c}{\cos(\varepsilon)} \approx \frac{7,03 \text{ cm}}{0,923} \approx 7,62 \text{ cm}$$

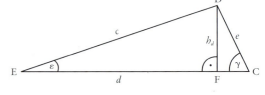

Berechnung von e:

Man könnte e mithilfe des Satzes des Pythagoras oder aus dem großen Dreieck mit den Ansätzen $\sin(\varepsilon) = \dfrac{e}{d}$ bzw. $\tan(\varepsilon) = \dfrac{e}{c}$ berechnen. Wir ermitteln aber

$$\gamma = 90° - \varepsilon = 90° - 22{,}6° = 67{,}4°$$

und berechnen e aus dem rechten Teildreieck DBC, weil h_d und γ genau und nicht mit Rundungsfehlern behaftet sind.

$$\sin(\gamma) = \frac{h_d}{e}, \quad e = \frac{h_d}{\sin(\gamma)} = \frac{2{,}7 \text{ cm}}{\sin(67{,}4°)} \approx \frac{2{,}7 \text{ cm}}{0{,}923} \approx 2{,}93 \text{ cm}.$$

AUFGABEN

01 Von einem rechtwinkligen Dreieck sind bekannt

a) $\alpha = 40°$ und $b = 10$ cm   b) $b = 15$ cm und $h_c = 10$ cm

c) $a = 3$ m und $b = 4$ m   d) $c = 6$ cm und $\alpha = 10°$

Berechnen Sie die fehlenden Seiten und Winkel.

02 a) Die Höhe des gleichseitigen Dreiecks hat die Länge 5 cm (8 cm). Berechnen Sie den Flächeninhalt des Dreiecks.

b) Von einem gleichschenkligen Dreieck ist die Länge der Basis mit 7,2 m (10 m) und der Umfang mit 25 m (45 m) bekannt. Wie groß ist die Fläche des Dreiecks?

03 Einem Kreis mit Radius 10 cm ist ein regelmäßiges 9-Eck einbeschrieben.

a) Wie lang ist eine Seite des 9-Ecks?

b) Wie groß ist der Flächeninhalt des 9-Ecks?

04 Von einem gleichschenkligen Dreieck sind die Basis 28 cm und der Schenkel 42,3 cm gegeben.

Berechnen Sie den Radius

a) r_i des Inkreises,

b) r des Umkreises.

05 Welchen Winkel bildet die Raumdiagonale eines Würfels

a) mit einer Kante   b) mit einer Flächendiagonalen?

06 Schüttet man Sand von einer bestimmten Korngröße von oben zu einem beliebig hohen Haufen, so bildet sich ein gerader Kreiskegel, dessen Seitenlinien mit der Grundfläche immer den gleichen Böschungswinkel $\alpha = 34°$ bilden.

a) Welches Volumen hat ein 1,5 m hoher Sandhaufen?

b) Wie viel m² Plastikfolie benötigt man mindestens, um ihn vor Regen zu schützen?

07   Im Keller eines Neubaus ist in einer Ecke Zement aufgeschüttet. Die vordere Begrenzung bildet einen Viertelkreis vom Radius $r = 1,5$ m; der Winkel, den die Seitenlinien mit dem Boden des Kellers bilden, ist $\alpha = 20°$. Berechnen Sie das Volumen des Zementbergs und die sichtbare Oberfläche.

08   Ein Beobachter (Augenhöhe 1,70 m) sieht den First eines Hauses unter dem Höhenwinkel $\alpha = 42°$ und den Fuß des Hauses unter dem Tiefenwinkel $\beta = 2°$ gegen die Horizontale.
Wie weit ist er vom Haus entfernt und wie hoch ist das Haus?

09   Von einem Fenster aus ($h = 11,3$ m über dem Erdboden) erscheint der Fuß eines Fabrikkamins unter dem Tiefenwinkel $\alpha = 15,1°$ und die Spitze unter dem Höhenwinkel $\beta = 54,6°$. Wie hoch ist der Kamin?

10   Von der Spitze eines Aussichtsturms, der 28 m vom näher liegenden Ufer eines Flusses entfernt ist, erscheinen beide Ufer unter den Tiefenwinkeln $\alpha = 18°30'$ bzw. $\beta = 44°45'$. Wie breit ist der Fluss?

11

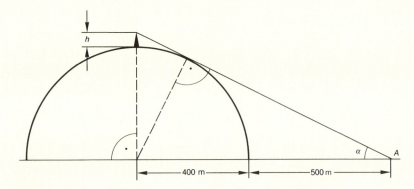

Aus einer Ebene ragt ein Berg von der Form einer Halbkugel mit Radius $r = 400$ m. Nun soll auf dem Berggipfel ein Sender gebaut werden. Welche Höhe h muss er mindestens haben, damit er einen Empfänger A auf der Ebene in 500 m Entfernung vom Fuß des Berges noch direkt erreicht?

12 Zur Bestimmung der Höhe eines auf einer Anhöhe von 230 m gelegenen Turmes hat ein Vermessungstechniker im Tal eine waagrechte Standlinie der Länge 50 m genau in Richtung des Turmes abgesteckt. Vom näher gelegenen Endpunkt peilt er den Höhenwinkel 35,3° zum Fuß des Turms und vom entfernteren Endpunkt 34,9° zur Turmspitze. Wie hoch ist der Turm?

13 In welcher Höhe h über dem Erdboden schwebt ein Satellit, wenn der Astronaut genau ein Zehntel des Erdumfangs übersehen kann (Erdradius $r = 6370$ km).

14 Der mittlere Erdradius ist 6370 km.

a) Wie weit ist Karlsruhe (49° nördlicher Breite) von der Erdachse entfernt?

b) Wie lange braucht ein Flugzeug (300 km/h relativ zum Erdboden), das auf dem 49. Breitengrad immer nach Osten fliegt, für eine Umrundung? (Höhe vernachlässigbar.)

c) Welche Geschwindigkeit hat die Stadt bei der Erdumdrehung?

d) Beantworten Sie die entsprechenden Fragen für ihren Heimatort und einem Ort auf dem Äquator.

15 Bei einer senkrechten Probebohrung stößt man in 335 m Tiefe auf ein Kohleflöz, das man in 398 m Tiefe wieder verlässt. Wie groß ist die Dicke d der Kohleschicht, wenn das Flöz um 20° gegen die Waagerechte geneigt ist?

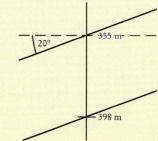

16 Auf einem Berghang, der mit der Horizontalen den Winkel $\alpha = 20°$ bildet, steht ein senkrecht wachsender Baum.
Wenn die Sonnenstrahlen mit der Horizontalen den Winkel $\beta = 65°$ bilden, wirft der Baum einen 5 m langen Schatten auf den Abhang.
Wie hoch ist der Baum?

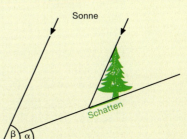

17 Eine Kinderschaukel ist an 2 m langen Seilen aufgehängt; das Sitzbrett befindet sich in der Ruhelage 50 cm über dem Boden.

a) Wie hoch ist das Sitzbrett über dem Boden, wenn die Schaukel um $\alpha = 30°$ aus der Ruhelage ausschwingt?

b) Wie groß ist der Winkel, mit dem die Schaukel ausschwingen muss, wenn das Sitzbrett einen Meter über den Boden gelangen soll?

18 In das Dreieck der Skizze ist eine Höhe h eingezeichnet.

a) Berechnen Sie h mithilfe des Sinus aus dem linken Teildreieck und aus dem rechten Teildreieck.

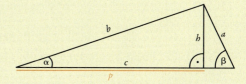

b) Setzen Sie diese beiden Ausdrücke für h gleich und ermitteln Sie das Verhältnis $\dfrac{\sin\alpha}{\sin\beta}$ im Dreieck (**Sinussatz**, gilt in jedem Dreieck[1]).

c) Berechnen Sie die fehlenden Seiten und Winkel bei den folgenden Dreiecken.

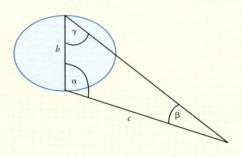

α) a = 10 cm b = 8 cm β = 47°
β) a = 12 cm c = 23 cm γ = 73°
γ) b = 15 cm α = 64° β = 50°
δ) c = 9 cm γ = 12° α = 63°
ε) w_α = 6 cm α = 60° γ = 80°

d) Um die Breite b eines Sees zu bestimmen ist, wie in der Skizze, eine Standlinie der Länge c = 83 m gezogen. Wie breit ist der See, wenn von den Endpunkten α = 112,3° und β = 19,7° gepeilt wird?

e) In dem rechten Teildreieck der Skizze am Anfang der Aufgabe gilt nach dem Satz des Pythagoras: $h^2 + (c - p)^2 = a^2$.
Berechnen Sie h^2 und p aus dem linken Teildreieck und setzen Sie diese Ausdrücke in $h^2 + (c - p)^2 = a^2$ ein (**Kosinussatz**, gilt in jedem Dreieck[1]).

19 Bei einer Regatta auf dem Bodensee segeln die Yachten vom Start/Ziel S zur Boje A, wenden dort, segeln zur Boje B, wenden erneut und segeln dann zurück zum Ziel S. Die Yacht „Sigmaringen" ändert bei der Boje A ihre Richtung um 60° und hat dann von A nach B eine Geschwindigkeit von 8 km/h.

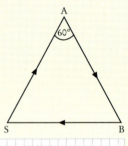

Der Abbildung können Sie die Entfernung der Yacht „Sigmaringen" vom Start/Ziel während eines Teils der Regatta entnehmen.

a) Um wie viel Grad ändert die Yacht in B ihre Richtung?

b) Berechnen Sie die durchschnittliche Geschwindigkeit in den beiden Abschnitten von S nach A und von B nach S.

c) Skizzieren Sie das Weg-Zeit-Diagramm der Yacht in einem Koordinatensystem. Tragen Sie auf der x-Achse die Zeit (in Stunden) und auf der y-Achse den insgesamt zurückgelegten Weg ein (in Kilometer).
Geben Sie die zugehörige Funktionsvorschrift an.

d) Ergänzen Sie in obiger Abbildung das Kurvenstück zwischen A und B.

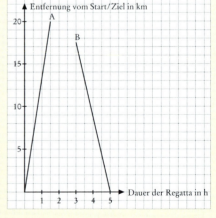

1 Zu den Sinus- und Kosinuswerten der Winkel größer 90° vgl. Abschnitt 9.2.

9.1.4   Wichtige Formeln der Trigonometrie

Zwischen den Seitenverhältnissen im rechtwinkligen Dreieck bestehen vielfältige Beziehungen, deren wichtigste wir im folgenden herleiten.
Zunächst definieren wir folgende Schreibweise:

$$\sin^2(\alpha) = (\sin\alpha)^2$$

Ebenso für $\cos(\alpha)$, $\tan(\alpha)$ und höhere Potenzen.

BEISPIEL

$$\sin(\alpha) = 0{,}5; \quad \sin^2(\alpha) = (0{,}5)^2 = 0{,}25$$
$$\cos(\alpha) = 0{,}2; \quad \cos^3(\alpha) = (0{,}2)^3 = 0{,}008$$

Satz 9.3

Für $\sin(\alpha)$, $\cos(\alpha)$ und $\tan(\alpha)$ gelten folgende Beziehungen.

a) $\tan(\alpha) = \dfrac{\sin(\alpha)}{\cos(\alpha)}$

b) **(trigonometrischer Pythagoras)**

$$\sin^2(\alpha) + \cos^2(\alpha) = 1 \qquad \text{bzw.} \qquad \begin{aligned} \sin(\alpha) &= \sqrt{1 - \cos^2\alpha} \\ \cos(\alpha) &= \sqrt{1 - \sin^2\alpha} \end{aligned}$$

Beweis

Mit den Bezeichnungen der Skizze ist

a) $\tan(\alpha) = \dfrac{a}{b} = \dfrac{\frac{a}{c}}{\frac{b}{c}} = \dfrac{\sin(\alpha)}{\cos(\alpha)}$

b) $\sin^2(\alpha) = \left(\dfrac{a}{c}\right)^2$ und $\cos^2(\alpha) = \left(\dfrac{b}{c}\right)^2$

$$\sin^2(\alpha) + \cos^2(\alpha) = \frac{a^2}{c^2} + \frac{b^2}{c^2} = \frac{a^2 + b^2}{c^2} = \frac{c^2}{c^2} = 1,$$

denn nach dem Satz des Pythagoras ist $a^2 + b^2 = c^2$.

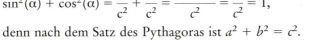

BEISPIELE

1. a) $\tan(60°) = \dfrac{\sin(60°)}{\cos(60°)} = \dfrac{\frac{1}{2} \cdot \sqrt{3}}{\frac{1}{2}} = \sqrt{3}$

    b) $\sin^2(30°) + \cos^2(30°) = \left(\dfrac{1}{2}\right)^2 + \left(\dfrac{\sqrt{3}}{2}\right)^2 = \dfrac{1}{4} + \dfrac{3}{4} = 1$

2. a) $\dfrac{\sin(\alpha)}{\sqrt{1 - \sin^2(\alpha)}} = \dfrac{\sin(\alpha)}{\cos(\alpha)} = \tan(\alpha)$

    b) $\dfrac{\sin^4(\alpha) - \cos^4(\alpha)}{\sin^2(\alpha) - \cos^2(\alpha)} = \dfrac{\left(\sin^2(\alpha) - \cos^2(\alpha)\right)\left(\sin^2(\alpha) + \cos^2(\alpha)\right)}{\sin^2(\alpha) - \cos^2(\alpha)} = 1$

AUFGABEN

01 Vereinfachen Sie die folgenden Ausdrücke.

a) $\dfrac{\sqrt{1 - \cos^2(\alpha)}}{\cos(\alpha)}$

b) $\dfrac{\sin^2(\alpha) - \sin^4(\alpha)}{\cos^2(\alpha) - \cos^4(\alpha)}$

c) $\dfrac{1}{\cos^2(\alpha)} - \tan^2(\alpha)$

d) $\sqrt{\dfrac{\sin(\alpha) \cdot \cos(\alpha)}{\tan(\alpha)}}$

e) $\dfrac{\sin(\alpha) \cdot \cos(\alpha)}{1 - \sin^2(\alpha)} - \dfrac{1 - \cos^2(\alpha)}{\sin(\alpha) \cdot \cos(\alpha)}$

f) $\sqrt{1 - \cos(\alpha)} \cdot \sqrt{1 + \cos(\alpha)}$

02 Berechnen Sie $\sin(\alpha)$ und $\cos(\alpha)$, wenn $\tan(\alpha) = 1$ ($\tan(\alpha) = x$) bekannt ist.

03 Ermitteln Sie ohne Taschenrechner aus $\sin(63°) \approx 0{,}891$ und $\cos(\beta) \approx 0{,}989$ die Werte $\cos(27°)$; $\sin(90° - \beta)$; $\sin^2(63°) + \cos^2(63°)$.

9.2 Trigonometrische Funktionen für beliebige Winkel

9.2.1 Das Bogenmaß eines Winkels

Positiver und negativer Umlaufsinn

Wie bei einem Laufwettbewerb in einem kreisförmigen Stadion eine Umlaufrichtung festgelegt ist, so wird in der Mathematik eine positive und eine negative Umlaufrichtung (Umlauf- oder Drehsinn) um einen Kreis festgelegt: **Positiver Umlaufsinn gegen, negativer Umlaufsinn mit dem Uhrzeiger**[1]. Dementsprechend werden positive und negative Winkel gemessen, wenn der zweite Schenkel aus dem ersten durch Drehung in positivem bzw. negativem Sinn entsteht.

Dem einfachen Umlauf eines Läufers auf einer Kreisbahn gegen den Uhrzeiger entspricht ein Winkel von $+360°$, einem zweimaligen Umlauf mit dem Uhrzeiger der Winkel $2 \cdot (-360°) = -720°$.

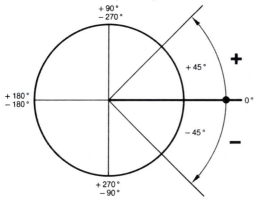

Mathematisch positiver Drehsinn: gegen den Uhrzeiger

Mathematisch negativer Drehsinn: mit dem Uhrzeiger

---

1 Die meisten Wasserhähne arbeiten mit demselben Drehsinn: Drehung gegen den Uhrzeiger – Wasserzufluss nimmt zu, Drehung mit dem Uhrzeiger – Wasserzufluss nimmt ab.

Der Einheitskreis

Einen Kreis mit dem **Radius 1 Längeneinheit** nennt man einen **Einheitskreis**. Die Längeneinheit kann beliebig festgesetzt werden, wie man auch in einem Koordinatensystem die Längeneinheit beliebig wählt. In der Zeichnung ist die Längeneinheit (LE) zum Beispiel 2 cm, 1 LE = 2 cm. Weitere Längen können dann in dieser Einheit gemessen werden, z. B. 4 cm = 2 LE, 1 cm = $\frac{1}{2}$ LE. Der Umfang eines Kreises mit dem Radius 1 Längeneinheit ist $U = 2\pi r = 2\pi \cdot 1$ LE = 6,28 LE.

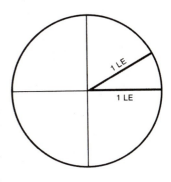

Winkelmessung im Bogenmaß

Die schon bei den alten Babyloniern vorkommende Festlegung eines Winkels durch Einteilung des Vollwinkels in 360° ist zwar praktisch, da die Zahl 360 sehr viele Teiler besitzt, aber an sich recht willkürlich. Landvermesser teilen z. B. den Vollwinkel heute in 400 gleiche Teile, den rechten Winkel also in 100 Teile (so genannte Neugrad) ein, um sich dem Dezimalsystem besser anzupassen.

Ein Winkel schneidet aus dem Einheitskreis einen eindeutig bestimmten Bogen aus, dessen Größe ein natürliches Winkelmaß ergibt.

Definition 9.4

Das **Bogenmaß** eines Winkels ist die Maßzahl x der Länge des Bogens, den er aus dem Einheitskreis ausschneidet (wobei die Richtung des Bogens durch entsprechendes Vorzeichen gekennzeichnet wird).

Das Bogenmaß ist eine Zahl. Soll deutlich gemacht werden, dass eine Zahl das Bogenmaß eines Winkels darstellt, so fügt man als Einheit rad (Radiant) hinzu. Das soll zeigen, dass man den Winkel als Vielfaches des Kreisradius 1 LE misst.

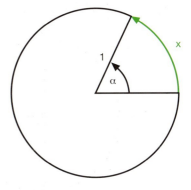

Der GTR kann sowohl mit dem Gradmaß (DEGREE) als auch mit dem Bogenmaß (RADIAN) arbeiten. Die Umstellung wird in den Moduseinstellungen (MODE-Taste) vorgenommen.

Im Folgenden werden wir das Bogenmaß eines Winkels mit x, das Gradmaß mit α bezeichnen.

Umrechnung von Grad- in Bogenmaß

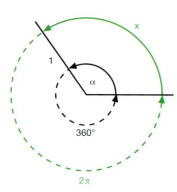

Das Bogenmaß des Vollwinkels ist $2\pi \cdot 1 = 2\pi$, die Maßzahl des Einheitskreisumfangs.
Aus dem Verhältnis

$$\frac{\alpha}{360°} = \frac{x}{2\pi}$$

erhält man die Umrechnungsformeln (α Gradmaß, x Bogenmaß)

$$\alpha = \frac{180°}{\pi} \cdot x \quad \text{bzw.} \quad x = \frac{\pi}{180°} \cdot \alpha$$

von Bogen- in Gradmaß und umgekehrt.

BEISPIELE

1.

Gradmaß	Bogenmaß
$\alpha = 42{,}97°$	$x = \dfrac{\pi}{180°} \cdot 42{,}97° \approx 0{,}75 \ (\text{rad})$
$\alpha = -90°$	$x = \dfrac{\pi}{180°} \cdot (-90°) = -\dfrac{\pi}{2} \approx -1{,}57 \ (\text{rad})$
$\alpha = \dfrac{180°}{\pi} \cdot 1 \approx 57{,}30°$	$x = 1 \ (\text{rad})$

2. Häufig gebrauchte Bruchteile und Vielfache von π.

15°	30°	45°	60°	90°	135°	180°
$\dfrac{\pi}{12}$	$\dfrac{\pi}{6}$	$\dfrac{\pi}{4}$	$\dfrac{\pi}{3}$	$\dfrac{\pi}{2}$	$\dfrac{3}{4}\pi$	π
0,26	0,52	0,79	1,05	1,57	2,36	3,14

225°	270°	315°	360°	450°	540°	720°
$\dfrac{5}{4}\pi$	$\dfrac{3}{2}\pi$	$\dfrac{7}{4}\pi$	2π	$\dfrac{5}{2}\pi$	3π	4π
3,93	4,71	5,50	6,28	7,85	9,42	12,57

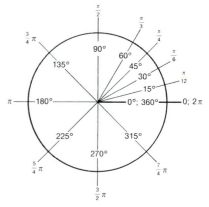

AUFGABEN

01 Berechnen Sie das Bogenmaß der folgenden Winkel:
$$\alpha = 1°; \ \alpha = -60°; \ \alpha = 57{,}3°; \ \alpha = -800°; \ \alpha = -360°; \ \alpha = 425°.$$

02 Berechnen Sie das Gradmaß der folgenden Winkel:
$$x = 0{,}1; \ x = -1; \ x = 6{,}28; \ x = -100; \ x = 3{,}14; \ x = -7.$$

03   Geben Sie das Bogenmaß x der Winkel in Bruchteilen von π an:
180°; 90°; 45°; 60°; 30°; 120°; 240°; 15°; 75°; 150°; 135°.

04   Wie oft muss sich ein Rad von 1 m Radius drehen, wenn das Fahrzeug einmal um den Äquator fährt? (Äquatorradius 6378 km)

05   Die skizzierte Stellung des freien Schenkels kann durch Drehung um $x = -5,4$ aus der ursprünglichen Lage auf dem festen Schenkel hervorgegangen sein.
Geben Sie fünf weitere Drehwinkel an, welche zur gleichen Lage führen.

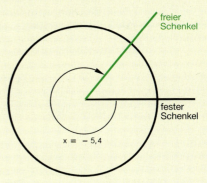

06   Das Bogenmaß x eines Winkels gibt das Verhältnis der Länge b des vom Winkel ausgeschnittenen Bogens zum Kreisradius r an (wenn die Richtung des Bogens durch entsprechendes Vorzeigen berücksichtigt wird):

$$\frac{x}{1} = \frac{b}{r} \quad \text{bzw.} \quad x = \frac{b}{r}$$

Berechnen Sie die Bogenlänge b des Bogens, den der Winkel aus dem Kreis ausschneidet für

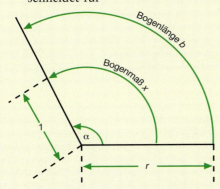

a) $x = 1,5$ $\qquad r = 2$ cm
b) $x = -3,14$ $\quad r = 10$ cm
c) $x = 30$ $\qquad r = 1$ cm
d) $x = \frac{3}{2}\pi$ $\qquad r = 12$ cm
e) $\alpha = 70°$ $\qquad r = 2$ cm
f) $\alpha = -100°$ $\quad r = 5$ cm.

9.2.2   Definition der trigonometrischen Funktionen am Einheitskreis

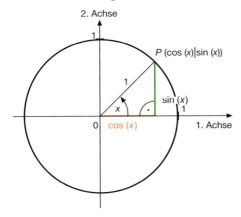

In der Zeichnung ist der Mittelpunkt eines Einheitskreises auch Ursprung eines Koordinatensystems.
Der Winkel x wird von der positiven 1. Achse aus gemessen, P ist der Schnittpunkt des freien Schenkels von x mit dem Einheitskreis.
Liegt der Punkt P im ersten Quadranten, hat er die Koordinaten $P(\cos(x)/\sin(x))$.
Dies verallgemeinert man für alle Quadranten.

Definition 9.5

Für beliebige Winkel x soll mit den Bezeichnungen der Zeichnung unter **sin(x) die zweite Koordinate** und unter **cos(x) die erste Koordinate des Punktes P** verstanden werden.
(P ist der Schnittpunkt des freien Schenkels des Winkels mit dem Einheitskreis. Der feste Schenkel ist die positive 1. Achse.)

In Anlehnung an Satz 9.3 wird weiterhin definiert:

$$\tan(x) = \frac{\sin(x)}{\cos(x)} \text{ für } x \neq (2n-1) \cdot \frac{\pi}{2} \text{ und } n \in \mathbb{Z}.$$

Die Funktionen f mit $f \colon x \mapsto \sin(x)$ usw. heißen **trigonometrische** Funktionen[1].

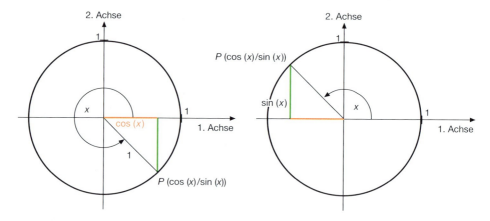

Diese Definition von Sinus und Kosinus am Einheitskreis ist eine Erweiterung der bisherigen Definition dieser Funktionen (als Seitenverhältnisse rechtwinkliger Dreiecke) auf beliebige Winkel. Sie stimmt, da der Einheitskreis einen Radius der Länge 1 LE hat, für Winkel mit $0 < x < \frac{\pi}{2}$ ($0° < \alpha < 90°$) mit der bisherigen Definition überein.

Die Definition von Tangens als Quotient von Sinus und Kosinus steht gemäß Satz 9.3 für Winkel mit $0 < x < \frac{\pi}{2}$ ($0° < \alpha < 90°$) in Einklang. Man beachte, dass der Tangens nicht für alle Winkel definiert ist. Für $\ldots, -\frac{3}{2}\pi, -\frac{\pi}{2}, \frac{\pi}{2}, \frac{3}{2}\pi, \frac{5}{2}\pi, \ldots$ wird der Kosinus Null und der Tangens ist nicht definiert.

Für die verschiedenen Lagen des freien Schenkels in den vier Feldern (Quadranten) des Koordinatensystems ergeben sich aus den Koordinaten der Punkte P die folgenden Vorzeichen.

---

1 Auch harmonische, Winkel- oder Kreisfunktionen.

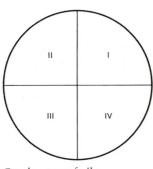

Quadrant	I	II	III	IV
$\sin(\alpha)$	+	+	–	–
$\cos(\alpha)$	+	–	–	+
$\tan(\alpha)$	+	–	+	–

Quadrantenaufteilung

Beziehungen zwischen den trigonometrischen Funktionen

Durch Symmetriebetrachtungen am Koordinatensystem werden vielfältige Beziehungen zwischen den Winkelfunktionen sichtbar.

BEISPIELE

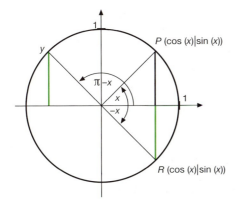

$$\sin(-x) = -\sin(x)$$
$$\cos(-x) = \cos(x)$$
$$\tan(-x) = \frac{\sin(-x)}{\cos(-x)}$$
$$= \frac{-\sin(x)}{\cos(x)} = -\tan(x)$$

$$\sin(\pi - x) = \sin(x)$$
$$\cos(\pi - x) = -\cos(x)$$
$$\tan(\pi - x) = \frac{\sin(\pi - x)}{\cos(\pi - x)}$$
$$= \frac{\sin(x)}{-\cos(x)} = -\tan(x)$$

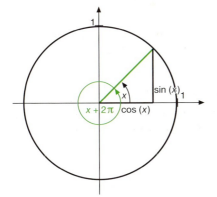

$$\sin(x + 2\pi) = \sin(x)$$
$$\cos(x + 2\pi) = \cos(x)$$
$$\tan(x + 2\pi) = \frac{\sin(x + 2\pi)}{\cos(x + 2\pi)} = \frac{\sin(x)}{\cos(x)} = \tan(x)$$

Wie man in obigen Abbildungen sieht, sind $|\sin(x)|$ und $|\cos(x)|$ (Maßzahlen von) Kathetenlängen eines rechtwinkligen Dreiecks mit der Hypotenusenlänge 1. Nach dem Satz des Pythagoras ist daher für alle Winkel

$$|\sin(x)|^2 + |\cos(x)|^2 = 1^2 \quad \text{oder} \quad \sin^2(x) + \cos^2(x) = 1.$$

Satz 9.6 (trigonometrischer Pythagoras)

Für alle Winkel x gilt

$$\sin^2(x) + \cos^2(x) = 1$$

AUFGABEN

01 Bestimmen Sie am Einheitskreis:

a) $\sin(0)$ $\quad$ $\sin(2\pi)$ $\quad$ $\sin(\frac{\pi}{2})$ $\quad$ $\sin(-\frac{\pi}{2})$ $\quad$ $\sin(\pi)$ $\quad$ $\sin(\frac{5}{2}\pi)$

b) $\cos(0)$ $\quad$ $\cos(2\pi)$ $\quad$ $\cos(\frac{\pi}{2})$ $\quad$ $\cos(-\frac{3}{2}\pi)$ $\quad$ $\cos(\pi)$ $\quad$ $\cos(3\pi)$

c) $\tan(0)$ $\quad$ $\tan(4\pi)$ $\quad$ $\tan(\frac{\pi}{2})$ $\quad$ $\tan(-\frac{3}{2}\pi)$ $\quad$ $\tan(\pi)$ $\quad$ $\tan(-3\pi)$

d) $\sin(0°)$ $\quad$ $\cos(360°)$ $\quad$ $\tan(90°)$ $\quad$ $\tan(-270°)$ $\quad$ $\tan(180°)$ $\quad$ $\tan(720°)$

02 Geben Sie vier verschiedene Winkel an, für die gilt:

a) $\sin(x) = 0$ $\qquad$ $\sin(x) = 1$ $\qquad$ $\sin(x = -1$

b) $\cos(x) = 0$ $\qquad$ $\cos(x) = 1$ $\qquad$ $\cos(x) = -1$

03 Ermitteln Sie mit dem GTR:

a) $\sin(2\pi + 0,1)$ $\qquad$ $\sin(2\pi - 0,1)$ $\qquad$ $\sin(\pi + 0,1)$ $\qquad$ $\sin(\pi - 0,1)$

b) $\cos(\frac{\pi}{2} + 0,1)$ $\qquad$ $\cos(\frac{\pi}{2} - 0,1)$ $\qquad$ $\cos(2\pi + 0,1)$ $\qquad$ $\cos(2\pi - 0,1)$

c) $\tan(\frac{\pi}{2})$ $\qquad$ $\tan(\frac{\pi}{2} - 0,1)$ $\qquad$ $\tan(\frac{\pi}{2} + 0,1)$ $\qquad$ $\tan(-\pi - 0,1)$

04 Bestimmen Sie mit dem GTR:

a) $\sin(\frac{\pi}{4})$ $\qquad$ $\sin(7,3°)$ $\qquad$ $\tan(315°)$ $\qquad$ $\sin(7,3°)$ $\qquad$ $\sin(1)$

b) $\cos(-0,5)$ $\qquad$ $\cos(5\pi)$ $\qquad$ $\cos(1,5)$ $\qquad$ $\cos(24)$ $\qquad$ $\cos(240°)$

c) $\cos(225°)$ $\qquad$ $\tan(1,7)$ $\qquad$ $\tan(\frac{5}{4}\pi)$ $\qquad$ $\tan(17,3)$ $\qquad$ $\tan(1)$

d) $\tan(0,5)$ $\qquad$ $\sin(3,1)$ $\qquad$ $\sin(-30°)$ $\qquad$ $\cos(-3)$ $\qquad$ $\tan(135°)$

05 Lesen Sie am Einheitskreis ab, welche Vorzeichen $\sin(x)$ und $\cos(x)$ besitzen, wenn gilt:

a) $2\pi < x < \frac{5}{2}\pi$ $\qquad\qquad$ b) $-\frac{5}{2}\pi < x < -2\pi$

c) $13\pi < x < 13,5\pi$ $\qquad\qquad$ d) $-13,5\pi < x < -13\pi$

06 Zeigen Sie am Einheitskreis:

a) $\sin(90° + 45°) = \sin(90° - 45°)$ $\qquad$ b) $\sin(90° + \alpha) = \sin(90° - \alpha)$

c) $\sin(\frac{\pi}{2} + \frac{\pi}{4}) = \sin(\frac{\pi}{2} - \frac{\pi}{4})$ $\qquad$ d) $\sin(\frac{\pi}{2} + x) = \sin(\frac{\pi}{2} - x)$

e) $\cos(\frac{\pi}{2} + x) = -\cos(\frac{\pi}{2} - x)$ $\qquad$ f) $\cos(\frac{3}{2}\pi + x) = -\cos(\frac{3}{2}\pi - x)$

g)* $\sin(\frac{\pi}{2} - x) = \cos(x)$ $\qquad$ h)* $\cos(\frac{\pi}{2} - x) = \sin(x)$

07 Wo kann man den Sinus,
wo den Kosinus des Öffnungs-
winkels ablesen
(Längeneinheit = Buchbreite)?

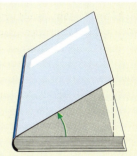

08 $\cos(x) = 0$ gilt genau dann, wenn x ein ungerades
Vielfaches von $\frac{\pi}{2}$ ist:

$\cos(x) = 0$ ist äquivalent zu $x = (2n + 1) \cdot \frac{\pi}{2}$ mit $n \in \mathbb{Z}$.

Bestimmen Sie auf ähnliche Weise alle Zahlen x, für die gilt:

a) $\sin(x) = 0$ b) $\tan(x) = 0$ c) $\cos(x) = 1$ d) $|\cos(x)| = 1$

e) $\sin(x) = 1$ f) $|\sin(x)| = 1$ g) $\tan(x) = 3$ h) $\tan(x) = -3$

09 Wie groß kann x $(-2\pi \le x \le 2\pi)$ sein, wenn

a) $\sin(x) = 0$ b) $\sin(x) = 1$ c) $\sin(x) = 0{,}5$ d) $\sin(x) = -0{,}5$

e) $\sin(x) = 0{,}7$ f) $\sin(x) = -0{,}7$ g) $\cos(x) = 0$ h) $\cos(x) = -1$

i) $\cos(x) = -0{,}5$ j) $\cos(x) = 0{,}2$ k) $\tan(x) = 0$ l) $\tan(x) = -1$

m) $\tan(x) = 1$ n) $\tan(x) = 3$ o) $\tan(x) = -7$ p) $\tan(x) = 100$

10* Lösen Sie mithilfe einer Skizze folgende Ungleichungen $(-\pi \le x \le 2\pi)$.

a) $\cos(x) \le -0{,}5$ b) $\sin(x) > \frac{1}{2} \cdot \sqrt{2}$ c) $|\tan(x)| < 1$

11 **Additionstheoreme (Additionssätze):**
Für die Summe $\alpha + \beta$ zweier Winkel gilt

$$\sin(\alpha + \beta) = \sin(\alpha) \cdot \cos(\beta) + \cos(\alpha) \cdot \sin(\beta)$$
$$\cos(\alpha + \beta) = \cos(\alpha) \cdot \cos(\beta) - \sin(\alpha) \cdot \sin(\beta)$$

a) Leiten Sie mithilfe von $\sin(-\alpha) = -\sin(\alpha)$, $\cos(-\alpha) = \cos(\alpha)$ und
$\alpha - \beta = \alpha + (-\beta)$ aus diesen Formeln entsprechende Formeln für $\sin(\alpha - \beta)$ und
$\cos(\alpha - \beta)$ ab.

b) Weisen Sie mithilfe von $\tan(\gamma) = \dfrac{\sin(\gamma)}{\cos(\gamma)}$ nach, dass gilt:

$$\tan(\alpha + \beta) = \frac{\tan(\alpha) + \tan(\beta)}{1 - \tan(\alpha) \cdot \tan(\beta)} \quad \text{und} \quad \tan(\alpha - \beta) = \frac{\tan(\alpha) - \tan(\beta)}{1 + \tan(\alpha) \cdot \tan(\beta)}$$

c) Zeigen Sie, dass
$\sin(2\alpha) = 2 \cdot \sin(\alpha) \cdot \cos(\alpha)$ und $\cos(2\alpha) = \cos^2(\alpha) - \sin^2(\alpha)$
gilt.

12*   Im 18. Jahrhundert wurde die Entfernung der Erde zum Mond trigonometrisch bestimmt. In Berlin B (geographische Breite $\varphi_1 = 52{,}52°$) und am Kap der Guten Hoffnung K (geographische Breite $\varphi_2 = -33{,}93°$), die auf demselben Längenkreis liegen, wurde der Mond zur selben Zeit angepeilt. Es ergaben sich die Winkel $\delta_1 = 32{,}08°$ und $\delta_2 = 55{,}72°$.
Berechnen Sie $\overline{BK}$; β; $\overline{BM}$ und $\overline{AM}$. (Erdradius = 6370 km)

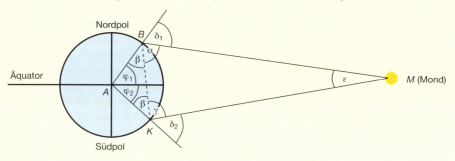

9.2.3   Schaubilder der trigonometrischen Funktionen

In allen Bereichen findet man Vorgänge, die sich regelmäßig wiederholen. In den Wirtschaftswissenschaften spricht man von Konjunkturzyklen, die Erde läuft in einem Jahr um die Sonne, nach einem Jahr wiederholen sich die Jahreszeiten. Der Mond kreist in 27,322 Tagen um die Erde und in regelmäßigen Abständen wiederholen sich Ebbe und Flut.

Viele Erscheinungen in der Natur sind Schwingungsvorgänge, die sich in einem Auf und Ab nach der Art von Wasserwellen wiederholen. Das beginnt bei ganz einfachen Vorgängen wie der Schwingung einer Schaukel oder einem Federpendel, das sich auf und ab bewegt, und geht bis zu komplexen Systemen wie Brücken und Hochhäusern. Töne entstehen z. B. durch Schwingungen von Stimmgabeln oder Saiten und jeder hat schon einmal die Regelmäßigkeit der Herzstromkurve bei einem EKG gesehen.

Zur Beschreibung periodischer (sich wiederholender) Vorgänge sind die trigonometrischen Funktionen behilflich, deren Schaubilder selbst periodisch sind.

Das Schaubild der Sinusfunktion (Sinuskurve) zeichnen wir, indem wir die Werte des Sinus vom Einheitskreis übertragen. Das Schaubild der Kosinusfunktion zeichnen wir mithilfe einer Wertetabelle und das der Tangensfunktion lassen wir von unserem GTR zeichnen.

1. Sinusfunktion

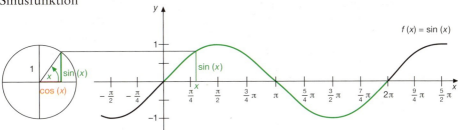

2. Kosinusfunktion

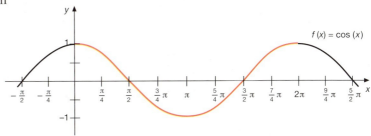

Eigenschaften der Sinus- und Kosinusfunktion

- Sinus- und Kosinusfunktion sind **beschränkt**:
$$-1 \leq \sin(x) \leq 1 \quad \text{bzw.} \quad |\sin(x)| \leq 1$$
$$-1 \leq \cos(x) \leq 1 \quad \text{bzw.} \quad |\cos(x)| \leq 1$$

- Sinus- und Kosinusfunktion sind periodisch (sich wiederholend) mit der **Periodenlänge 2π**:
$$\sin(x \pm 2\pi) = \sin(x), \quad \cos(x \pm 2\pi) = \cos(x).$$

- Das Schaubild der Sinusfunktion ist **punktsymmetrisch** zum Ursprung, das der Kosinusfunktion **achsensymmetrisch** zur y-Achse:
$$\sin(x) = -\sin(-x), \quad \cos(x) = \cos(-x).$$

- Das Schaubild der Kosinusfunktion geht aus dem Schaubild der Sinusfunktion durch Verschieben um $\frac{\pi}{2}$ nach links hervor:
$$\cos(x) = \sin(x + \tfrac{\pi}{2}).$$

- **Nullstellen** der Sinusfunktion sind
$x = n \cdot \pi$ mit $n \in \mathbb{Z}$, d. h. $x = 0, \pm\pi, \pm2\pi, \pm3\pi, \ldots$
Nullstellen der Kosinusfunktion sind
$x = \frac{\pi}{2} + n \cdot \pi$ mit $n \in \mathbb{Z}$,
d. h. $x = \pm\frac{\pi}{2}, \pm\frac{3}{2}\pi, \pm\frac{5}{2}\pi, \ldots$

Eigenschaften der Tangensfunktion

- Die Tangensfunktion ist **nicht beschränkt**.
- Die Tangensfunktion ist periodisch mit der **Periodenlänge π**:
$$\tan(x \pm \pi) = \tan(x).$$

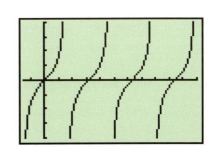

- Das Schaubild der Tangensfunktion ist **punktsymmetrisch** zum Ursprung:
$$\tan(x) = -\tan(-x).$$
- Das Schaubild der Tangensfunktion besitzt **senkrechte Asymptoten** bei
$$x = \tfrac{\pi}{2} + n \cdot \pi \text{ mit } n \in \mathbb{Z}, \text{ d.h. } x = \pm\tfrac{\pi}{2}, \pm\tfrac{3}{2}\pi, \pm\tfrac{5}{2}\pi, \ldots$$
- Die Nullstellen der Tangensfunktion liegen bei
$$x = n \cdot \pi \text{ mit } n \in \mathbb{Z}, \text{ d.h. } x = 0, \pm\pi, \pm 2\pi, \pm 3\pi, \ldots$$

Die Umkehrfunktion

Da sowohl bei der Sinus- als auch bei der Kosinusfunktion jeder y-Wert zwischen -1 und $+1$ unendlich viele Urbilder besitzt, existiert bei beiden Funktionen nur dann eine Umkehrfunktion, wenn man ihren Definitionsbereich einschränkt. Ist der Definitionsbereich der Sinusfunktion das Intervall $\left[-\tfrac{\pi}{2}; \tfrac{\pi}{2}\right]$, dann ist die Sinusfunktion streng monoton steigend und deshalb umkehrbar (Satz 5.10). Die Umkehrfunktion wird $\sin^{-1}$ (-1 ist kein Exponent im üblichen Sinn, sondern ein Teil des Namens) oder arcsin (gelesen: Arkussinus) genannt.
Entsprechendes gilt für die Kosinusfunktion mit $D = [0; \pi]$.
Will man den Winkel x bestimmen, für den $\sin(x) = 0{,}82$ gilt, wendet man auf beide Seiten die Umkehrfunktion $\sin^{-1}$ an:
$$\sin(x) = 0{,}82$$
$$\sin^{-1}(\sin(x)) = \sin^{-1}(0{,}82)$$
$$x = \sin^{-1}(0{,}82)$$
Der GTR liefert $x \approx 0{,}96$.

Das ist aber nicht die einzige Lösung innerhalb einer Periode, wie die **Orientierungsskizze** zeigt:
Bei der Bestimmung der zweiten Lösung zwischen 0 und 2π macht man sich die Symmetrie des Bogens zu Nutze: die zweite Lösung ist von π genauso weit entfernt wie die erste von 0.

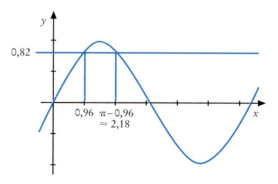

Alle weiteren Lösungen ergeben sich dann aus der Periodizität der Sinusfunktion:

$$0{,}96 \pm 2\pi \qquad 0{,}96 \pm 4\pi \qquad 0{,}96 \pm 6\pi \qquad \text{usw.}$$
$$2{,}18 \pm 2\pi \qquad 2{,}18 \pm 4\pi \qquad 2{,}18 \pm 6\pi \qquad \text{usw.}$$

Ganz entsprechend ist bei der Kosinusfunktion zu verfahren.

Die Überlagerung von Schwingungen

In der Zeichnung sind die Schaubilder der Funktionen f, g und h mit $f(x) = \sin(x)$, $g(x) = 3 \cdot \sin(x)$ und $h(x) = \sin(2x)$ eingetragen, die je einen Schwingungsvorgang beschreiben.

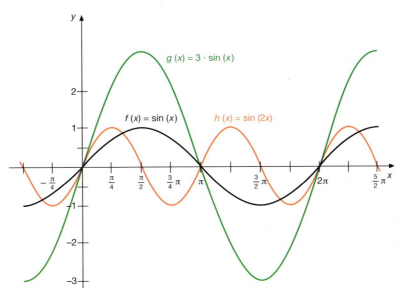

Der Graph von g zeigt gegenüber der Sinuskurve den dreifachen Maximalausschlag, die **Amplitude**[1] der Kurve ist drei. Das Schaubild von h zeigt zwei volle Perioden statt einer bei der Sinuskurve, zum Beispiel im Bereich $0 \leq x \leq 2\pi$, die **Frequenz**[2] von h ist doppelt so groß wie die von f, die **Periodenlänge** halb so groß. Allgemein überlagern sich, wie in jedem Konzertsaal hörbar, Kurven mit verschiedenen Startpunkten, Amplituden und Frequenzen.

BEISPIEL

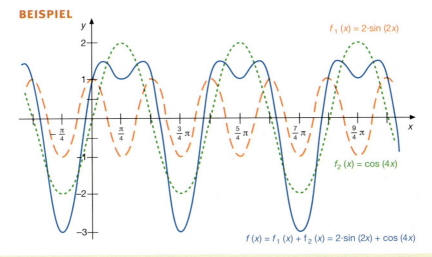

AUFGABEN

01   Geben Sie für die folgenden Winkel ohne GTR an, ob sie Nullstellen der Sinus-, der Tangens- oder Kosinusfunktion sind.

$$0, \ \pi, \ -\pi, \ 2\pi, \ 10\pi, \ -7\pi, \ 31\pi, \ \frac{\pi}{2}, \ -\frac{5}{2}\pi, \ \frac{\pi}{2} + 17\pi$$

1 amplitudo (lat.), Weite.
2 Häufigkeit; von frequentare (lat.), häufig besuchen.

02   Zeichnen Sie die Schaubilder der Funktion und ihrer Grundfunktion im Bereich $-\pi < x < 2\pi$. Welche Periodenlänge hat die Funktion und welche Amplitude ihr Graph? Zeichnen Sie im Punkt $P(\pi/f(\pi))$ die Tangente an das Schaubild von f und lesen Sie ihre Steigung ab. Lassen Sie den GTR die Tangente zeichnen und vergleichen Sie.

a) $f(x) = 2 \cdot \sin(x)$ b) $f(x) = \cos(2x)$

c) $f(x) = 2 \cdot \sin(\frac{1}{2}x)$ d) $f(x) = 3 \cdot \sin(x - \pi)$

e) $f(x) = \tan(x - \frac{\pi}{2})$ f) $f(x) = |\sin(x)|$

g) $f(x) = \sin^2(x)$ h) $f(x) = 1 + \cos(x)$

i) $f(x) = \sin^2(x) + \cos^2(x)$ j) $f(x) = \cos(|x|)$

03   Lassen Sie Ihren GTR das Schaubild der Funktion f und der Grundfunktion für $-\pi < x < 2\pi$ zeichnen. Welche Periodenlänge hat f?
Bestimmen Sie mit dem GTR die Schnittpunkte mit der x-Achse. Welche Steigung hat der Graph in diesen Punkten?

a) $f(x) = \dfrac{1}{3 \cdot \sin(x)}$ b) $f(x) = \sin(x) \cdot \cos(x)$

c) $f(x) = \cos(x) \cdot (1 - \sin(2x))$ d) $f(x) = \dfrac{\sin(x)}{x}$

e) $f(x) = \dfrac{\sin(x)}{x^2}$ f) $f(x) = 1{,}5^{-x} \cdot \sin(2x)$

g) $f(x) = \tan(1{,}5x)$ h) $f(x) = -x \cdot \sin(1{,}5x)$

04   Die Schwingung eines Fadenpendels lässt sich näherungsweise durch das Weg-Zeit-Gesetz

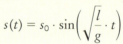

$$s(t) = s_0 \cdot \sin\left(\sqrt{\frac{l}{g}} \cdot t\right)$$

beschreiben. Dabei ist

$s(t)$ die Auslenkung, d.h. die entlang des Kreisbogens, auf dem sich die schwingende Kugel bewegt, gemessene Entfernung vom tiefsten Punkt;

s_0 die Amplitude der Schwingung, d.h. der entlang des Kreisbogens gemessene Abstand des tiefsten Punktes vom linken oder rechten Umkehrpunkt;

l die Länge des Pendels, d.h. der Abstand des Kugelmittelpunktes zum Aufhängepunkt;

g die Fallbeschleunigung, die hier 9,81 m/s² betragen soll;

t die Zeit, die seit dem ersten Durchgang durch den tiefsten Punkt vergangen ist.

a) Lassen Sie Ihren GTR die ersten beiden Perioden der Weg-Zeit-Kurve eines Pendels der Länge 1 m für die Amplituden 0,05 m, 0,07 m und 0,1 m zeichnen. Wie lang ist jeweils die Schwingungsdauer, d. h. die Zeit für eine vollständige Schwingung?

b) Lassen Sie Ihren GTR die Weg-Zeit-Kurven von Pendeln mit derselben Amplitude 0,1 m und den Pendellängen 0,5 m, 1,0 m, 1,5 m und 2,0 m zeichnen. Wie lang ist jeweils die Schwingungsdauer?

c) Bestimmen Sie die Momentangeschwindigkeit des Pendels mit der Pendellänge 2,0 m und der Amplitude 0,1 m nach 2 s, nach 3 s, beim Durchgang durch den tiefsten Punkt, im rechten Umkehrpunkt. Berechnen Sie dazu geeignete Durchschnittsgeschwindigkeiten.

05 Bei jedem Schwingungsvorgang wird dem schwingenden System ständig Energie entzogen (gedämpfte Schwingung). Bei mechanischen Schwingungen (z. B. Pendel) entsteht der Energieverlust durch Reibung, bei der kinetische Energie in Wärme umgewandelt wird (z. B. durch den Luftwiderstand). Bei elektrischen Schwingungen verwandeln Ohm'sche Widerstände im Schwingkreis elektrische Ströme in Wärme.

Die Amplitude der gedämpften Schwingung nimmt exponentiell ab.

Durch

a) $f(x) = e^{-\frac{x}{2\pi}} \cdot \cos(x)$ b) $f(x) = e^{-\frac{x}{2\pi}} \cdot \sin(2x)$

wird eine gedämpfte Schwingung beschrieben. Zeichnen Sie ein Schaubild im Bereich $0 \le x \le 4\pi$.

06 a) Es gilt $\sin(\frac{\pi}{6}) = \frac{1}{2}$ $(\sin(0,925) \approx 0,799)$. Bestimmen Sie zwei weitere positive und zwei negative Winkel mit dem gleichen Sinuswert.

b) Geben Sie 3 positive und 3 negative Winkel x an mit $\cos(x) = -0,707$ $(\cos(x) = 0,848)$.

c) Für welche 8 Winkel zwischen -2π und $+2\pi$ gilt $|\tan(x)| = 1$ $(|\tan(x)| = 5)$?

07 Bestimmen Sie alle Winkel zwischen -2π und 2π, für die gilt

a) $\sin(x) = 0,342$	b) $\sin(x) = 0,7987$	c) $\sin(x) = 0,9962$
d) $\sin(x) = -0,5$	e) $\sin(x) = -0,1909$	f) $\cos(x) = 0,454$
g) $\cos(x) = 0,951$	h) $\cos(x) = -0,682$	i) $\cos(x) = -0,866$
j) $\cos(x) = -0,1908$	k) $\tan(x) = 1,732$	l) $\tan(x) = -2,904$
m) $\tan(x) = 0,6009$	n) $\tan(x) = -1$	o) $\sin(x) = 2,5$

08 Lassen Sie Ihren GTR für $-\pi \le x \le 3\pi$ die Schaubilder der Funktionen f_1 und f_2 und dasjenige der Summenfunktion $f_1 + f_2$ in dasselbe Koordinatensystem zeichnen. Welche Steigung haben die drei Graphen jeweils an der Stelle π. Bestimmen Sie dazu mit dem GTR die Steigungen der Tangenten.

a) $f_1(x) = \sin(x)$ und $f_2(x) = \cos(x)$

b) $f_1(x) = 2 \cdot \sin(x)$ und $f_2(x) = \sin(x + \frac{\pi}{3})$

c) $f_1(x) = 1$ und $f_2(x) = \cos(2x)$

d) $f_1(x) = \cos(x - \frac{\pi}{6})$ und $f_2(x) = \sin^2(2x)$

e) $f_1(x) = 0,5x$ und $f_2(x) = 0,5 \cdot \sin(2x)$

09 Eine der ältesten, noch funktionstüchtigen Brücken der Welt ist die aus der Antike stammende Pons Fabricius in Rom. Geben Sie die Vorschriften der durch die Brückenbogen gegebenen Kurven (grüne Linien) an. Zeichnen Sie die Kurve mit Ihrem GTR.

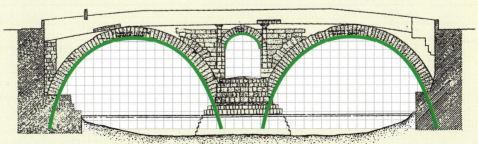

10 Eine **trigonometrische Gleichung** ist eine Gleichung, in der die Lösungsvariable als Argument einer trigonometrischen Funktion vorkommt. Solche Gleichungen haben häufig mehrere Lösungen.

Hilfreich beim Lösen solcher Gleichungen sind:

- Satz vom Nullprodukt
- $\tan(x) = \dfrac{\sin(x)}{\cos(x)}$
- Substitution
- trigonometrischer Pythagoras

Lösen Sie die trigonometrische Gleichung. Die Grundmenge ist $G = [-\pi; 2\pi]$.

a) $\sin(x) = 0{,}7$

b) $\cos(x) = -0{,}2$

c) $\tan(x) = 20$

d) $\sin(x) = \cos(x)$

e) $\sin(x) \cdot \cos(x) = 0$

f) $\tan^2(x) = 4$

g) $(0{,}2 + \sin(x)) \cdot (x + 5) = 0$

h) $(0{,}3 + \sin(x))^2 = 1$

i) $2\sin^2(x) + \cos^2(x) = 1{,}25$

j) $\cos^2(x) + 1{,}8\cos(x) - 0{,}4 = 0$

k) $\sin^2(x) - \frac{1}{6}\sin(x) - \frac{1}{6} = 0$

l) $\cos^2(x) - 4\sin(x) + 5\sin^2(x) = 0$

m) $\tan^2(x) = \frac{2}{3} \cdot \sin(x)$

n) $\sin(x) = \tan(x)$

11 Die Tangenten an das Schaubild der Sinusfunktion in zwei benachbarten Schnittpunkten mit der x-Achse und die x-Achse selbst bilden ein Dreieck.
Bestimmen Sie mit dem GTR die Steigungen der Tangenten und berechnen Sie den Flächeninhalt des Dreiecks.

9.2.4 Der Schnittwinkel zweier Geraden

Der Winkel zwischen einer Geraden und der *x*-Achse

Die **Steigung** m einer Geraden g ist (vgl. Abschnitt 3.3) definiert als

$$m = \frac{\text{Höhenunterschied } \Delta y}{\text{Horizontalunterschied } \Delta x}$$
$$= \frac{g(x_2) - g(x_1)}{x_2 - x_1} = \tan(\alpha).$$

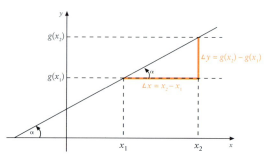

α ist hierbei der Winkel zwischen $-90°$ und $+90°$, den die Gerade mit Parallelen zur x-Achse bildet. Dieser Winkel heißt der **Steigungswinkel** der Geraden.

Für den Steigungswinkel α mit $-90° < \alpha < 90°$, den die Gerade mit der Steigung m und die x-Achse bilden, gilt

$$\tan(\alpha) = m.$$

BEISPIEL

Gleichung der Geraden: $g(x) = 0{,}6x + 1{,}5$

Steigungswinkel α: $\tan(\alpha) = 0{,}6$, also $\alpha \approx 31°$

Berechnung des Schnittwinkels zweier Geraden

Der Winkel, den zwei Geraden bilden, lässt sich als Differenz der Winkel berechnen, die sie einzeln mit der x-Achse bilden.

Schneidet die Gerade g_1 die x-Achse unter dem Winkel α und schneidet die Gerade g_2 die x-Achse unter dem Winkel β, so ist der Schnittwinkel $\gamma = \beta - \alpha$ (siehe Zeichnung).

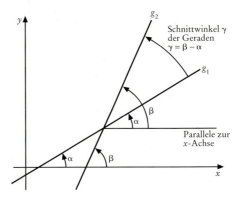

Bemerkung
Der Winkel $\gamma = \beta - \alpha$ ist der Winkel, um den die Gerade g_1 gedreht werden muss, damit sie auf g_2 zu liegen kommt. Auf die Reihenfolge der Geraden muss im Allgemeinen nicht geachtet werden, da auch der Winkel $\gamma' = \alpha - \beta = -\gamma$ als Schnittwinkel angesehen werden könnte.

BEISPIELE

1. $g_1: y = \frac{3}{4}x - 1, \quad g_2: y = 3x - 5$
   Schnittwinkel α von g_1 mit der x-Achse: $\tan(\alpha) = \frac{3}{4}$, also $\alpha \approx 36,87°$
   Schnittwinkel β von g_2 mit der x-Achse: $\tan(\beta) = 3$, also $\beta \approx 71,57°$
   Schnittwinkel γ von g_1 und g_2: $\gamma = \beta - \alpha \approx 71,57° - 36,87° = 34,7°$

2. $g_1: y = -\frac{1}{2}x + 2, \quad g_2: y = x$
   Schnittwinkel α von g_1 mit der x-Achse:
   $\tan(\alpha) = -\frac{1}{2}$, also $\alpha \approx -26,57°$
   Schnittwinkel β von g_2 mit der x-Achse:
   $\tan(\beta) = 1$, also $\beta = 45°$
   Schnittwinkel γ zwischen den Geraden (vgl. nebenstehende Zeichnung):
   $\gamma = \beta - \alpha$
   $\gamma = \beta - \alpha \approx 45° - (-26,57°)$
   $\qquad = 45° + 26,57°$
   $\qquad = 71,57°$

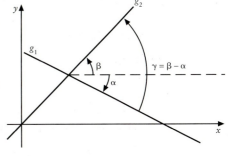

Orthogonale[1] Geraden

Wenn die Geraden $g_1: y = m_1 x + b_1$ und $g_2: y = m_2 x + b_2$ senkrecht aufeinander stehen, ist der Schnittwinkel $\beta - \alpha = 90°$. Daher ist

$$m_1 = \tan(\alpha) = \tan(\beta - 90°) = \frac{\sin(\beta - 90°)}{\cos(\beta - 90°)} = \frac{\cos(\beta - 180°)}{\sin(\beta)} = \frac{-\cos(\beta)}{\sin(\beta}$$

$$= -\frac{1}{\tan(\beta)} = -\frac{1}{m_2}.$$

Nach m_2 aufgelöst ergibt sich: $m_2 = -\dfrac{1}{m_1}$.

---

1 Von ortho (gr.), recht und gonü (gr.), Winkel, Knie; orthogonale Geraden sind also Geraden, die senkrecht aufeinander stehen.

Satz 9.7

Die Geraden
$g_1: y = m_1 x + b_1$
$g_2: y = m_2 x + b_2$
stehen genau dann **senkrecht** aufeinander, wenn gilt

$$m_2 = -\frac{1}{m_1}.$$

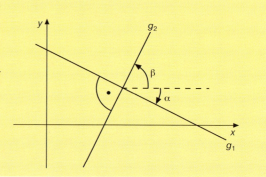

BEISPIEL

Wie groß muss m_2 gewählt werden, damit die Gerade $g_2: y = m_2 x + 2$ senkrecht auf $g_1: y = 2x - 3$ steht?

$$m_2 = -\frac{1}{m_1} = -\frac{1}{2}.$$

Neben den genannten Geraden sind noch die Parallelen zur y-Achse zu berücksichtigen, bei denen man keine Zahl m als Steigung angeben kann, z. B. die durch $x = 1$ oder $x = 5$ beschriebenen Geraden. Sie sind untereinander parallel und stehen senkrecht auf den zur x-Achse parallelen Geraden, etwa auf den Geraden mit $y = 2$ oder $y = 0$.

Steht eine Gerade auf einer anderen Geraden senkrecht, nennt man sie **Normale**.

AUFGABEN

01 Welchen Winkel α bilden die Geraden mit der x-Achse?

a) $y = -x + 231,5$ b) $y = -3x + \sqrt{5}$ c) $y = 1,5x + 7$

d) $y = 0,6x + 1,4$ e) $y = 222x - 6,9$ f) $y = 1000$

02 Zeichnen Sie die Geraden mit folgenden Gleichungen. Messen und berechnen Sie den Schnittwinkel. Die beiden Geraden und die beiden Achsen des Koordinatensystems begrenzen ein Viereck. Berechnen Sie den Flächeninhalt.

a) $y = 2x - 3$; $y = x + 1$ b) $y = 5x - 1$; $y = -5x - 3$

c) $y = -x + 5$; $y = 3x - 2$ d) $y = 4x - 1$; $y = 4$

e) $y = -\frac{2}{3}x + 1$; $y = -2x + 4$ f) $y = 2,5$; $x = 1$

g) $y = -2x + 1$; $y = 2x - 3,5$ h) $y = \sqrt{2}x + 7$; $y = -\sqrt{3}x - 1,2$

03 Wie muss a gewählt werden, damit die Geraden g_1 und g_2 senkrecht aufeinander stehen?
Für welche Werte a sind g_1 und g_2 parallel?

a) $g_1(x) = 3(x) - 1$ $g_2(x) = ax + 3,9$ b) $g_1(x) = -x$ $g_2(x) = ax - 7$

c) $g_1(x) = -\frac{2}{5}x + b$ $g_2(x) = ax + 2,1$ d) $g_1(x) = -9x$ $g_2(x) = a^2x - 3$

e) $g_1(x) = (a + 2)x + 7$ $g_2(x) = ax - 405$ f) $g_1(x) = a^2x$ $g_2(x) = ax$

04 Unter welchem Winkel α schneiden die Geraden die y-Achse?

a) $y = x + 1$ b) $y = \frac{2}{3}x + 1$ c) $y = -\frac{1}{2}x$

d) $y = 2$ e) $y = 0$ f) $x = 0$

05 Als Steigung einer Straße wird der Tangens des Steigungswinkels bezeichnet, den die Straße mit der Waagrechten bildet. Die Steigung einer Straße wird meist in % angegeben. z.B. bedeutet $0,08 = 8\%$ einen Anstieg von 8 m auf 100 m in der Waagrechten.

Für die folgenden ganzjährig befahrbaren Alpenpässe ist jeweils die größte Steigung angegeben. Berechnen Sie die Steigungswinkel

a) Semmering 8 %

b) Großer St. Bernhard 11 %

c) Brenner 14 %

06 Wie lauten die Gleichungen der Geraden durch den Punkt (0/3) [(1/3)], wenn der Steigungswinkel α folgenden Wert hat.

a) $\alpha = 30°$ b) $\alpha = 89°$ c) $\alpha = -15°$

07 Die Bahnen zweier Flugzeuge werden durch die Geraden g_1 und g_2 beschrieben:

$$g_1(x) = 4x - 2 \quad \text{und} \quad g_2(x) = -2x + 4$$

a) Zeichnen Sie die Flugbahnen und berechnen Sie den Winkel, den sie bilden.

b) Durch g_3 mit $g_3(x) = -0{,}25x + 17{,}4$ ist die Bahn eines dritten Flugzeuges angegeben. Zeigen Sie, dass seine Flugbahn die erste im rechten Winkel kreuzt und ermitteln Sie den Schnittwinkel mit der zweiten.

08 Die Gerade g_2 durch den Punkt $(0/-3)$ schneidet die Gerade g_1 mit $g_1(x) = x + 1$ unter dem Schnittwinkel γ. Wie lautet die Gleichung von g_2?

a) $\gamma = 20°$ b) $\gamma = 37{,}2°$ c) $\gamma = -12°$ d) $\gamma = 0°$.

09 Ein Halbkreis im ersten Quadranten hat den Mittelpunkt $M(4/0)$ und die Schnittpunkte $O(0/0)$ und $P(8/0)$ mit der x-Achse.

a) Der Punkt T hat die x-Koordinate t und liegt auf dem Halbkreis. Wie lautet seine y-Koordinate?

b) Bestimmen Sie die Gleichung der Geraden g_t durch O und T bzw. h_t durch T und P.

c) Welche Beziehung gilt für ihre Steigung?

d) Bestimmen Sie den Flächeninhalt des Dreiecks OPT.

10   Die Stromleitung zwischen zwei gleich hohen
Masten, die 50 m voneinander entfernt stehen,
hängt in der Mitte 8 m durch.

a) Als Modell für die Leitung ist eine Parabel
geeignet. Bestimmen Sie eine mögliche Gleichung.

b) Unter dem **Schnittwinkel zweier Kurven**
versteht man den Winkel, den ihre Tangenten
im Schnittpunkt einschließen.
Welchen Winkel schließt die Parabel mit einem Mast ein?

Bildquellenverzeichnis
Frank, Claus-Günter: 30, 43, 49, 63, 123, 124, 207, 208, 237, 240, 261
Frank; Thomas: 99, 182
Hampel, Reinhard 111
Krüger, Dieter: 106
MEV Verlag GmbH, Ausburg: 50, 106, 111, 160, 207, 220, 237
Project-Photos GmbH & Co. KG, Ausburg: 49, 54
Sharp Electronics (Europe) GmbH, Hamburg: 50
Wikimedia Foundation Inc., Florida (USA): 205, 261
Leider konnten wir nicht zu allen Abbildungen die Inhaber der Rechte ermitteln.
Sollte jemand betroffen sein, so bitten wir ihn sich zu melden.